カラー図説
生命の大進化40億年史　中生代編

恐竜の時代──誕生、繁栄、そして大量絶滅

土屋 健　著

群馬県立自然史博物館　監修

ブルーバックス

カバー装幀／芦澤泰偉・児崎雅淑
カバー写真／ (vertebra cast), USNM 555000. Courtesy U.S. Army Corps of Engineers, Omaha District and The Museum of the Rockies, Montana State University.
Triceratops horridus (composite cast), Smithsonian Institution. Photo courtesy Smithsonian Institution
本文デザイン／天野広和（ダイアートプランニング）
画像調整／柳澤秀紀
画像協力／坂田智佐子

はじめに

壮大にして深淵な、生命史の世界へみなさまを案内しましょう。

生命の大進化40億年史シリーズの〝第2巻〟、中生代編です。

中生代は、今から約2億5200万年前に始まって、約6600万年前まで続いた時代です。いわゆる「恐竜時代」として知られ、すべての古生物の中でも群を抜いて高い人気を誇る、恐竜たちが生きていた約1億8600万年間を指しています。

まず、最初にお断りをしておきます。

本書は、「生命の大進化40億年史シリーズの〝第2巻〟」という位置づけではありますが、シリーズの〝第1巻〟である「古生代編」をお読みになっていなくても、楽しむことができます。それこそ「恐竜が好き！」というみなさまは、ぜひ、ご遠慮なく、本書を先に手に取ってください。

いっぽうで、「生命の歴史が好き！」あるいは、「化石が好き！」というみなさまは、本書を開く前に「古生代編」を手に取られることをお勧めします。本書は「古生代編」をお読みになっていなくても楽しむことはできますが、古生代編からの「通史」で読むことで、よりダイナミックに生命史をご堪能いただけるはずです。

さて、中生代編。恐竜時代です。

約1億8600万年間にわたって続いた中生代は、古いほうから「三畳紀」「ジュラ紀」「白亜紀」の三つの時代に分けることができます。

三畳紀は、いわば「恐竜時代の黎明期（れいめいき）」。

三畳紀の終わりが近づいたときに、最初期の恐竜類が登場しました。当初の恐竜類は、誤解を恐れずに書いてしまえば、まだ〝目立った存在〟ではありません。むしろ、恐竜以外の爬虫類（はちゅうるい）が世界を席巻していました。

また、三畳紀に限らず、中生代は「爬虫類の時代」といいかえることができます。恐竜類は爬虫類の一翼をなすグループですが、中生代の爬虫類のすべてが恐竜類というわけではもちろんありません。海では、イルカのような姿をした水棲爬虫類――魚竜類が早い時期から繁栄し、三畳紀の末期には、クビナガリュウ類という新たな水棲爬虫類のグループが登場します。空には、翼竜類が展開していました。翼竜類は「空飛ぶ爬虫類」といえる存在です。

中生代二つ目の時代であるジュラ紀になると、世界はいよいよ〝本格的な恐竜時代〟になります。肉食恐竜のアロサウルス、剣竜類のステゴサウルス、全長20メートル超級の巨大恐竜――ディプロドクスやマメンキサウルスなど、知名度の高い恐竜が登場し、陸上世界を我が物顔でのし歩くようになります。また、「始祖鳥」の和名で知られるアルカエオプテリクス――〝最初の鳥類〟が登場したのもジュラ紀です。そして、我らが哺乳類の祖先も、この時代から本格的な台頭を開始することになりました。世界はいっきに賑やかに、そして、私たちにとって「身近」ともいえるようになったのです。

中生代最後の時代である白亜紀は、じつに7900万年間にわたって続きました。中生代全体の4割を超える長さが、白亜紀にありました。

白亜紀はとても温暖な時代です。現在の地球でも温暖化が叫ばれて久しいですが、〝白亜紀の温暖〟は桁がちがいました。かなり高緯度まで熱帯雨林が広がっていたのです。

この「超温暖期」ともいえる白亜紀において、爬虫類はその地位を盤石なものとしていきます。世界各地の陸上世界では、さまざまな恐竜類が生態系を構築していきました。小型で俊敏な肉食恐竜として知られるヴェロキラプトルや、3本のツノとフリルをもつことで知られるトリケラトプス、背中に大きな帆を備えた魚食恐竜のスピノサウルスや、背中を骨の鎧で防御する鎧竜類のボレアロペルタやズール、そして、「肉食恐竜の王様」——ティラノサウルスなど、さまざまな恐竜たちが登場しました。

空の翼竜類には、翼開長(翼を広げたときの左の翼の端から右の翼の端までの長さ)が、10メートルを超える大型種も登場。海においては、白亜紀の半ばになって登場したモササウルス類が短期間で生態系のトップに君臨します。また、白亜紀に限らず、中生代のほぼ全般にわたって〝海の名脇役〞として世界を彩ったのが、アンモナイトの仲間たちです。そして、そのアンモナイトの仲間たちが、最も多様化した時代こそが、白亜紀でした。
そして、運命の約６６００万年前。一つの巨大隕石の落下が、時代に再度の大転換を求めることになります。

本書、『カラー図説　生命の大進化40億年史　中生代編』は、中生代の始まりから末までを、多数の化石やイラストとともに綴っています。『古生代編』に続き、合計１０１点におよぶ化石画像が、あなたの案内役です。
本書も、群馬県立自然史博物館の皆様にご監修いただきました。また、収録した標本画像の多くは、国内外の博物館や研究者のみなさまからお借りし、あるいは、許可を得て撮影したものを掲載するものです。みなさまに、この場にて謝意を。ありがとうございます。

そして、この本を手にとったあなたにも大きな感謝を。
化石で楽しむ生命史の世界にようこそ。

２０２３年1月　サイエンスライター　土屋　健

第2章　隆盛の時代——97

第3章　大繁栄の時代

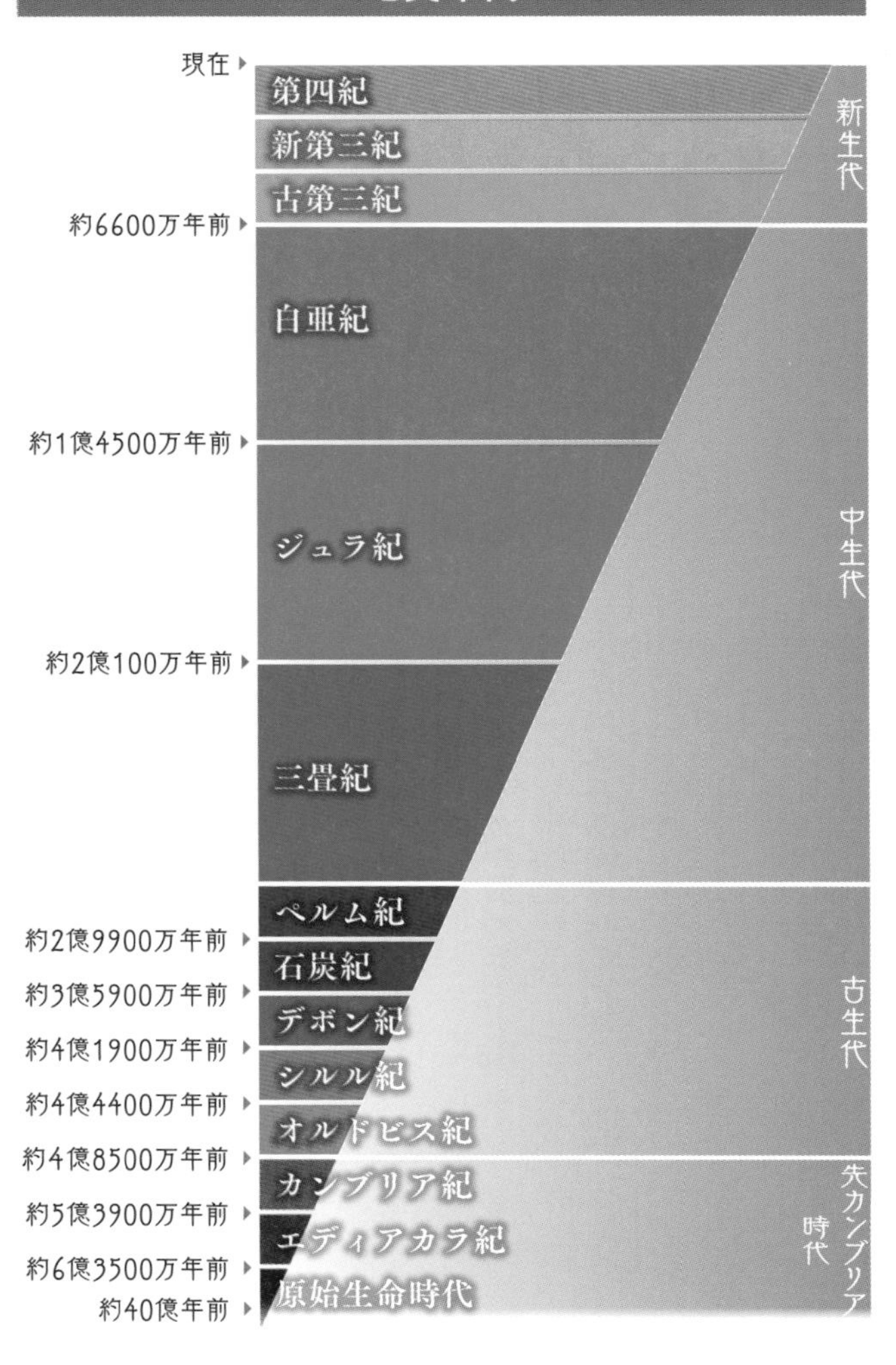
地質年代
現在
第四紀
新第三紀
古第三紀
新生代
約6600万年前
白亜紀
約1億4500万年前
ジュラ紀
中生代
約2億100万年前
三畳紀
ペルム紀
約2億9900万年前
石炭紀
約3億5900万年前
デボン紀
約4億1900万年前
シルル紀
約4億4400万年前
オルドビス紀
古生代
約4億8500万年前
カンブリア紀
約5億3900万年前
エディアカラ紀
約6億3500万年前
原始生命時代
約40億年前
先カンブリア時代

第1章 Triassic History

再開の時代

爬虫類時代の始まり

今から2億5200万年と少し前、長い進化の果てに、海と陸には、脊椎動物を頂点とする生態系が築かれていた。

海の覇者となったのは、サカナたちである。これは、現在でも変わっていない。

陸の覇者となったのは、「単弓類」と呼ばれるグループだった。単弓類は、哺乳類とその近縁の動物群で構成される。陸に築かれた生態系で単弓類が初めて最上位に君臨したとき、哺乳類はまだ登場していない。

しかし約2億5200万年前、空前にして絶後、史上最大の大量絶滅事件が勃発した。

2016年にハワイ大学(アメリカ)のスティーヴン・M・スタンレーが発表した論文によると、このとき、海棲動物種の約81パーセントが滅んだという。陸上動物についても、やはり大規模な絶滅があった。

かくして、生態系は一度リセットされた。

時計を地球誕生まで戻そう。

私たちの暮らすこの惑星の誕生は、約46億年前のことだ。

それから長い長い年月が経過して、化石によって生命史が本格的に〝記録〟され始めたのが、約5億3900万年前だ。

この約5億3900万年前から、史上最大の大量絶滅事件のあった約2億5200万年前に至る約2億8700万年間は、「古生代」と呼ばれている。

そして、**約2億5200万年前の大量絶滅を境として始まった時代を**、「**中生代**」という。

中生代は、約6600万年前まで続く。その期間は、約1億8600万年間。この期間は、約2億100万年前と約1億4500万年前を境界として、三つの「紀」に分けられている。**古い方から「三畳紀」「ジュラ紀」「白亜紀」**だ。


本書の物語は、「三畳紀」から始まる。

三畳紀の地球は、現在の地球とはかなり〝ちがう惑星〟だった。

そもそも地球の大陸は、プレートに乗って移動している。10枚を超えるプレートは、それぞれ異なる方向へ動き、互いにすれちがい、衝突し、分裂する。こうして、大陸は離合集散を繰り返し、いくつかのプレートは消滅し、いくつかのプレートは新たに生まれてきた。

古生代において、諸大陸は、概ね「集合」の傾向にあった。次々と大陸が集まり、合体し、地

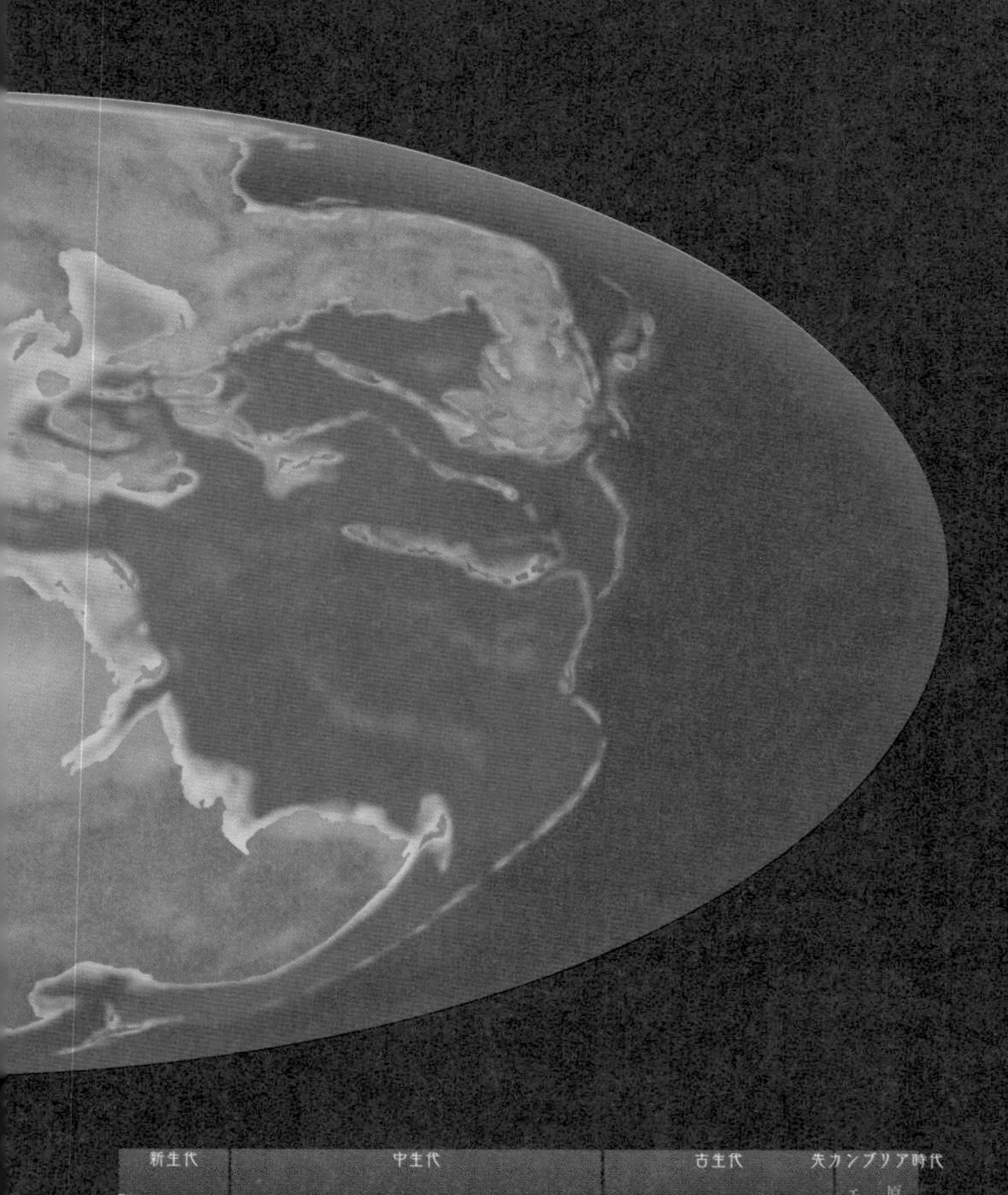

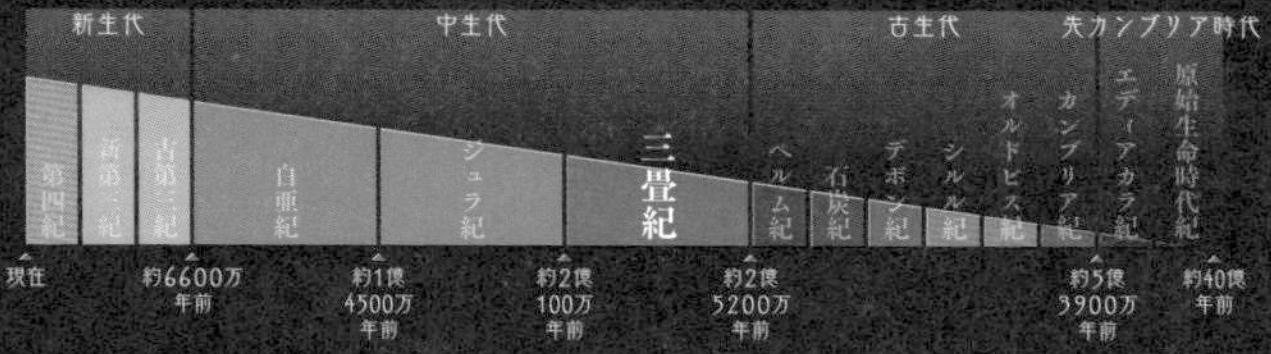

新生代
中生代
古生代
先カンブリア時代
第四紀
新第三紀
古第三紀
白亜紀
ジュラ紀
三畳紀
ペルム紀
石炭紀
デボン紀
シルル紀
オルドビス紀
カンブリア紀
エディアカラ紀
原始生命時代紀
現在
約6600万年前
約1億4500万年前
約2億100万年前
約2億5200万年前
約5億3900万年前
約40億年前

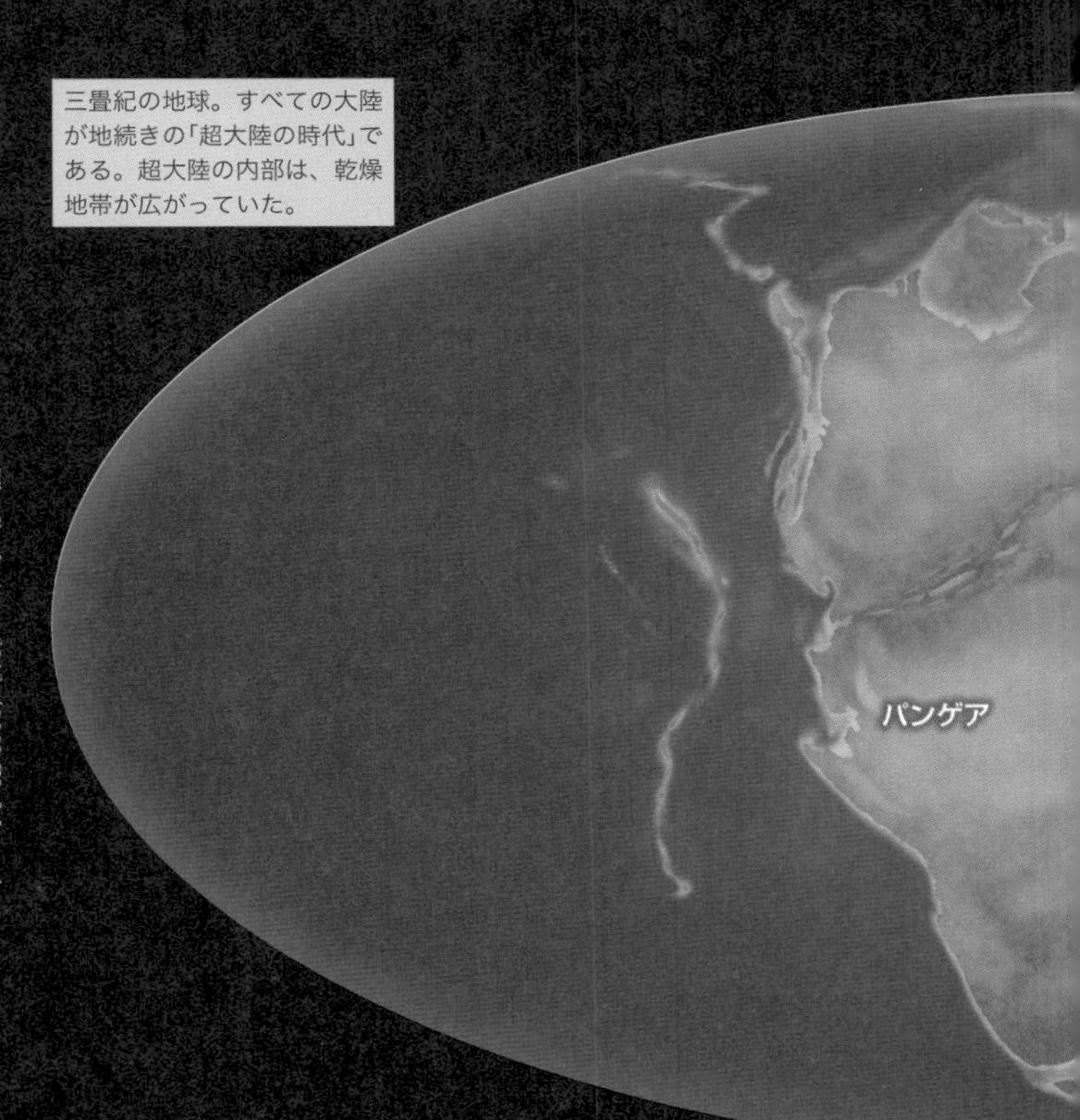

地図は、Ronald Blakey(Northern Arizona University)の古地理図を参考に作成。
イラスト：柳澤秀紀

三畳紀の世界のイメージ。当時の植生は、シダ植物が中心で、裸子植物も増えつつあった。イラスト：Stocktrek Images／アフロ

続きとなり、古生代終盤になって全大陸が一つの超大陸となっていた。この超大陸は、「パンゲア」と呼ばれている。

パンゲア超大陸は、西に弧を描きながら概ね南北に連なっていた。アルファベットの「C」のような形状である。北と西と南を大陸に囲まれた海は、「**テチス海**」と名づけられている。テチス海は遠浅で、そして低緯度から中緯度に広がっているために温かく、生命が豊かだった。そして、「C」の〝外側〟には、「**パンサラサ**」と呼ばれる広大な海があった。

三畳紀の物語の舞台は、パンゲアとパンサラサ、テチス海である。

当時の気温は、温暖だった。しかし、パンゲア全域が棲（す）みやすい世界だったかといえば、そうではないようだ。超大陸は、その巨大さゆえに内陸まで海からの水分が届かない。内陸に至る前に、雨が降り尽くしてしまう。その結果、内陸には広大な乾燥地帯が広がっていた。

三畳紀当初、パンゲアの植生はシダ植物が支配的で、やがて裸子植物へと変わっていく。いわゆる「花を咲かせる植物」である被子植物は、まだ登場しない。

なお、「三畳紀」という名前は、ドイツにある「三つの地層」に由来する。地球史には多くの「紀」の名前がつけられているけれども、「地層の数」に由来する時代名は、「三畳紀」だけである（かつて「ペルム紀」を指す言葉として「二畳紀」があったが、現在ではほとんど使われていない）。

大量絶滅の生き残り

古生代末の陸上世界で圧倒的優勢を誇っていたのは、「単弓類」だった。肉食性のもの、植物食性のもの、大型種、小型種、さまざまな姿で、多様な生態の単弓類が存在した。

そんな〝単弓類の世界〟は、古生代末の大量絶滅事件で「壊滅」した。「全滅」とならなかったのは救いではあったけれども、三畳紀の単弓類は、もはや「優勢」という地位にはなかった。

【超大陸の証明】

古生代末の大量絶滅を生き延びた単弓類。その代表ともいえる存在が、頭胴長1メートルほどの「リストロサウルス（*Lystrosaurus*）」だ。

リストロサウルスは、手足が短く、尾もさほど長くない。全体として、ずんぐりとした印象を与える動物で、吻部は短く、クチ

リストロサウルスの復元画。古生代末の大量絶滅を生き延びた数少ない単弓類の一つ。寸詰まりの頭部が特徴。
イラスト：柳澤秀紀

リストロサウルスの復元骨格。Photo:Gabriel Aguirre/palaeontological Institute ans Museum, University of Zurich

バシがあり、そのクチバシの両脇に鋭くない牙――犬歯があった。単弓類の中でも、「ディキノドン類」と呼ばれるグループに属している。すばやさを感じさせない体型や犬歯に鋭さがない点など、さまざまな特徴はリストロサウルスが植物食性であったことを示唆している。獲物を捕獲し、喰うのでなければ、すばやさも鋭い犬歯も必要ない。

リストロサウルスは、その化石の発見された地域も重要視されている。南アフリカと中国に分布する古生代末の地層と、南アフリカとインド、中国、ロシア、南極大陸などに分布する三畳紀の地層から化石が発見されているのだ。

リストロサウルスの姿は、どうみても「泳ぎが得意」とみることもできない。それにもかかわらず、これほどの広大な地域から化石がみつかっている。**化石の広い分布は、諸大陸が地続きの超大陸であったことを意味している**。超大陸だったからこそリストロサウルスは(数世代かかったかもしれないが)歩いて世界を渡ることができたのだ。

【繁栄につながる命】

海洋世界で大量絶滅事件を乗り越えたグループの一つとして、「アンモノイド類」を挙げることができる。

アンモノイド類は、頭足類の一グループだ。つまり、タコやイカ、オウムガイなどの仲間である。有名な「アンモナイト類」ではなく、「アンモノイド類」である点に注意したい。アンモナイト類は、アンモノイド類を構成するグループの一つであり、三畳紀が始まったときにはまだ出現していない。もっとも、アンモノイド類のことを「広い意味の(広義の)アンモナイト類」と呼ぶことも少なくない。

アンモノイド類は、古生代の半ばに出現したグループで、その後大いに繁栄した。

そして、大量絶滅事件で絶滅寸前に陥った。

三畳紀が始まったとき、アンモノイド類で生き残っていたのは、わずか数種だった。

この数種は二つのグループに分類されるものの、そのうちの一つも程なく姿を消す。かくして、**古生代の海で繁栄したこの頭足類は、わずか一つの小さなグループだけが命脈をつなげること**になった。

そのグループの名前を「**セラタイト類**」という。

絶滅寸前まで追いやられたアンモノイド類だけれども、セラタイト類は三畳紀を通じて大繁栄を遂げる。テチス海も、パンサラサも、彼らの生息域となった。

セラタイト類の基本的な姿は、一般に「アンモナイト」という言葉から想像できる形状とさして変わりはない。螺旋(らせん)状に渦を巻く殻をもち、その殻は外側にいくほど太くなり、外側の殻と内側の殻はぴったりとくっついている。専門家は、殻の厚さや巻き方、「縫合線」と呼ばれる〝模様〟などを参考に分類をおこなう。しかし多くの人々にとって、セラタイト類は(多くのアンモノイド類と同じように)「アンモナイトのような姿」と記憶されていくことだろう。ちなみに、大きさは長径数センチメートルの種もいれば、数十センチメートルの種もいた。

同じ〝生き残り〟であっても、衰退期(のちの繁栄を考えれば、「雌伏期」というべきかもしれない)にあった単弓類と異なり、セラタイト類は栄えた。しかし、約2億3700万年前以降の三畳紀後期になるとセラタイト類は衰退し、そして三畳紀末には絶滅してしまう。ただし、繁栄の最中にセラタイト類からアンモナイト類(言うなれば、「狭義のアンモナイト類」)が生まれるのだ。

セラタイテス。標本長10.5cm。フランス産。Photo：オフィスジオパレオント

生態系の再構築にかかった時間

【上腕骨が語る〝復活〟】


崩壊した生態系は、再構築される。

問題は、その再構築にかかる時間だ。

いくらリストロサウルスやセラタイト類が大量絶滅事件を生き抜いたからといって、彼らだけで生態系を〝つくり直す〟ことができるわけではない。

生態系は、基本的に「ピラミッド」である。

無数の階層で構成され、下位のものほど個体数が多く、上位のものほど個体数が少ない。これは、道理といえば、道理だ。もしも下位層の個体数が、上位層よりも少なければ、上位層は下位層を食い尽くし、そして、ほどなく自滅する。

上位層が生き続けるためには、豊富な下位層が必要なのだ。

そして、この生態系の上位にいけばいくほど、大型の肉食動物が占める傾向にある。「大きい＝強い」という自然界の〝絶対法則〟があるからだ。

古生代末の大量絶滅事件では、このピラミッドが崩壊した。

とくに上位層は壊滅した。

生態系の上位層は、なにしろ個体数が少ないうえに、下位層に〝異常〟が生じれば、その影響を直接的・間接的に受ける。下位層にとって上位層の減少は自分たちの勢力伸長の契機となるかもしれないが、上位層にとって下位層の減少は自分たちの滅びにつながっていく。

そのため、〝平時〟の生態系の上位に君臨する大型の肉食動物は、〝非常時〟にはめっぽう弱いのだ。

そんな事情であるために、生態系が再構築されるときは、下位から順番につくられていく。大型の肉食動物が君臨する最上位がつくられるのは、そこに至る階層が完成してからだ。

史上最大の大量絶滅後、大型肉食動物が登場するほどに生態系が回復するまでにどのくらいの時間が必要だったのか？

いくつかの手がかりがある。

一つは、２０２２年に東京都市大学の中島保寿(やすひさ)たちが報告した**長さ約13センチメートルの上腕骨の化石**だ。

その化石は、ロシア極東、ウラジオストク南方の日本海に浮かぶルースキー島で発見されたものだ。中島たちの研究によると、それは魚竜類の化石であるという。種名は特定されていない。

魚竜類とは、海棲爬虫(はちゅう)類の一グループである。「竜」という文字は使うものの、恐竜類とは関係ない。むしろ、進化的な魚竜類の姿は、同じ爬虫類である恐竜類よりも、哺乳類のイルカによく

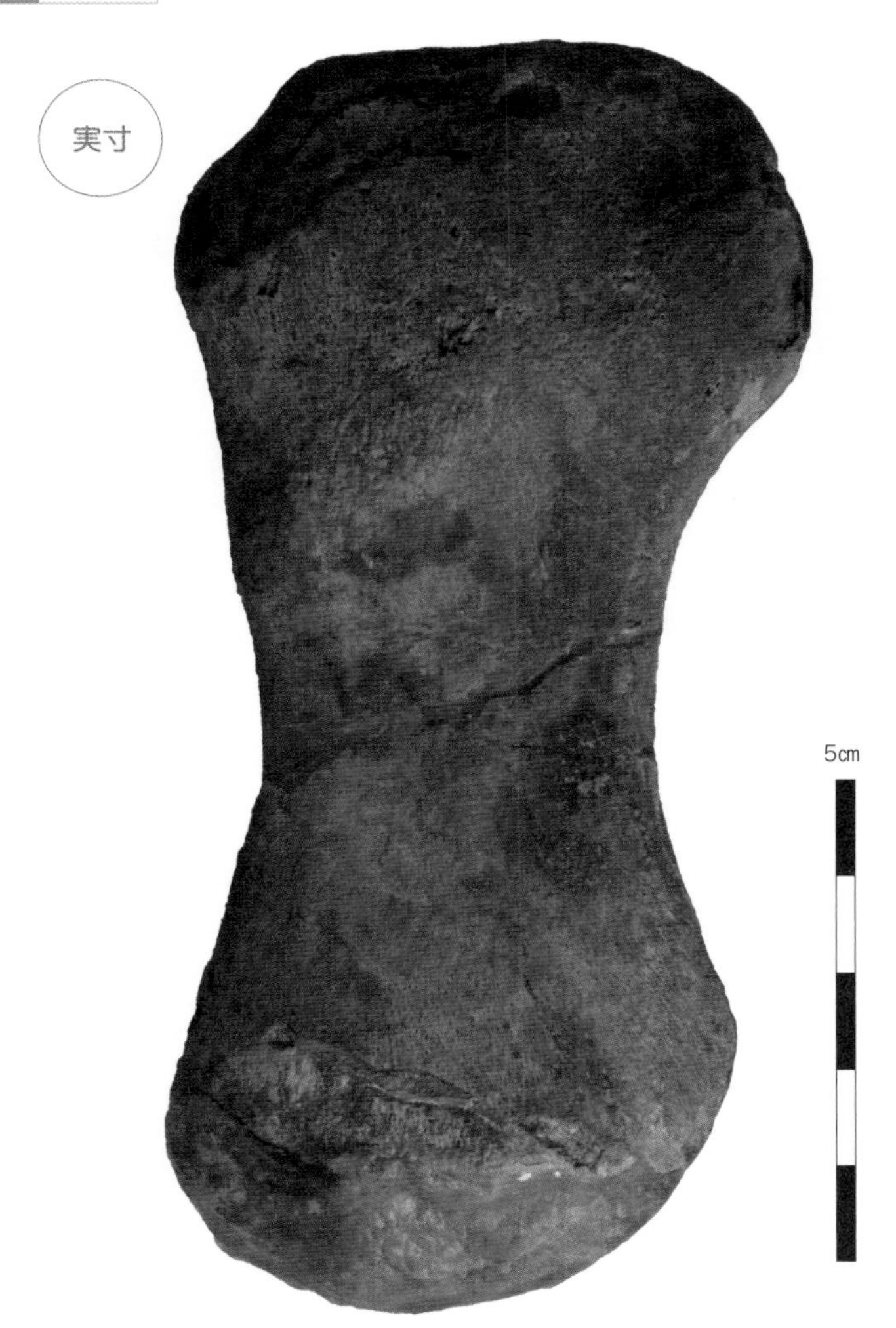

ルースキー島で発見された魚竜類の上腕骨の化石。
長さは約13cmに達するという大きなものだ。Photo：
中島保寿提供。東京大学総合研究博物館所蔵

ルースキー島で化石が発見された魚竜類のイメージ。
イラスト：柳澤秀紀

似る。世界各地に分布する中生代の海の地層から化石が産出しており、彼らの繁栄の規模がわかる。

ルースキー島の魚竜類の化石は、次の二つの理由で注目された。

一つは、「長さ約13センチメートル」というサイズである。「上腕骨」というたった一つの部位ながらも、近縁種との比較によって、ルースキー島の上腕骨の持ち主のサイズを推測することができた。中島たちは、この魚竜類のサイズを「全長約5メートル」と推測した。

5メートルである！　現在の海でいえば、ホホジロザメ（*Carcharodon carcharias*）級だ。改めて書くまでもなく、ホホジロザメは、現在の海洋世界において最上位層に君臨する猛者であり、「ホワイト・デス」の異名さえもつ圧倒的強者だ。ルースキー島の魚竜類は、そんなホホジロザメと同サイズだった可能性が高い。

そして、もう一つの注目点。それは、この魚竜類の化石が含まれていた地層の年代である。中島たちの分析によると、この地層は三畳紀前期の後半につくられたものであるという。約2億4900万年前の話である。

大量絶滅事件によって古生代が終わったのが、約2億5200万年前だ。

わずか300万年。

わずか300万年で、少なくともこの海域の生態系は、ホホジロザメ級の捕食者が出現するほどに回復していた。ルースキー島の上腕骨は、たった一つの化石で、その貴重な情報をもたらしてくれるのである。

【うんこ化石が語る〝復活〟】

上腕骨以外の手がかりもある。

ルースキー島の上腕骨の報告から遡(さかのぼ)ること8年。2014年に、当時、ボン大学シュタインマン研究所(ドイツ)に所属していた中島は、当時、東京大学に籍を置いていた泉賢太郎(現在は千葉大学所属)とともに、宮城県北部に分布する三畳紀前期の海の地層から60個超の「うんこ化石」を報告している。

「うんこの化石？」と思われた読者もいるかもしれない。

うんこが化石として残るのか、と。

結論からいえば、うんこも化石となる。

一般的に、化石に残りやすいものは、〝硬い組織〟だ。骨や殻などである。

一方、筋肉や内臓といった〝軟らかい組織〟は化石に残りにくい。死後、硬組織よりも早く分解され、消失する。

しかし、一定条件をクリアする環境では、軟組織も化石として保存される。実際、皮膚や筋肉、消化器系や脳といった化石も発見されている。「うんこ」もそのほとんどは軟らかい物質だけれども、環境さえ整えば、化石として残る。

さらにいえば、化石化はあくまでも「残りやすい」「残りにくい」といった〝確率〟だ。骨や殻、皮膚や筋肉といった〝からだの化石〟と比較して、一個体の動物が一生涯に排泄するうんこの量は膨大である。確率である以上、母数が多ければ多いほど、化石として残るものが出てくる。

かくして、うんこも化石として残る。

研究者は、そうしたうんこをまとめて「コプロライト(Coprolite)」と呼んでいる。

なお、コプロライトに関しては２０２２年に上梓した拙著『こっそり楽しむ　うんこ化石の世界』（技術評論社刊）にて詳しくまとめているので、ご興味をもたれた読者のみなさまは、ぜひ、

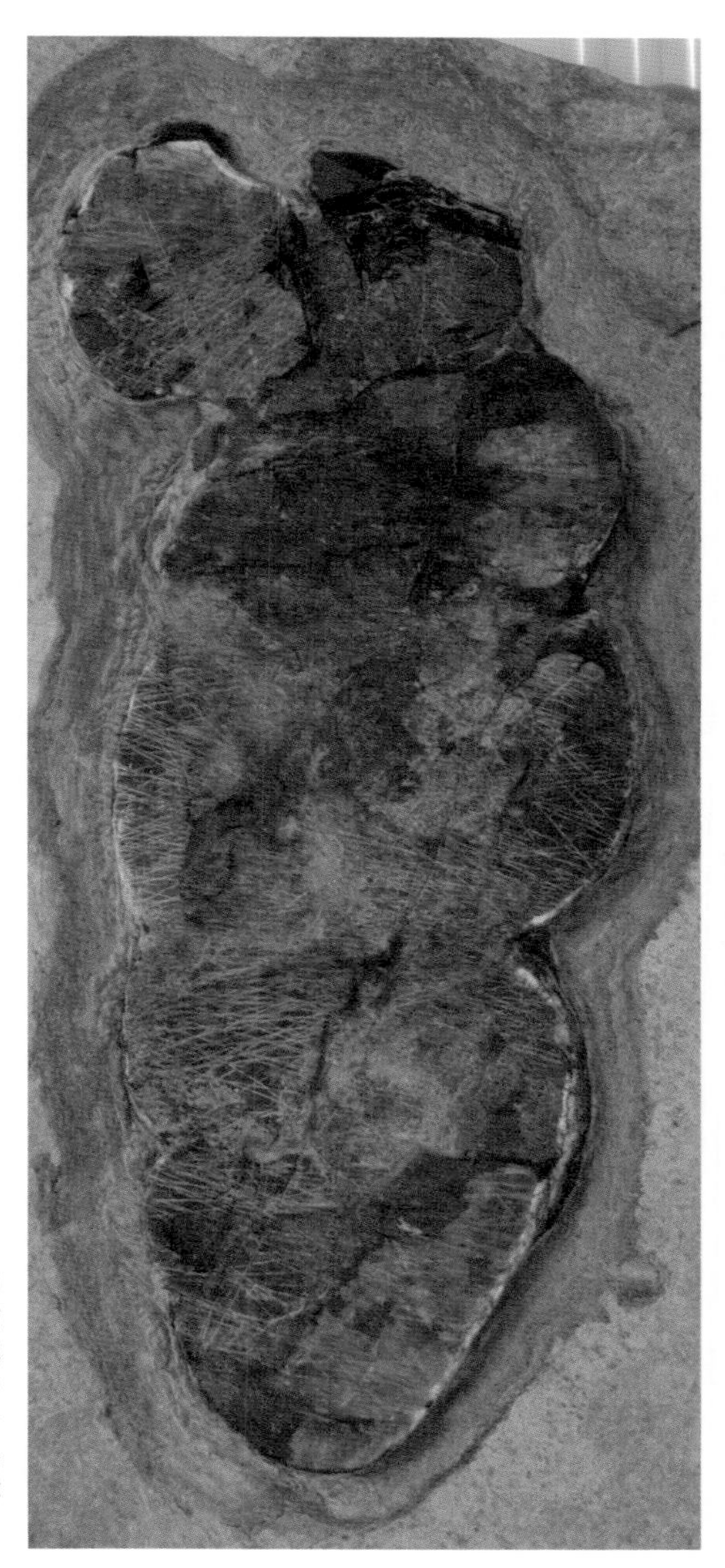

宮城県で発見されたコプロライト。三畳紀前期初頭のもの。この化石が意味することについては、本文を参照されたい。Photo：中島保寿提供。国立科学博物館所蔵

ご覧いただきたい。

さて、宮城県で発見されたコプロライトだ。

60個超の標本は、小さなものは直径２・２ミリメートル、**大きなものは直径７センチメートルであり**、形状は球形から細かな房にわかれたものまで多様だった。成分は、リン酸塩に富み、細かな骨片が含まれていた。

サイズの多様性は、このコプロライト群が、複数サイズの動物によってつくられていた可能性を示唆する（大きな動物が小さなうんこを排泄することもあるので、断定はできない）。

リン酸塩は動物の骨をつくる主成分の一つ。

そして、骨片は、もちろん動物のパーツである。

このコプロライト群は、約２億５２００万年前〜約２億４７００万年前の三畳紀前期の地層から発見された。中島たちは、喰う・喰われるの弱肉強食の生態系が、当時、すでに完成されていたことを示す、と指摘している。約２億４７００万年前までには、海洋生態系のピラミッドが完成していた。これは、ルースキー島の上腕骨の示すことと矛盾せず、世界が急速に回復した証拠として扱われている。

時代が変わっても、上位のまま

【水際世界で古生代覇者の命脈が残る】

三畳紀の幕開けとともに多くの生態系で、最上位層の〝入れ替わり〟が起きた。

しかし、陸圏と水圏の境である〝水際世界〟では、古生代に隆盛を誇ったグループの生き残りが、そのまま上位層に居残っていた。

両生類である。

もっとも、この場合の両生類は、現生の両生類とは別のグループだ。

現生の両生類は、カエルの仲間である「**無尾類**」、イモリの仲間である「**有尾類**」、アシナシイモリの仲間である「**無足類**」の3グループで構成される。そして、この3グループは、祖先を同じくするとみられており、まとめて「**平滑両生類**」と呼ばれている。現在の地球では、平滑両生類以外の両生類は生き残っていない。

しかし、古生代世界においては、平滑両生類以外にも多数の両生類グループが存在していた。とくに「**分椎類**（ぶんついるい）」と呼ばれるグループは、時代を代表する大型肉食種を擁し、水際世界の生態系において、その上位に君臨していた。

そんな分椎類の〝生き残り〟が、三畳紀になってからも存在していた。三畳紀の開幕から500万年以上の歳月が経過した三畳紀中期に、この時代の分椎類の代表ともいえる両生類がいたのだ。

ドイツをはじめ、イギリス、ロシアなどに分布する地層から化石が発見されているその分椎類の名前を、「**マストドンサウルス**（*Mastodonsaurus*）」という。

マストドンサウルスは、一見するとワニに似た姿をしている。頭部は上から見ると二等辺三角形に近く、吻部の先端は丸みを帯び、口には鋭い歯が並ぶ。全長はじつに6メートルに達した。この時代の水際世界において、「6メートル」というサイズは、なかなかの大型である。

胴体は長く、尾も長い。その尾は上下幅が広いという特徴もあった。この尾を使って、主に水中を動き回っていたと考えられている。

一見して、**大型の肉食種**とわかるその姿が、〝**水際の覇者**〟である分**椎類の歴史が続いていることを物語る**。ただし、その数はけっして多くはなかった。

マストドンサウルスの復元画。
イラスト：柳澤秀紀

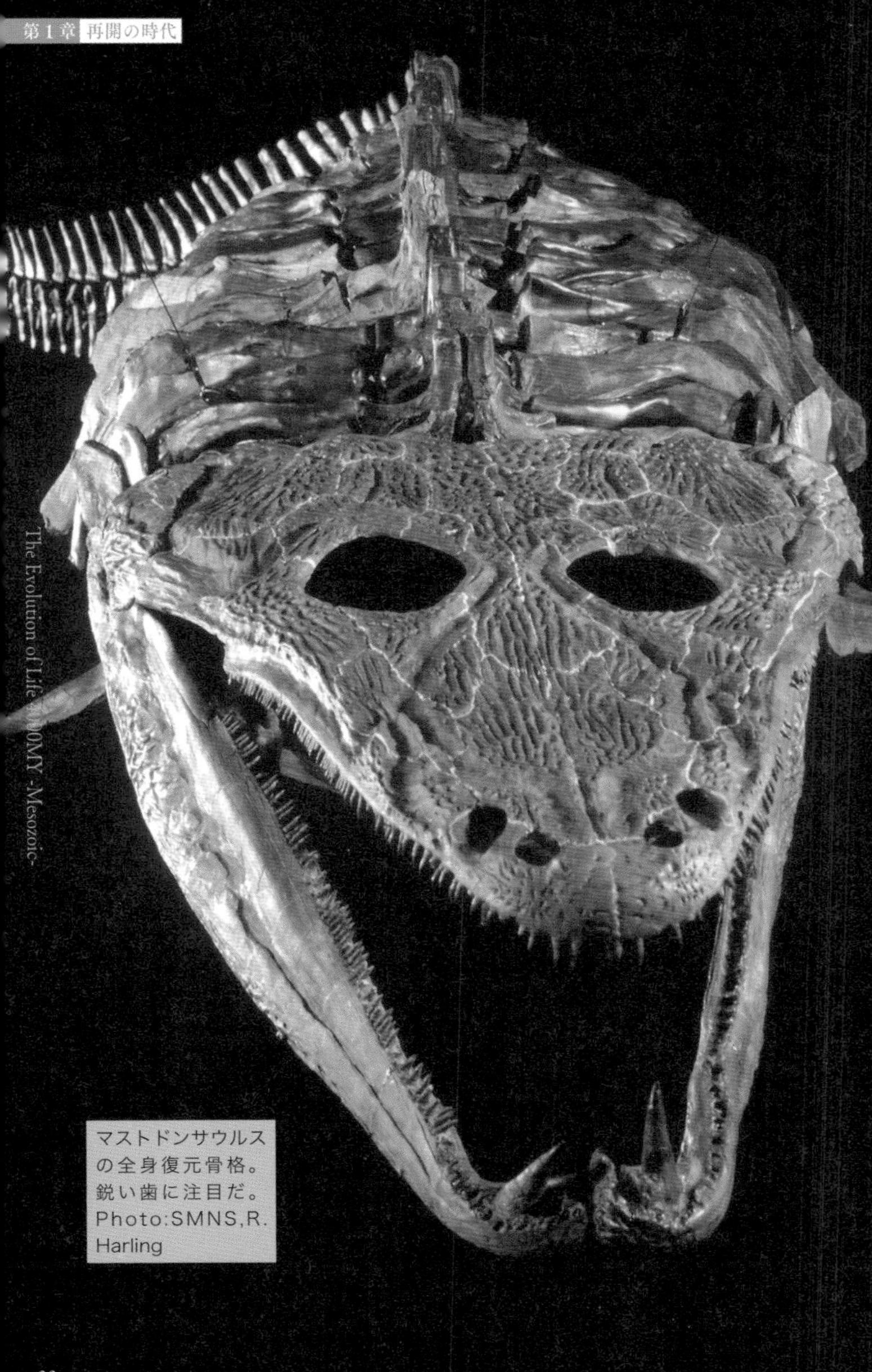

マストドンサウルスの全身復元骨格。鋭い歯に注目だ。Photo:SMNS,R.Harling

台頭する爬虫類——海——

中生代を一言で言い換えるとしたら、それは、「爬虫類の時代」だろう。この時代に繁栄した動物群としては「恐竜類」が最も有名だ。恐竜類は爬虫類の一グループである。実際には、恐竜類に限らず、多くの爬虫類のグループが台頭した。古生代末に栄えた単弓類が衰退する中で、爬虫類は中生代世界の新たな〝主役〟となり、我が世の春を謳歌(おうか)することになる。

まずは、海からその物語に注目しよう。

【先陣は魚竜類】

三畳紀は、中生代に隆盛を迎える爬虫類グループの〝始祖〟たちが出現した時代である。その中でも**真っ先に台頭し、生態系の上位に君臨したのは、ルースキー島の上腕骨化石がその存在を示す「魚竜類」**だった。

最初期の魚竜類の姿は、「Ichthyosauromorpha」というグループにみることができる。このグループは、まだ〝公式の日本語のグループ名〟が定められていない。慣例にしたがえば、「魚竜形類」となるだろうか。魚竜類とその近縁種たちを含むやや大きなグループである。

2014年、カリフォルニア大学デービス校（アメリカ）の藻谷（もたに）亮介たちは、中国東部の安徽（あんき）省に分布する約2億4800万年前の地層から発見された、長さ21・4センチメートルの化石標本を報告した。その標本は、三角形の頭部、肋骨（ろっこつ）の並ぶ胴体、からだの割には大きなひれなどが残されていた。藻谷たちは、未発見の部位を含めると全長40センチメートルほどになると推測している。この動物には、「**カートリンクス**（*Cartorhynchus*）」と名前が与えられ、〝魚竜形類〟というグループを創設するきっかけとなった。

カートリンクスの頭部は、魚竜類と比べると吻部が寸詰まりで、全体として流線型が弱い。また、ひれの関節は地上を歩くことも、水中を泳ぐこともできるつくりだった。そのため、水陸両棲だったとみられている。

そもそも魚竜類は、爬虫類の一グループである。もともと爬虫類は、陸で生まれ、陸で進化してきたグループ

カートリンクスの復元画。尾の部分の化石は未発見。
イラスト：柳澤秀紀

だ。魚竜類は、その進化の一つとして、海洋に進出し、二次的に適応した。つまり、魚竜類の祖先（〝魚竜形類〟の祖先でもある）を辿れば、未知の陸棲爬虫類に行き着くはずである。

水陸両棲のカートリンクスは、まさに「**未知の陸棲種**から、**水棲適応した魚竜類**」が生まれる**過程**の**特徴を残した爬虫類**といえる。

そしてカートリンクスとほぼ同時期に、初期の魚竜類も出現していた。

その化石は、宮城県南三陸町から産出した。名前を「**ウタツサウルス**（*Utatsusaurus*）」という。ウ

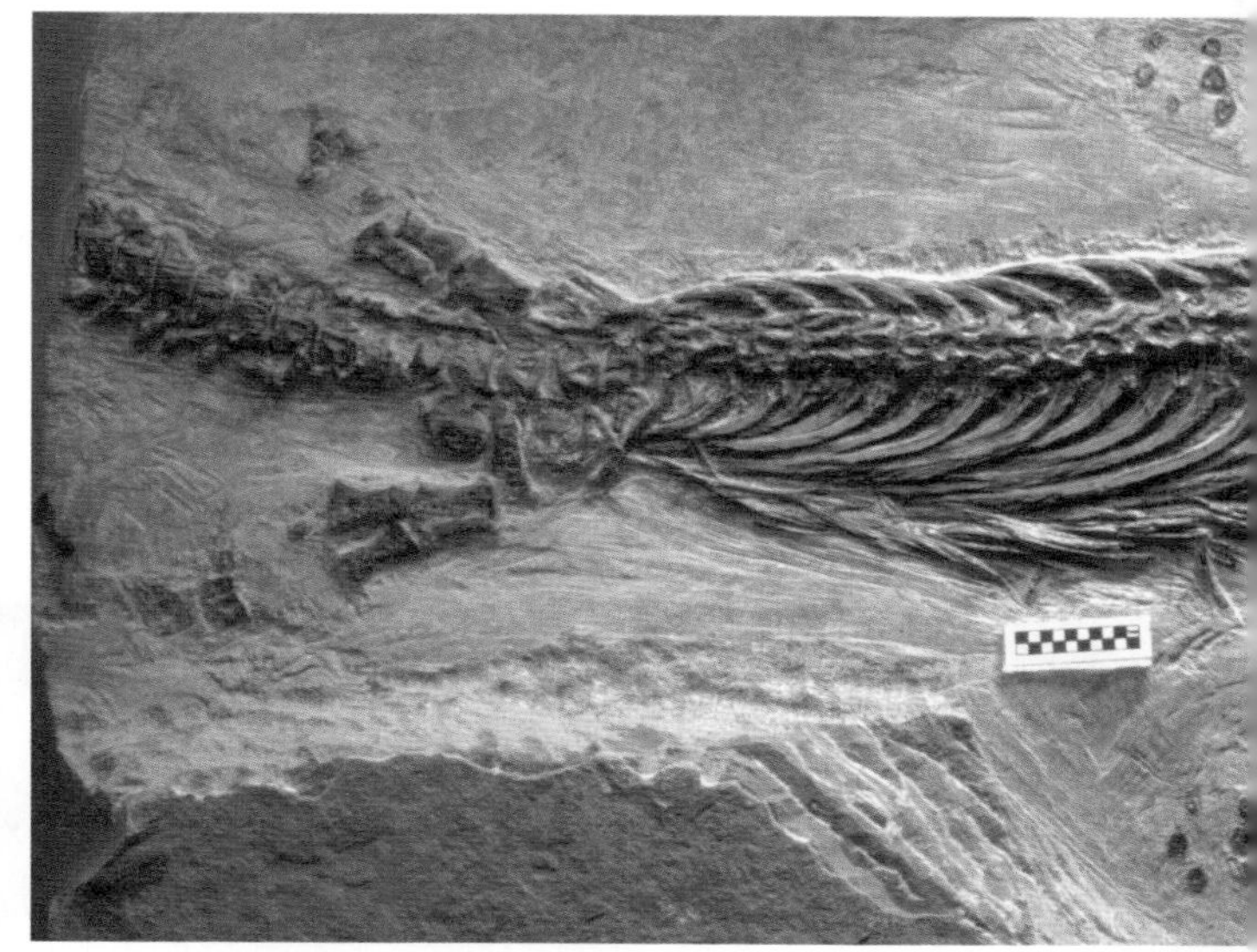

カートリンクスの化石。右が頭部。腕の骨がはっきりと確認できる。画像中の白黒スケールは、1マスが1cmに相当。Photo：藻谷亮介

タッサウルスは、「歌津魚竜」の和名ももつ。「ウタツ（*Utatsu*）」は「歌津」であり、これは南三陸町の旧町名の一つにちなむものだ。

ウタツサウルスの全長は2メートルほど。現在の海にいるサカナでは、メバチマグロ（*Thunnus obesus*）がほぼ同じ大きさだ。

ただし、見た目はメバチマグロとはかなり異なる。ウタツサウルスの姿は、するっとした細身であり、尾びれは下方だけが発達している。「鰭脚（ひれあし）の生えたトカゲ」と表現される姿である。

カートリンクスとちがって、ウタツサウルスは上陸することがで

きたとは考えられていない。

完全に水棲種であり、背骨の形状の分析から、ウタツサウルスはからだをくねらせて、ウナギのような泳ぎをしていたとされている。一方、短時間の加速であれば、可能だったようだ。

かくして、三畳紀の海に、魚竜類の橋頭堡が築かれた。

【出現した超大型】

自然界では、生態系の最上位層には大型の肉食動物が君臨することが常である。この〝定説〟があるからこそ、ルー

ウタツサウルスの化石。左に頭部が確認できる。左は、復元画。標本長72cm。Photo：菊地美紀／東北大学総合学術博物館
イラスト：柳澤秀紀

スキー島の上腕骨化石は、生態系が回復した証拠として扱われる。推定値とはいえ、全長5メートルというホホジロザメ級の大型魚竜類が登場するほどの生態系が、当時の海洋に築かれていたことを意味するからだ。

そして、時間が経てば経つほどに、より大きい超大型の種が登場する傾向にあることも、〝自然界の常〟だ。本質的に、自然界において「大きい」ことは「強い」ことに直結する。より大きなからだをもつ新たな種の出現と台頭によっ

て、生態系は〝アップデート〟されていく。

三畳紀前期の海で、他の海棲爬虫類に先駆けて橋頭堡を築いた魚竜類は、その後、急速に多様化し、そして、超大型種が出現した。

2021年、ボン大学(ドイツ)のP・マルティン・ザンダーたちは、アメリカ、ネヴァダ州から発見された魚竜類の頭骨と上腕骨の化石を報告した。頭骨は、吻部がシュッと長く伸び、口に小さな歯がびっしりと並ぶ。

注目されたのは、この頭骨の大きさだ。

その長さ、約2メートル。頭骨だけで、約2メートルだ。

ザンダーたちによると、**この頭骨から推測される全長は、18メートル以上になるという**。現在の海で言うなれば、マッコウクジラ(*Physeter macrocephalus*)と同等か、それ以上の大きさだ。この超大型の魚竜類には、既知の魚竜類であるキンボスポンディルス属の新種として、「**キンボスポンディルス・ヨウンゴルム(*Cymbospondylus youngorum*)**」との名前が与えられた。

驚くべきは、サイズだけではない。化石の産出した地層の年代にも注目だ。

この化石は、三畳紀中期半ばにあたる約2億4600万年前の地層から産出した。

大量絶滅事件が発生し、古生代が終焉(しゅうえん)して中生代が始まったのは、約2億5200万年前。

ルースキー島の上腕骨が示す、ホホジロザメ級の魚竜類の登場が、約2億4900万年前。

ウタツサウルスに代表される原始的な魚竜類が暮らしていたのは、約2億4800万年前。魚竜類の歴史は、まだ始まったばかりだ。それにもかかわらず、キンボスポンディルス・ヨウンゴルムという超大型種の登場となったのだ。**魚竜類全体を見渡しても、これほど大きな種は珍しい。**

古今東西の動物グループには、〝超大型の種〟を含むものがいくつかある。それこそ、マッコウクジラを擁するクジラ類もそうしたグループの一つだ。

そうしたグループと比較して、魚竜類の大型化に必要だった時間は、圧倒的に短い。**グループ最初期の種の出現からわずか2000万〜3000万年間で、18メートル以上の超大型種が出現したグループは、古今他にない。**

サンダーたちは、魚竜類の登場が史上最大の大量絶滅事件からの回復期であったこと、そして、そんな海であったにもかかわらず、アンモノイド類のような豊富な餌があったことなどを大型化の理由として挙げている。ライバルが少なく、食料が豊富にあるというアドバンテージが、魚竜類の台頭を支えることになったのだろうか。

キンボスポンディルス・ヨウンゴルム。18m級とされる巨大な魚竜類。左は、その頭骨の化石。人物と比較して、その巨大さを実感されたい。
Photo：Martin Sander提供
イラスト：柳澤秀紀

The Evolution of Life 4000MY -Mesozoic-

【鰭竜類登場】

キンボスポンディルス・ヨウンゴルムが登場した三畳紀中期。魚竜類以外の海棲爬虫類も〝繁栄の兆し〟を見せ始めた。

そのグループを「鰭竜類」という。

三畳紀の鰭竜類を一つ挙げるとすれば、「**ケイチョウサウルス(*Keichousaurus*)**」だろう。ケイチョウサウルスは、からだのわりには長い首をもつ海棲爬虫類で、その長い首の先には小さな頭があり、それなりに長い尾をもっている。四肢は長くもないが、短くもなく、その先の手足にはしっかりと指が確認できる。四肢自体は華奢で、浮力のない地上世界を歩き回ることには不向きだ。上陸することはなく、水中で生活していたとみられている。ただし、指があり、鰭脚になっていない点から、さほど水中適応が進んでいなかったことがわかる。大きな個体の全長は30センチメートルほど。化石は、中国南西部の貴州省から発見されている。

2004年、台湾の国立自然科学博物館のイェンニェン・チェンたちは、妊娠状態、つまり、胎児を内包したケイチョウサウルスの化石を報告した。この報告によって、ケイチョウサウルスが胎生だったことが示された。卵ではなく、一定サイズまで育てた子を直接産んでいたのである。

一般に、古生物においては、その出産形態が謎のものが少なくない。そのため、何か手がかりがあれば、近縁種や近縁のグループにも応用し、推理を展開することが多い。

ケイチョウサウルスが胎生だったことで、鰭竜類全体が胎生だった可能性が指摘されるようになったわけだ。

また、ケイチョウサウルスは、膨大な数の化石が知られている。その一部は市場に流通し、個人で保有している人も少なくない。もっとも、こうした化石の常として、〝フェイク〟（複製ではなく、本物と偽って販売される標本）も少なくない。

いずれにしろ、多数の標本があれば、わかることが多い。チェンたちは2009年に70個体のケイチョウサウルスを調べ、鼻先から尻までの長さに二つの〝ピーク〟があることを見出した。一つは約16・1センチメートルであり、もう一つは約14・9センチメートルである。

「わずか1・2センチメートルじゃん！」と思われることなかれ。

この値をそれぞれ10倍してみると、一つは約161センチメートルであり、もう一つは約149センチメートルである。日本人

ケイチョウサウルスの復元画。
初期の鰭竜類で水棲。
イラスト：柳澤秀紀

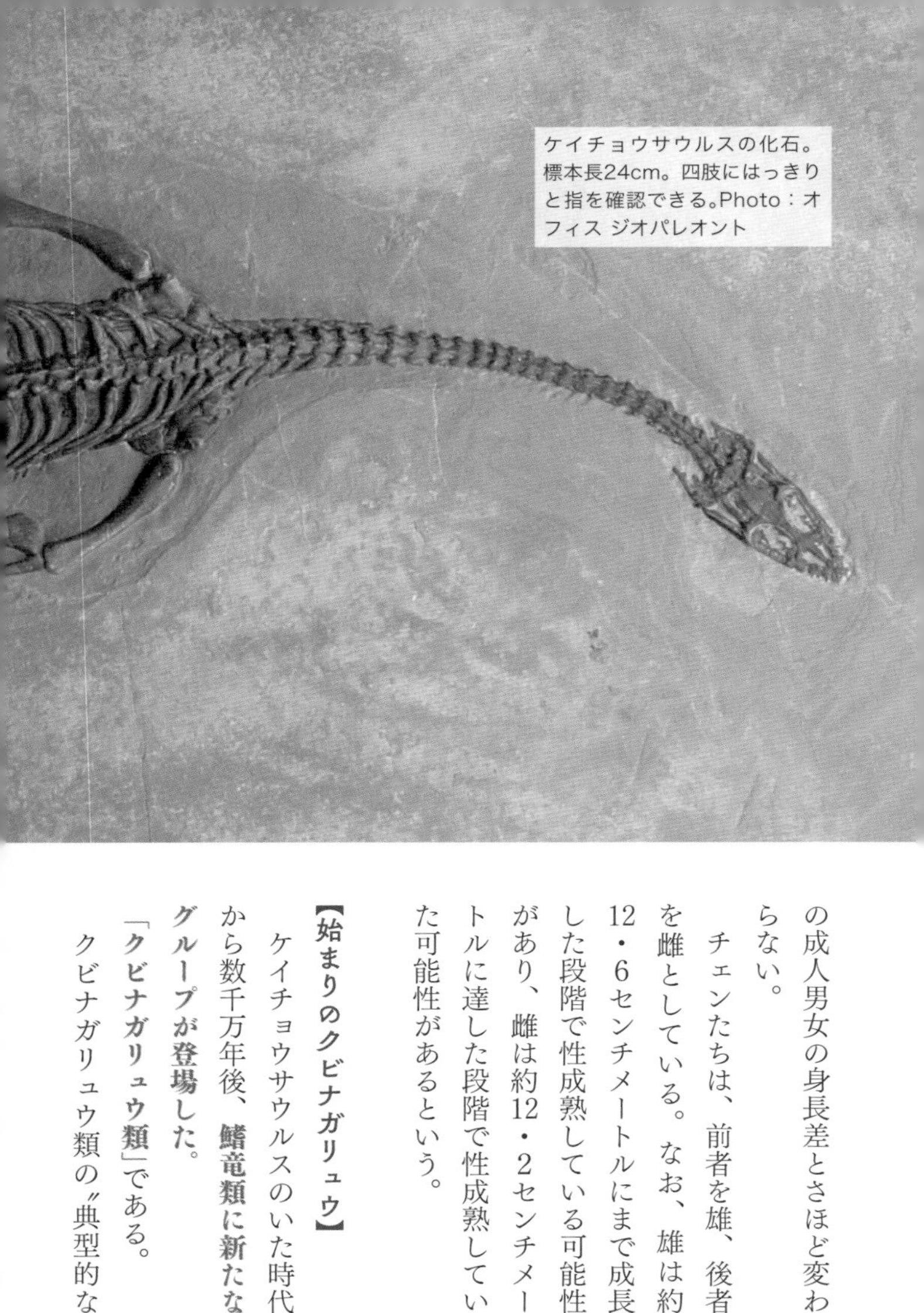

ケイチョウサウルスの化石。標本長24cm。四肢にはっきりと指を確認できる。Photo：オフィス ジオパレオント

の成人男女の身長差とさほど変わらない。

チェンたちは、前者を雄、後者を雌としている。なお、雄は約12・6センチメートルにまで成長した段階で性成熟している可能性があり、雌は約12・2センチメートルに達した段階で性成熟していた可能性があるという。


【始まりのクビナガリュウ】


ケイチョウサウルスのいた時代から数千万年後、**鰭竜類に新たなグループが登場した。**

「**クビナガリュウ類**」である。

クビナガリュウ類の〝典型的な

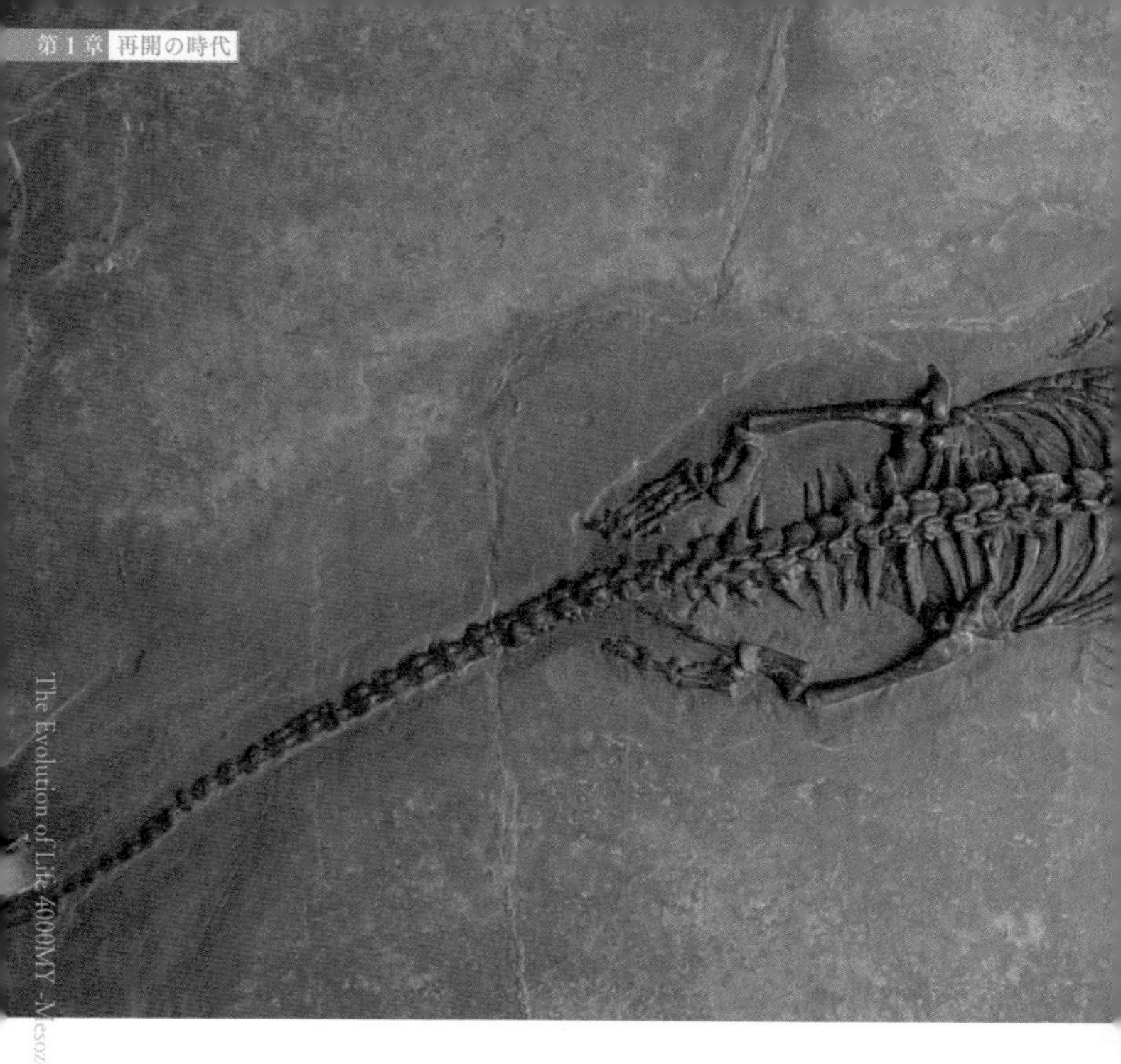

姿〟は、文字通り「首が長い」。小さな頭部、長い首、樽(たる)をつぶしたような胴体に、鰭脚となった四肢、そして、短い尾が特徴である(なお、〝典型的な姿〟ではないクビナガリュウ類も存在した。のちほど紹介するので、しばし待たれたい)。

知られている限り最も古いクビナガリュウ類は、ドイツに分布する約2億5000万前の地層から化石が発見された。2017年にこの化石を報告したボン大学のターニャ・ウイントリッチたちは、「**ラエティコサウルス**(*Rhaeticosaurus*)」の名前を与えている。

ラエティコサウルスの全長は、約2・4メートル。鰭竜類の仲間であるケイチョウサウルスと比較するとかなり大きいけれども、同時代の魚竜類と比べた場合は、けっして「大きい」とはいえないサイズである。少なくとも「隆盛を誇る」といえるような大きさではなかった。

しかし、〝**最も古い**クビナガリュウ類〟でありながら、**ラエティコサウルスはクビナガリュウ類の〝典型的な姿〟をすでに備えていた**。そのため、より古い時代に、〝典型的な姿〟を獲得していない未発見のクビナガリュウ類がいたとウイントリッ

ラエティコサウルス。全長約2.4mの最初期のクビナガリュウ類。下はその化石で、右側が頭方向。Photo：林昭次提供 イラスト：柳澤秀紀

チたちは指摘している。魚竜類にとってのカートリンクスのような種類が、クビナガリュウ類にとっては未発見なのだ。今後の発見と研究次第では、クビナガリュウ類の歴史は、もう少し遡ることができるのかもしれない。

なお、魚竜類とクビナガリュウ類は、「中生代の三大海棲爬虫類」の内の二つだ。中生代の海における爬虫類の象徴のような分類群たちである。魚竜類が先行し、クビナガリュウ類は魚竜類を追いかけるように登場した。残りの一グループの登場は、かなり先の話である。

【長い首は、クビナガリュウ類だけの特徴ではない】

三畳紀の海で、海棲爬虫類は多様化の華を咲かせた。引き続き、その例をいくつかみていこう。

まずは、ドイツ、スイス、イタリアなどの三畳紀中期の地層から化石が発見されている「**タニストロフェウス**(*Tanystropheus*)」だ。

中生代の海で「長い首」といえば、ラエティコサウルスのようなクビナガリュウ類がよく知られている。しかし、三畳紀に限定していえば、「長い首の海棲爬虫類」は、クビナガリュウ類の専売特許ではなかった。

タニストロフェウスもまた、その全長の半分以上を首が占めている。

ただし、タニストロフェウスとクビナガリュウ類は、「首が長い」という点以外は、異なる点だらけである。クビナガリュウ類の胴体は樽をつぶしたようにでっぷりとしているが、タニストロフェウスの胴体はほっそりとしている。クビナガリュウ類の四肢は鰭脚となっているが、タニストロフェウスの四肢には指があった。

よく似てみえる「長い首」さえも、じつは決定的なちがいがあった。クビナガリュウ類の首は、首をつくる個々の骨の数が多いことで「長い」。しかし、タニストロフェウスの首は、個々の骨自体が長い。

2020年、チューリッヒ大学(スイス)のステファン・N・F・シュピークマンたちは、タニストロフェウスの頭骨を詳しく分析

タニストロフェウス。下は全身復元骨格。首は長いが、頸椎の数は多くない。Photo：Gabriel Aguirre/Palaeontological Institute and Museum,University of Zurich
イラスト：柳澤秀紀

し、鼻孔が吻部の上へ向いていることを明らかにしている。これは、水面下に口を沈めながらでも呼吸ができるつくりだ。水棲種の典型的な鼻である。

　また、シュピークマンたちは、同じタニストロフェウス属であっても、全長6メートルの大型種と、それより小さな小型種がいることも明らかにした。両者は歯のつくりが異なることから、別の獲物を狙っていたとみられるという。

　三畳紀の海洋生態系では、「長い首」という〝特異な特徴〟をもっていても、異なる生態で、棲み分けをおこなっていたのかもしれない。

【植物食の海棲爬虫類、登場する】

2014年、武漢地質鉱物資源研究所(中国)のロン・チェンたちが、中国南部の雲南省に分布する三畳紀中期の地層から産出した海棲爬虫類の化石を、なんとも不思議な姿に生体復元して報告した。

全長は2・8メートル。胴長で、尾も長い。四肢は短く、手足には指が確認できる。首はやや長いけれども、クビナガリュウ類ほどではない。

奇妙だったのは、上顎だ。先端は急角度で下を向き、左右に割れ、その割れ目に針のように細い歯がびっしりと並んでいたのだ。下顎は、この下向きの上顎に対応するように下を向き、シャベルのようになっていた。

なんとも珍妙なこの上顎について、チェンたちは「堆積物から微生物や小さな蠕虫（ぜんちゅう）などの獲物を濾（こ）し取るために使っていたのではないか」と指摘してい

アトポデンタトゥス。右のサークル内の旧復元は、上段の頭骨化石にもとづいたもの。全身の新復元画は、下段の頭骨化石にもとづく。詳細は、本文を参照。Photo：Long Cheng提供
イラスト：柳澤秀紀

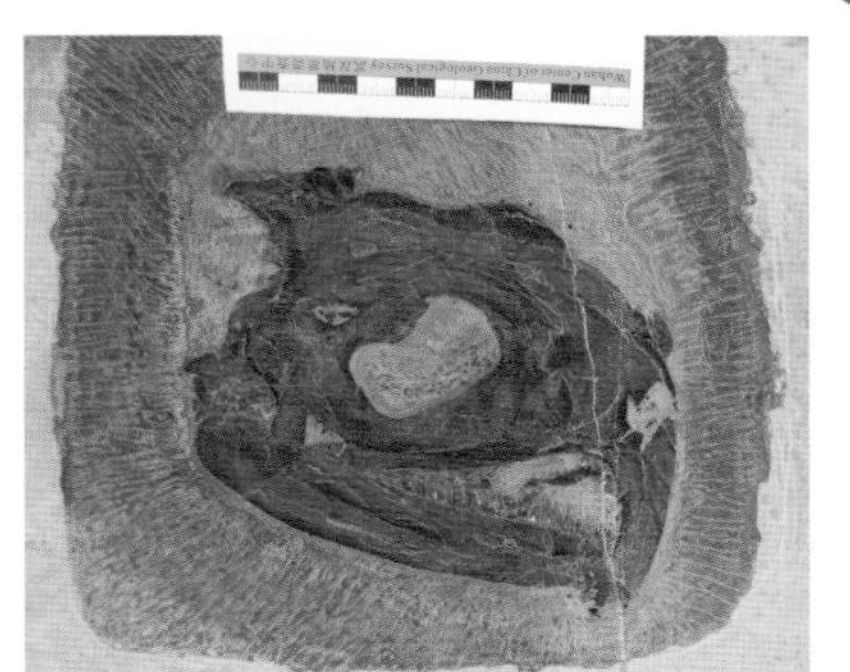

る。ここから「奇妙な歯」を意味する「**アトポデンタトゥス**(*Atopodentatus*)」の名前が与えられた。

しかし2016年、新標本の発見によって、この復元は大きく変更されることになる。

新たに発見されたアトポデンタトゥスの標本には、「急角度で下を向く吻部先端」もなければ、「先端が左右に割れた上顎」もなかったのだ。

その代わり……というわけでもないが、新復元も珍妙なものとなった。吻部の先端は、細く左右に広がっていたのである。金槌(かなづち)の頭《ハンマーヘッド》のような形になっていた。そして、その幅広の口に、細かい歯がびっしりと並んでいた。

じつは、2014年の復元は、不完全な化石にもとづいてのものだった。

新標本と新復元を報告した中国科学院のチュン・リたちは、アトポデンタトゥスがこの幅広の口を使って、海底の藻類などをこそぎ取っていたとみている(なお、この研究メンバーには、2014年の論文の筆頭著者であるロン・チェンも含まれている)。

海底の藻類を食べる。つまり、植物食だ。

リたちによれば、**アトポデンタトゥスは植物食の海棲爬虫類として最も古い存在である**という。

【哺乳類のような爬虫類】

もう一種類、三畳紀の海棲爬虫類を紹介しておきたい。

中国湖北省に分布する三畳紀前期の地層から化石が発見された「**エレトモルヒピス**（*Eretmorhipis*）」である。

エレトモルヒピスは、全長約90センチメートル。背中に骨の〝こぶ〟が並び、鰭脚となった四肢と長い尾をもっている。特徴的な点は頭部だ。頭骨を真上から見ると、まるでクワガタムシのハサミのように左右が伸び、中央先端が開いて吻部をつくっていた。

この特徴をもつ頭骨は、私たち現生の哺乳類にも存在する。それは、カモノハシ（*Ornithorynchus anatinus*）だ。じつは、カモノハシの吻部の骨も、クワガタムシ然としている。ただし、カモノハシの吻部の〝開いている空間〟は、エレトモルヒピスのそれよりもずっと広い。

カモノハシの場合、この骨のまわりを軟組織が覆い、平たいクチバシをつくっている。その形状は、まさに「鴨（かも）の嘴（はし）」である。ただし、鳥類であるカモのクチバシと比べると、大部分が軟組織であるために軟らかい。そして、この軟らかいクチバシに、圧力センサーや電気センサーが並んでいる。

また、カモノハシは、そのからだの割には眼が小さく、視覚がさほど発達していないという特徴がある。彼らは普段、視覚に頼らずに、クチバシのセンサーを使って生きている。

エレトモルヒピスのクチバシは、そんなカモノハシとよく似ていた。２０１７年、武漢地質鉱物資源研究所のロン・チェンたちは、エレトモルヒピスの頭骨を詳しく解析した論文を発表し、

エレトモルヒピス。上段から、復元画と化石、化石のスケッチ、骨格図。頭部の形状に特徴がある。Photo：Long Cheng提供
イラスト：柳澤秀紀

そう指摘している。エレトモルヒピスにも軟組織のクチバシがあったというのだ。

そして、クチバシだけではなく、エレトモルヒピスの眼もまた、からだの割には小さいのである。

そのため、エレトモルヒピスの生態もカモノハシに似ていた可能性があるという。彼らは視覚に頼らず、クチバシの触覚を頼りに、エビのような小動物を食べていたのではないかというわけだ。

視覚に頼らないということは、視覚に頼る動物たちとは異なる時間や異なる環境で生きていくことができるということである。三畳紀の海棲爬虫類たちは、獲物や生息域を細かくわけていた可能性がある。

防御の進化の始まり

三畳紀に出現した爬虫類の中には、その進化を〝防御に捧(ささ)げたグループ〟がある。そのグループは、その長い歴史において生態系の頂点に君臨することはなかったけれども、絶滅することなく命脈を保ち、現在でも地球の各地で繁栄し、現生種は約300種を数える。

硬い甲羅で腹と背中を覆い、陸棲種も水棲種も存在するそのグループは、「カメ類」だ。

カメ類の登場は、三畳紀だった。

しかし、その初期進化に関しては謎が多い。

最大の特徴である「甲羅」は、肋骨が発達したものであることは確からしい。では、その甲羅は、背中側からできたのだろうか？　それとも、腹側からできたのだろうか？　あるいは同時に獲得されたのか？

また、その進化は海でおこなわれたのか？　陸でおこなわれたのか？

よくわかっていない。


【カメの祖先に近い爬虫類】


手がかりがない、というわけではない。

2018年、中国科学院のチュン・リたちは、中国南西部の貴州省にある三畳紀後期初頭の地層から発見された全長2・3メートルほどの爬虫類の化石を報告し、「**エオリンコケリス**（*Eorhynchochelys*）」と名づけた。リたちによると、カメ類の祖先に近い存在であるという。学名もこの見方を反映しており、「Eo」には「暁」、「rhyncho」には「クチバシ」、「chelys」には「カメ」という意味がある。

確かにエオリンコケリスは、〝カメっぽいからだつき〟だ。

エオリンコケリスの復元画。
胴体が左右に膨らんでいる。
イラスト：柳澤秀紀

胴体が左右に少し膨らみ、肋骨がやや幅広である。エオリンコケリスには甲羅はないけれども、この肋骨がそのまま発達して甲羅になったと言われれば、「なるほど」と感じさせる。

一方、学名が示唆するように、口先には「クチバシ」があった。そして、口の奥には小さな歯がある。進化したカメ類は歯をもたず、クチバシだけだ。その点を考慮すれば、この口も〝進化途上〟を感じさせる。

悩ましいのは、四肢のつくりと、発見された地層だ。

四肢は頑丈だった。がっしりとしている。長い爪もある。リたちは、この四肢を使って、陸地に穴を掘っていた可能性を指摘している。

一方、骨の一部は水棲種の特徴を示し、化石が発見された地層は海でできたものだった。エオリンコケリスは、海で暮らしていたのかもしれない。

カメの起源は、陸か、海か。どちらの説も示唆する要素が

エオリンコケリスの化石。ほぼ全身が残っている。左右に伸びるがっしりとした肋骨がよくわかる。Photo：Xiao-Chun Wu提供

エオリンコケリスには含まれているのだ。

その上でリたちは、陸起源の可能性が高いとしている。骨の一部にみられる特徴はともかくとしても、海の地層で発見された化石は、かならずしも水棲種のものではないからだ。海岸付近で暮らしていた動物が、嵐に巻き込まれたり、津波にのまれたりして、沖合へと運ばれて、海の地層で化石となって残る。そんな例は少なからず発見されている。のちの章で紹介する日本の北海道の恐竜たちも、まさにこの例である。

リたちは、エオリンコケリスが沿岸域で暮らし、陸と海を行き来するような生活をおこない、ときには海岸を掘っていたのかもしれない、とみている。

【腹側だけに甲羅のあるカメ】

最初期のカメの一つ、「**オドントケリス**(*Odontochelys*)」は、リたちによって2008年に報告された。その化石は、中国南西部の貴州省に分布する三畳紀後期初頭の地層から発見された。エオリンコケリスとほぼ同等の古さのあるカメだ。

全長38センチメートルのオドントケリスの最大の特徴は、「腹側だけに甲羅がある」ことだ。背中側は剝き出しである。

口はクチバシではない。細かな歯が並んでいた。その点ではエオリンコケリスよりも原始的と

オドントケリス。復元画（上段）と化石（下段）。化石は腹側から見たもの。
Photo：©IVPP
イラスト：柳澤秀紀

いえるだろう。カメ類の初期進化が多様で、複雑だったことがわかる。

オドントケリスの存在は、カメ類の甲羅が「腹側から発達した」ことを示唆するものだ。

一方で、その化石は浅い海底で堆積した地層から発見された。そのため、リたちは、最初期のカメは浅い海か、あるいは、河口付近に生息していた水棲種である可能性が高いと指摘した。

ただしオドントケリスには、産出した地層以外に水棲種であることを示す証拠がみられなかった。たとえば、水棲種であれば、手足は鰭脚、または、水かきがあることが望ましい。水かき自体は軟組織なので化石には極めて残りにくいけれども、その痕跡は指の骨からある程度読み取ることができる。

しかし、オドントケリスにはそれがない。

そして、エオリンコケリスの項で述べたように、「海の地層で発見された化石は、かならずしも水棲種のものではない」。

そのため、オドントケリスが水棲種であったのかどうかは、議論がある。

カメ類の初期進化は、甲羅の発達に関しては手がかりを得つつあるものの、その〝進化の場〟に関しては、依然として謎に包まれている。

ちなみに、オドントケリス以降に出現する〝初期のカメ類〟は、知られている限りすべて陸棲種で、海棲のカメ類が出現するのは白亜紀になってからだ。研究者たちが、エオリンコケリスやオドントケリスの産出した状況を疑う理由もわかるというものである。

台頭する爬虫類——陸——

爬虫類の繁栄は、海だけで始まったわけではない。陸もまた、爬虫類王国の黎明期にあった。

なお、海でできた地層に比べると、陸でできた地層の化石記録は貧弱で、断片的だ。そのため、海棲動物ほどの情報が残っていない（明らかになっていない）。

【先行した偽鰐類】

中生代の陸棲動物といえば、「恐竜類」の名前が真っ先に挙がることだろう。

しかし**恐竜類が覇権を握る前に**、**恐竜類とは異なる爬虫類グループが地上を席巻していた**。このグループの名前を「**偽鰐類**」という。「偽」の「ワニ（鰐）」という文字面だけれども、このグループには、〝ワニ類そのもの〟も含まれて

デスマトスクス。復元画（左）と全身復元骨格（下）。詳細は本文参照。Photo：アフロ。Mesalands Community College's Dinosaur Museum所蔵　イラスト：柳澤秀紀

いる。

つまり、簡単にいえば、偽鰐類は、ワニ類とその近縁の仲間たちで構成されている。

多様な偽鰐類がいる中で、ここではその〝武装化の象徴〟と〝大型捕食者の象徴〟を紹介しておこう。

まずは、**〝武装化の象徴〟**として、「**デスマトスクス**(*Desmatosuchus*)」を挙げたい。

全長は約4・5メートル。頭部を除くほぼ全身の背中側に骨の板が連なっていた。この〝背中の装甲〟の両端には、鋭い突起が並んでいる。肩から伸びる突起はとくに大きく、頑丈そうだ。

一方で、頭部はからだの割に小さくて細い。吻部は鋭角で、口にはシンプルな形状

ポストスクス。三畳紀の陸上世界に君臨していた偽鰐類(恐竜にみえるかもしれないが、恐竜ではない)。
イラスト：柳澤秀紀

の歯が並んでいる。昆虫食、あるいは、昆虫と植物の両方を食べる雑食性だったのではないか、とみられている。化石はアメリカに分布する三畳紀後期の地層から産出する。

そして、〝**大型捕食者の象徴**〟として、「**ポストスクス(*Postosuchus*)**」を挙げよう。その化石は、デスマトスクスと同じようにアメリカから報告されている。

ポストスクスは、三畳紀後期の陸上世界で「トップ・プレデター」として君臨していたものの一つ。その全長は5メートルとも6メートルとも言われている。

ポストスクスは、がっしりとした四肢をもち、極太の胴体と長い尾をその四肢で支えていた。現生のワニ類のように四肢がか

らだの側方へ伸びるのではなく、下方へと伸びる(これは、デスマトスクスとも共通する三畳紀の偽鰐類の特徴である)。頭部は大きく、幅も厚みもあり、口には太い歯が並ぶ。顔つきだけみれば、白亜紀末に登場するティラノサウルス(*Tyrannosaurus*)に似ている、といえるかもしれない。明らかに覇者の面構えである。

三畳紀の偽鰐類には、ここで挙げた2種類の他にも、からだの細い仲間や、二足歩行をしていた仲間などもいた。

ポストスクスの全身復元骨格。The Rainbow Forest Museum所蔵　Photo：SuperStock／アフロ

彼らは、三畳紀の陸上世界で大いなる繁栄を遂げたのだ。

【恐竜類につながる道】

偽鰐類が主役となった三畳紀の陸上。しかし、のちの覇者の系譜も目覚めていた。

デスマトスクスやポストスクスの登場よりも時間を遡った三畳紀前期、**恐竜類とその近縁種を含むグループ「恐竜形類」が出現していたのである。**

複数の種類が確認されているこの時代の恐竜形類は、いずれも全長1～2メートルほ

プロロトダクティルスの“からだの予想画”。「プロロトダクティルス」は、本来は足跡の化石の名前。このイラストは、その足跡の主の姿を予想したもの。イラスト：柳澤秀紀

ど小柄であり、頭が小さく、細身だ。肉食性の種もいれば、植物食性の種もいた。

ここでは恐竜形類の一つとして、「**プロロトダクティルス**（*Prorotodactylus*）」を紹介しておこう。

プロロトダクティルスという名前は、恐竜形類のからだの化石ではなく、足跡の化石につけられたものだ。

2011年、アメリカ自然史博物館のスティーブン・L・ブルサッテたちは、ポーランドに分布する三畳紀前期の地層から、多数の足跡化石を報告した。

その足跡化石は、小さなものでは2センチメートルほどの大きさで、大きなものでは5センチメートルほどの大きさが

あった。指の本数は5本。親指と小指が小さい。
一般に、足跡化石から、足跡の〝主〟の姿を完全に復元することは難しい。しかし、足跡の間隔や形状を分析することにより、ある程度は〝主〟の姿を予想することができる。ブルサッテたちは、プロロトダクティルスは四肢の長い姿をしており、四足で歩いていたとみる。サイズは、ヒトの両手の上に載せられる程度のものだったという。
プロロトダクティルスの足跡化石が残されていた地層は、三畳紀前期の後半のどこか——約2億5100万年前〜2億4900万年前のものとされる。**三畳紀が始まってからまだ数百万年という時期**であり、そんな**早期に「恐竜類の〝祖先の仲間〟」が存在していた**ことを示すものだ。
……存在していたものの、このグループから「恐竜類」が登場するためにはまだ数千万年の時間が必要だった。

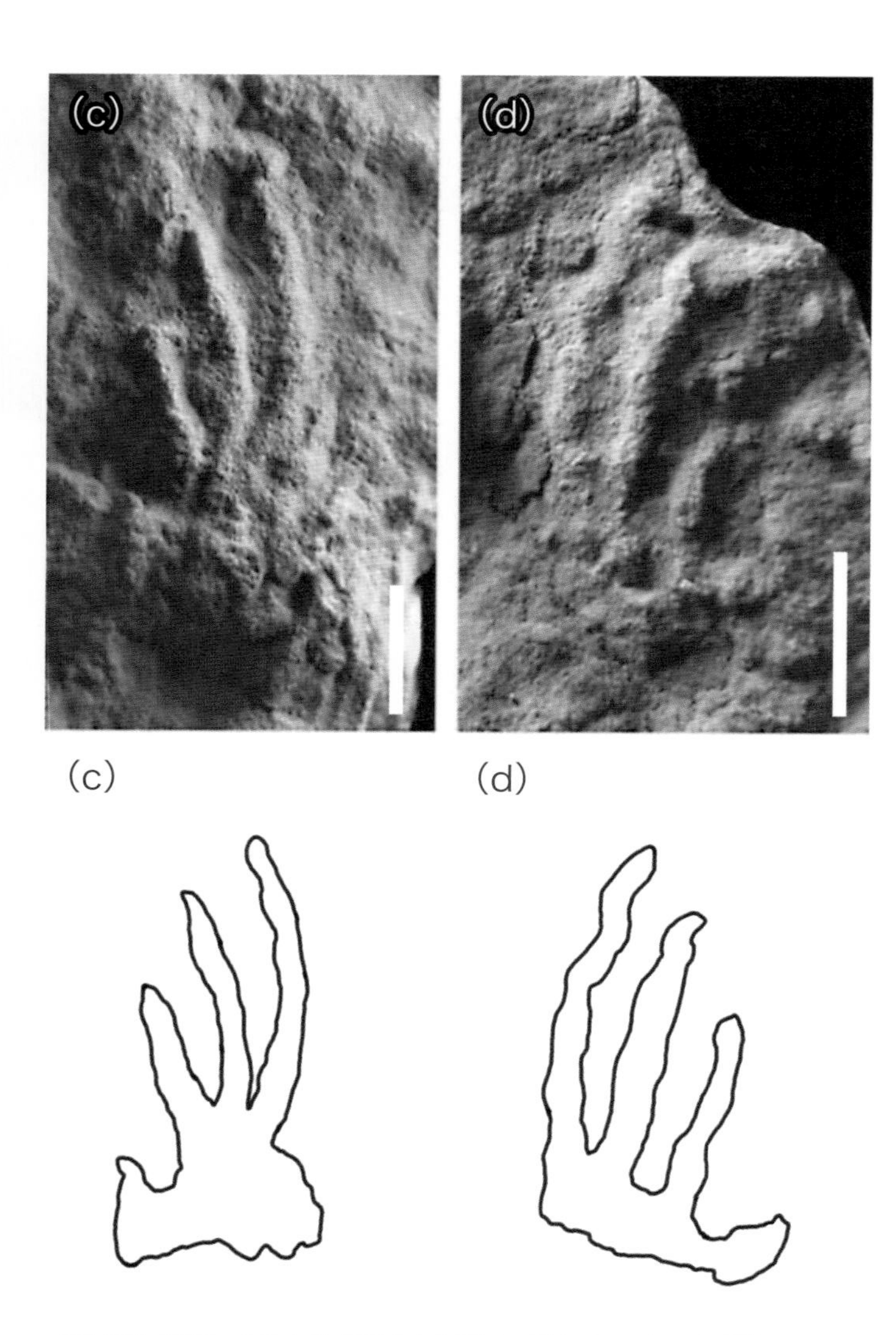

「プロロトダクティルス」と名づけられた化石（の一部）とそのスケッチ。画像中の白いバーは、1cmに相当する。Photo：Grzegorz Niedzwiedzki

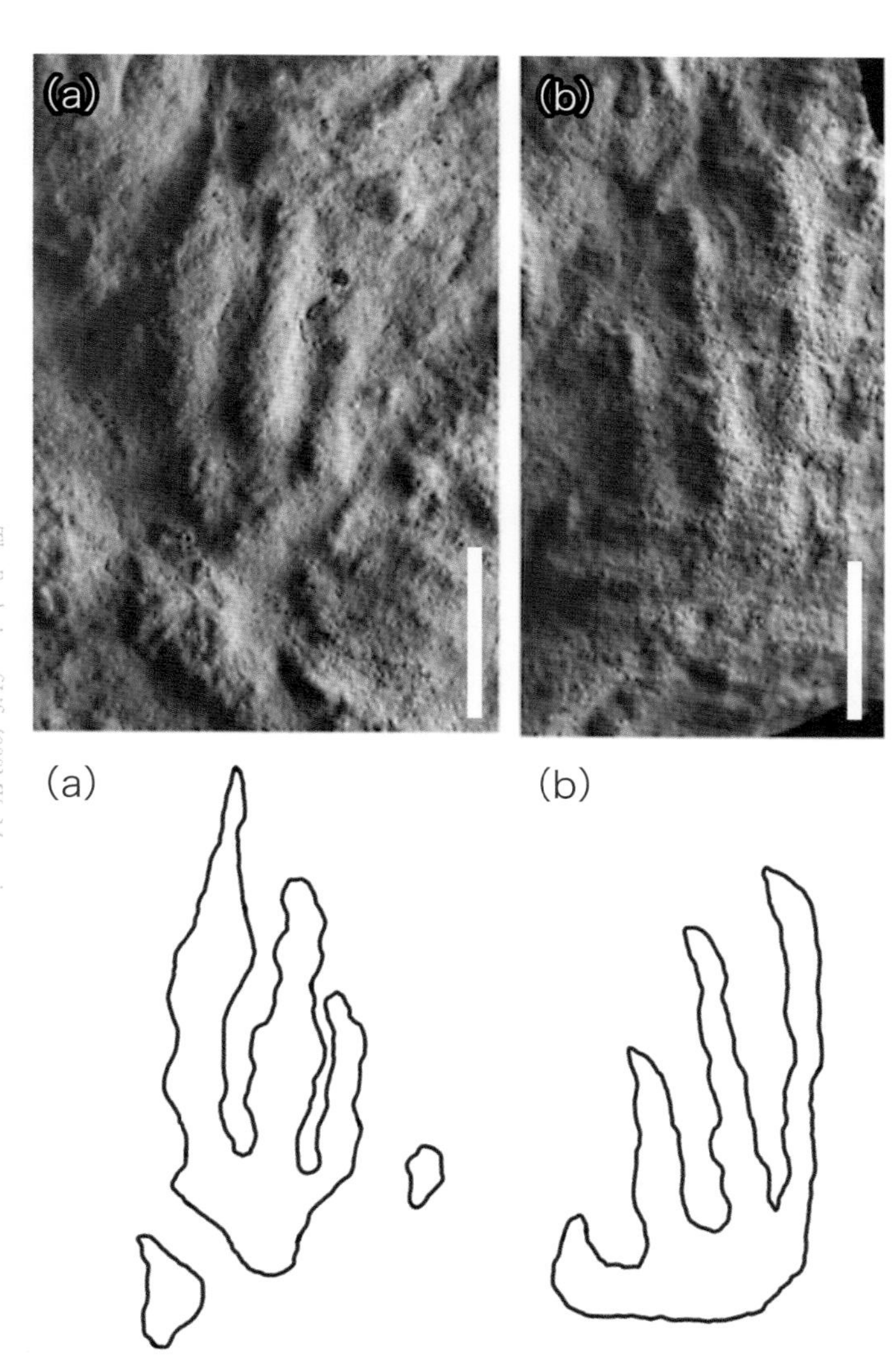
(a)
(b)
(a)
(b)

【恐竜類、登場する】

三畳紀後期、恐竜形類の一グループとして、ついに「恐竜類」が登場した。

最初期の恐竜類は、次の3種類によって象徴されている。「**エオラプトル**(*Eoraptor*)」「**エオドロマエウス**(*Eodromaeus*)」、そして、「**パンファギア**(*Panphagia*)」だ。

この3種類は、いずれも小型の恐竜である。全長は、いずれも1・7〜1・8メートルしかない。1・7メートルと聞くと、それなりに大きいように思えるかもしれないが、これは鼻先から尾の先までの長さである。からだの高さ(腰の高さ)でいえば、40センチメートルに届かない。

ちなみに、筆者の家ではラブラドール・レトリバーとシェットランド・シープドッグ(シェルティ)が暮らしている。ラブラドールのサイズは、頭胴長(鼻先からお尻まで)が約1メートル、高さ(肩の高さ)が約55センチメートル。一方、シェルティは頭胴長約75センチメートル、肩高約40センチメートルだ。

つまり、初期の恐竜たちは長さでこそ大型犬であるラブラドールを上回るけれども、高さでは小型犬のシェルティと同程度だ(もっとも、シェルティは小型犬の中では大きい方ではある)。なお、シェルティの体重が8〜9キログラムであることに対し、エオラプトル、エオドロマエウス、パンファギアの推定体重はいずれも5〜6キログラムである。

初期の恐竜たちは、かなり小さくて、かなり軽いのだ。

この3種類の恐竜たちは、サイズだけではなく、その姿もよく似ている。すなわち、全体的に細身で、基本的には長い後ろあしで歩く二足歩行だけれども、前あしもそれなりの長さがあった。頭部は小さく、軽量である。

ただし、この3種類の所属は同じではない。

エオラプトルとパンファギアは「竜脚形類」というグループに、エオドロマエウスは「獣脚類」というグループに分類される。

竜脚形類は、「巨大恐竜」の代名詞と言われるグループである。このグループには、のちに全長30メートルを超す超大型種が出現する。進化した竜脚形類は、(からだの割には)小さな頭、長い首、でっぷりとした胴体に、柱のような太い四肢、長い尾をもつ。

獣脚類は、すべての肉食恐竜が含まれるグループだ。最も有名な恐竜類である「ティラノサウルス(*Tyrannosaurus*)」は、このグループに属している。なお、すべての肉食恐竜は獣脚類に含まれるけれども、獣脚類のすべてが肉食性というわけではない。

恐竜類の繁栄は、よく似た姿の小型恐竜たちから始まった。そして、その初期の歴史から、すでに多様化の兆しがみえていた。エオラプトル以下の3種類の恐竜たちは、そのことを示している。

もっとも、3種類の所属については、まだ「確定」とはいえないようだ。2019年に刊行され

エオドロマエウス。最古級の獣脚類の一つ。左上は復元画。上は全身復元骨格。Photo：Research Casting International

パンファギア。最古級の竜脚形類の一つ。左下は復元画。右は化石。Photo：Research Casting International

エオラプトル。最古級の竜脚形類の一つ。化石は78ページに。イラスト：柳澤秀紀

エオラプトルの頭骨（クリーニング中）。Photo：Louis Psihoyos

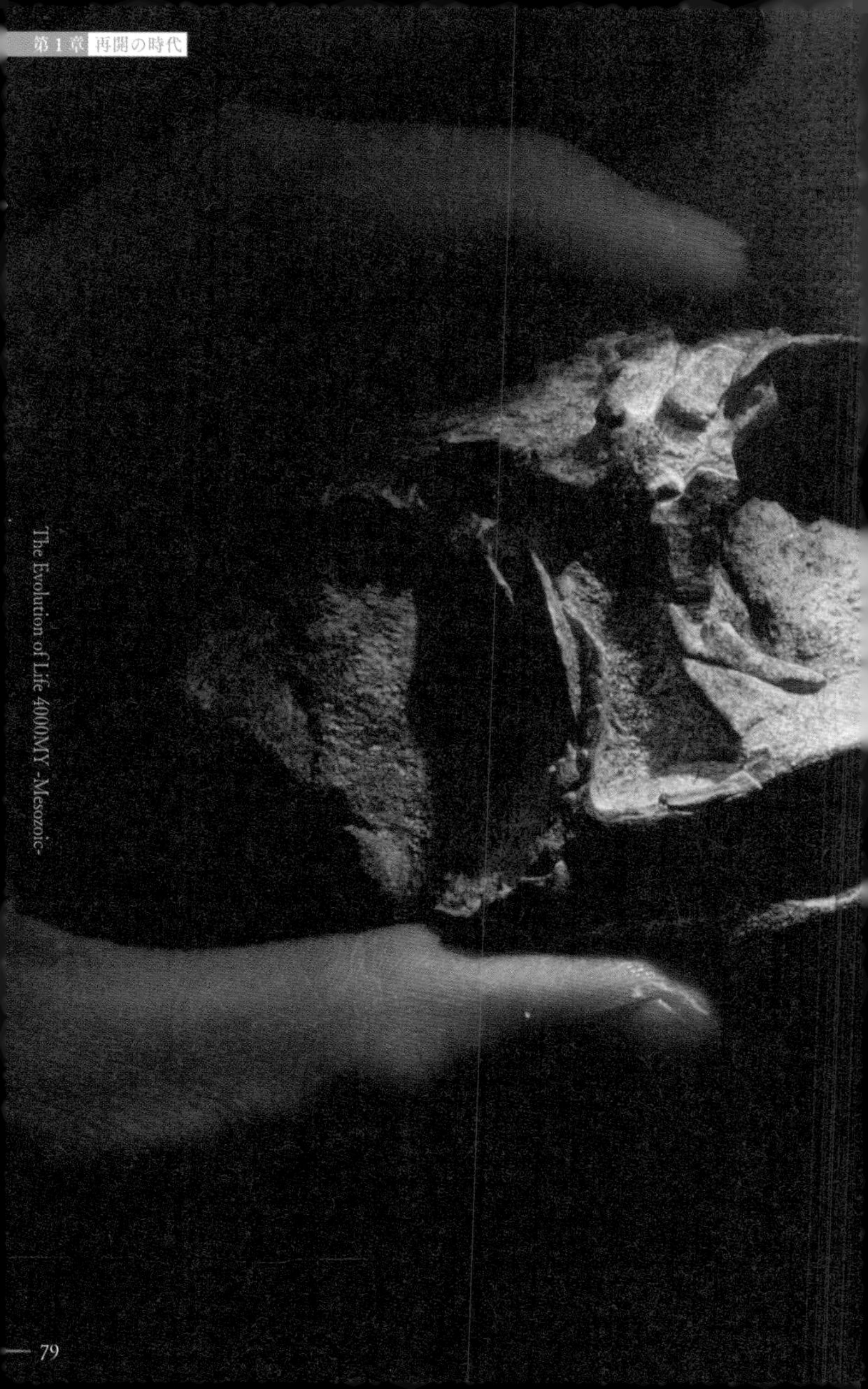
The Evolution of Life 4000MY -Mesozoic-

た『恐竜の教科書』(原著は2016年刊行)では、三畳紀の恐竜たちの正確な分類について議論が続いていることが記されている。

こうした小型種たちと一線を画す存在が、「**ヘレラサウルス**(*Herrerasaurus*)」である。姿そのものはエオラプトルたちとよく似ているものの、この恐竜の全長は、6メートルに達した。6メートルともなれば、もはや「小型」ではない。肉食性である点もあわせれば、一定の〝強さ〟のある狩人であることは疑いようはない。ただし、ヘレラサウルスとその近縁のいくつかの恐竜類には、他の恐竜たちにはない特徴がいくつもみられる。そのため、ヘレラサウルスたちをどのように分類すべきかは答えが出ていない。**初期の恐竜類の多様性を示す一つといえる。**

ヘレラサウルスの復元画。
イラスト：Raúl Martín

ヘレラサウルスの全身復元骨格。全長約6m。分類に関しては議論がある。
Photo：福井県立恐竜博物館

かくして恐竜類は登場・展開し、偽鰐類と壮絶な生存競争を繰り広げるようになる。

その闘いの一端を、エオラプトルたちの時代から数千万年後のアメリカに出現した小型の獣脚類、「コエロフィシス（*Coelophysis*）」の化石にみることができる。

コエロフィシスは、三畳紀後期を代表する小型獣脚類の一つである。全長は3メートルほどの恐竜だ。「小型」とはいっても、エオラプトルたちよりも倍近い長さがある。二足歩行で（獣脚類は基本的に二足歩行だ）、全体的に細く、そして華奢である。

これまでに膨大な量の化石が発見されており、その中には数百匹分が同じ場所からみつかったものもある。そのため、群れを組んでいたとの見方が強い。

そんなコエロフィシスの化石には、体内に別の動物の骨が確認されているものがある。アメリカ自然史博物館のスターリング・J・ネスビットたちが2006年に発表した研究によると、この骨は、偽鰐類のものであるという。種類までは特定されていないが、**小型獣脚類が偽鰐類を食べていたという動かぬ証拠だ**（……もっとも、それが「狩りの結果としての捕食」なのか、あるいは「死体を食べたもの」なのかは、特定されていない）。

コエロフィシスの復元画（上）と全身復元骨格（下）。全長約3m。群れを組んでいたとされる。Photo：Research Casting International　イラスト：柳澤秀紀

プラテオサウルスの全身復元骨格。141ページの竜脚形類とぜひ比較してほしい(この標本のように立ち上がるのは典型的な姿勢ではない)。Stuttgart Natural History Museum所蔵。Photo：Loui Psihoyos

プラテオサウルスの復元画。
イラスト：柳澤秀紀

もう一種類、三畳紀後期の恐竜を紹介しておこう。

「**プラテオサウルス**（*Plateosaurus*）」だ。

コエロフィシスが三畳紀後期の獣脚類の代表的な存在であるのなら、プラテオサウルスは三畳紀後期の竜脚形類の代表的な存在といえる。

プラテオサウルスの化石は、ドイツやスイスなどのヨーロッパから報告されている。複数種が確認されており、その中でも大きな個体は全長8メートルに達した。頭が小さく首が長く、尾も長いという植物食の恐竜である。二足歩行と四足歩行を使い分けて歩いていたらしい。

8メートルというサイズと長い首、四足歩行に、のちの竜脚形類の片鱗（へんりん）をみることができる。竜脚形類は、プラテオサウルスたちの時代を経て、大型化の道を歩み始めることになるのだ。

台頭する爬虫類——空

脊椎動物による空への進出は、古生代にすでにおこなわれていた。ただし、古生代の〝飛行動物〟は、「制空権確保」とはならなかった。古生代において空を飛んだ脊椎動物は、極めて限られていたようで、その化石は局所的に確認されるのみ。そして、そのグループは、古生代末の大量絶滅事件を乗り越えることができなかった。

【後の翼】

三畳紀。爬虫類による新たな進撃は、空中世界にも拡大する。さまざまな〝飛行性爬虫類〟が登場したのだ。

その一例として、「**シャロビプテリクス**（*Sharovipteryx*）」を紹介しておきたい。

シャロビプテリクスは、全長約23センチメートル。全体的にはほっそりとしており、全長の半分は長い尾が占め、後ろあしの長さは前あしの2倍以上ある。化石は、キルギスタンに分布する三畳紀後期の地層から発見されている。

ポイントは、その翼だ。

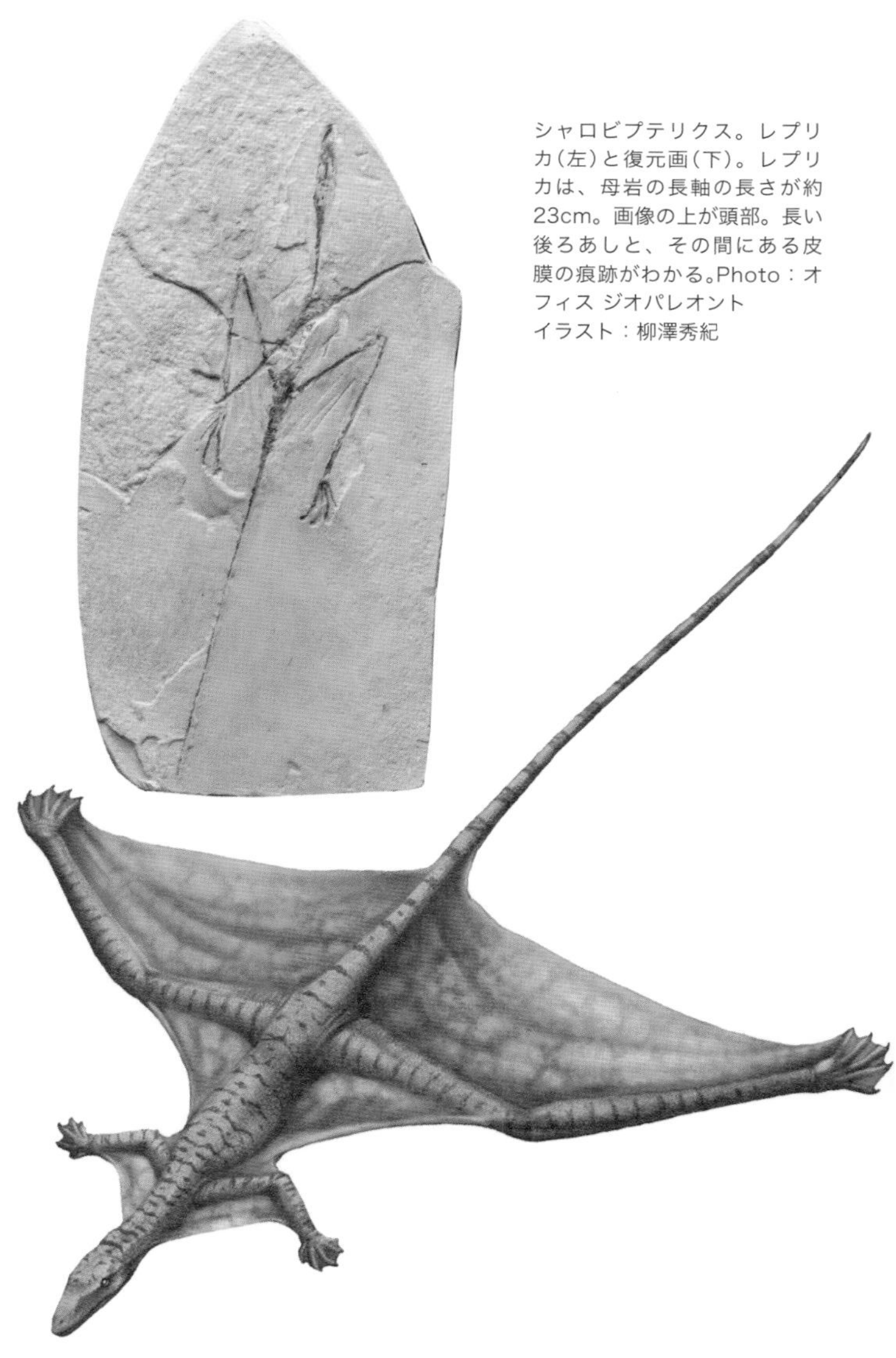

シャロビプテリクス。レプリカ（左）と復元画（下）。レプリカは、母岩の長軸の長さが約23cm。画像の上が頭部。長い後ろあしと、その間にある皮膜の痕跡がわかる。Photo：オフィス ジオパレオント
イラスト：柳澤秀紀

古今東西、さまざまな脊椎動物が翼を備え、空を飛ぶ。

その翼は、基本的には前あしにつく。トビトカゲの仲間のように、肋骨が〝翼化〟しているものもいるが、前あし……つまり、腕に翼があることが一般的といえる。

しかしシャロビプテリクスの翼は、後ろあしについていた。後ろあしの内側と尾の間に、皮膜が張られていたのである。**生命史上珍しい〝後翼動物〟。それが、シャロビプテリクスなのだ。**

……もっとも、シャロビプテリクスの化石で、全身の復元研究に耐え得るものは1個体しか発見されておらず、前あしの翼の有無(〝主翼〟ではないにしろ、〝前翼〟があった可能性がある)、その飛行性能などについては謎に包まれている。

のちの時代には、後ろあしに〝主翼〟をもつ動物は登場していない(少なくともその化石は発見されていない)ので、三畳紀だけにみることができる爬虫類の試行錯誤の一例なのかもしれない。

【翼竜類の登場】

そして、**制空権は**、ついに**脊椎動物**によって**確保**される。

「**翼竜類**」の登場だ。

彼らは多様化に成功し、世界各地への進出を果たし、中生代末まで〝空の主役〟であり続ける。

翼竜類は、「竜」という文字を分類名に使っているものの、恐竜類とは関係ない。その意味で、魚竜類と同じである。ただし、魚竜類とは異なり、翼竜類と恐竜類は近縁ではある。

初期の翼竜類の代表を1種類挙げるとすれば、「**エウディモルフォドン**(*Eudimorphodon*)」がそれだ。

エウディモルフォドンは、翼を広げたときの左右幅(翼開長)が1メートルほど。小さな頭部で首は細くて短く、尾が長いという特徴がある。その化石の腹部からはサカナの鱗(うろこ)が発見されているため、魚食性だったとみられている。

エウディモルフォドンに限らず、翼竜類の骨の内部は中空になっており、壊れやすい。これは、軽量化を優先し

エウディモルフォドン。復元画(上)とレプリカ(左)。口に並ぶ細い歯に注目だ。Photo：オフィス ジオパレオント イラスト：柳澤秀紀

てのものとみられ、飛行性の脊椎動物にはよくみられる仕様だ。

壊れやすい故に化石も少なく、恐竜類ほどには研究は進んでいない。しかし、それでも、多様な翼竜類がいたことがわかっている。次章からどのような翼竜類が登場していくのか、ご注目いただきたい。

衰退する単弓類

爬虫類が次々と〝新戦力〟を登場させていく中で、古生代末の大量絶滅事件を生き延びた我らが単弓類は、いったい何をしていたのだろうか？

三畳紀の単弓類は、次の2種類に象徴される。

1種類目は、ポーランドに分布する三畳紀後期の地層から化石が発見された「**リソウィキア**（*Lisowicia*）」である。本章の冒頭で紹介したリストロサウルスと同じディキノドン類に属している。

リソウィキアの化石は四肢など一部しか発見されていない。しかし、その一部の化石から推測されている姿は、「ずんぐりむっくり」という言葉がよく似あう。でっぷりとした胴体、太い四肢をもち、頭部も大きく、いかにも重そうだ。一方で、尾は短い。ポーランド科学アカデミーのトマス・スレヤ博士と、ウプサラ大学(スウェーデン)のグジェゴジュ・ニエジェビエズキは、2018年に発表した論文で、リソウィキアの全長を約4・5メートル、肩高を約2・6メートル、体重を約9トンと算出した。

体重に注目すれば、現生のアフリカゾウ(*Loxodonta africana*)

リソウィキア。現在までに知られている限り、本種を最後に、中生代において大型の単弓類は出現しなくなる。
イラスト:柳澤秀紀

を超える巨体である。

リソウィキアのポイントは2点。

まず、この「巨体」だ。現在までに知られている限り、リソウィキアは中生代における最後の大型単弓類なのだ。中生代はまだ始まったばかりだけれども、**リソウィキア以降、中生代の間、大型単弓類は出現しない**。このあと、単弓類は1億年を大きく超える長い雌伏の期間へと突入していくのである。

もう一つは、リソウィキアは「植物食性」であるということだ。つまり、「肉食性」ではない。古生代に栄えた単弓類の中には、生態系の頂点に君臨するような〝大型の肉食種〟もいた。しかし、彼らは古生代末の大量絶滅事件で絶滅した。**リソウィキアのような大型植物食単弓類は三畳紀に命脈を保っていても、大型肉食単弓類は、その座を完全に爬虫類に奪取されたのである。**

2種類目は、アメリカに分布する三畳紀後期の地層から化石が発見された「**アデロバシレウス(*Adelobasileus*)**」である。

リソウィキアとは対照的に、アデロバシレウスは小型の単弓類である。発見されている化石は、頭骨だけ。この頭骨のサイズは、わずか15ミリメートルほどの長さしかない。ヒトの指先に乗る大きさだ。

この頭骨化石には、さまざまな特徴が残っていた。そのため、1990年にこの化石を報告し

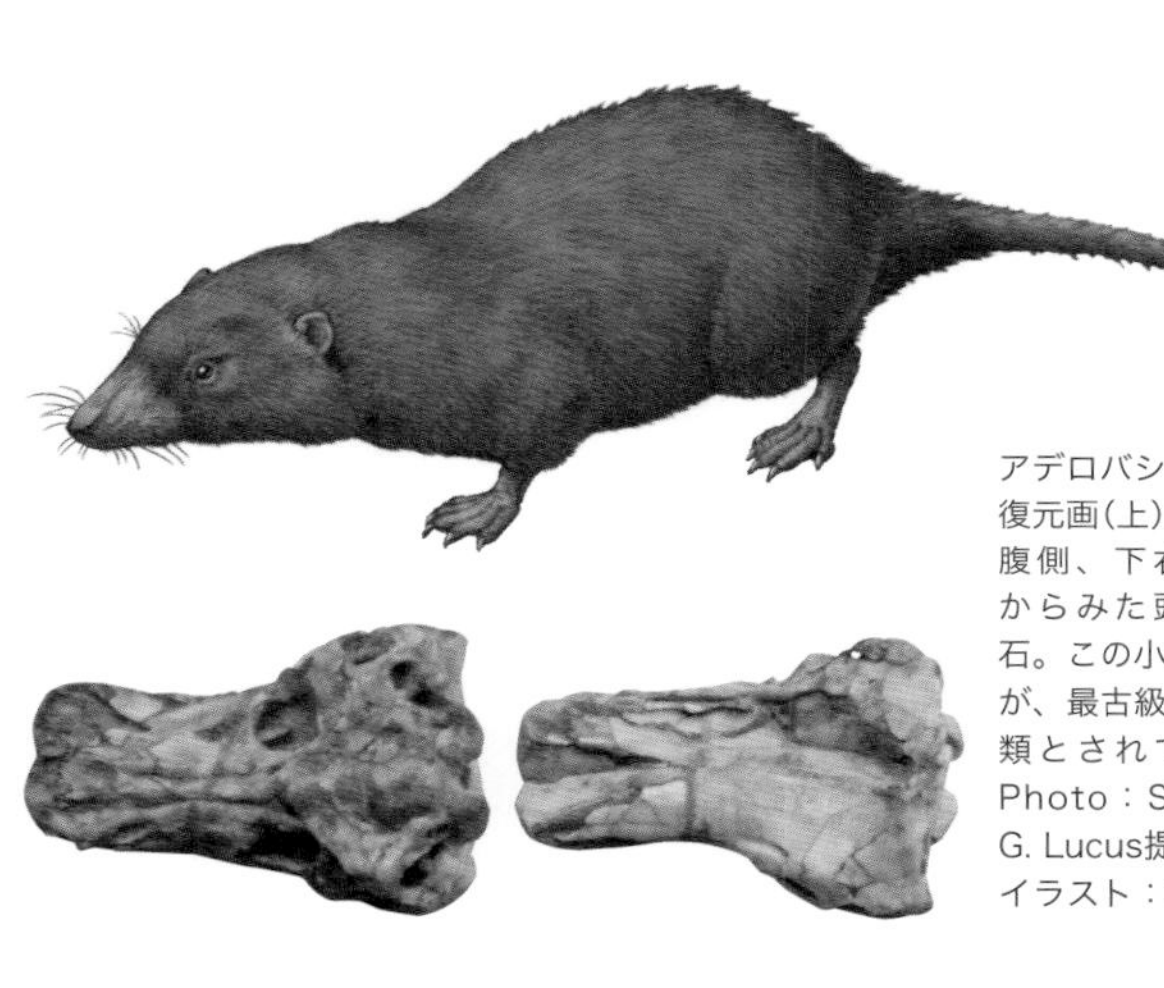

アデロバシレウス。復元画(上)と下左は腹側、下右は背側からみた頭骨の化石。この小さな化石が、最古級の哺乳形類とされている。Photo：Spencer G. Lucus提供 イラスト：柳澤秀紀

たニューメキシコ自然史博物館(アメリカ)のスペンサー・G・ルーカスと、ニューメキシコ大学のアドリアン・P・ハントはこの特徴を分析し、アデロバシレウスの分類を「哺乳類」とした。

報告から30年以上が経過した現在でもこの見方は概ね支持されており、哺乳類、あるいは、その近縁種を含むより広いグループの哺乳形類であるとされている。

つまり、アデロバシレウスは、単弓類に出現した最初期の哺乳形類の一つなのだ。

アデロバシレウスに象徴されるように、最初期の哺乳形類はみな小型だ。頭胴長(口先から尻までの長さ)は10センチメートルに届くかどうか。見た目は、現生のトガリネズミやリスに近いとみられている(ただし、あくまでも「見た目」が似ているだけで、食虫類のトガリネズミやリスなどの齧歯(げっし)類と、

初期の哺乳形類が直接的な祖先・子孫の関係にあるわけではない)。

単弓類の大型種が姿を消し、単弓類の一グループとして出現した小型の哺乳形類が命をつないでいく。爬虫類の繁栄の陰で、単弓類はその歴史の転換点を迎えていた。

三畳紀末大量絶滅事件

地球史には、古生代から現在に至るまでに、五つの大量絶滅事件があったと言われている。「ビッグ・ファイブ」と呼ばれるこの五大絶滅事件の第1回目は古生代オルドビス紀末に発生し、2回目は古生代デボン紀後期に起きた。そして、3回目にして史上最大の大量絶滅事件は古生代ペルム紀末に発生した。

ビッグ・ファイブの4回目が発生したとされるのが、三畳紀末である。ただし、三畳紀末の大量絶滅事件については、謎が大きい。

まず、規模がよくわからない。研究者によってはビッグ・ファイブの中で第2位の規模であるとし、研究者によっては第4位であるという。本章冒頭で紹介したスタンレーの2016年の論文では、あつかわれてさえいない。

絶滅の原因は、他の絶滅事件以上に不明である。

火山の大規模噴火が発端であるという仮説もあれば、隕石が衝突した結果の絶滅であるという仮説もある。海洋の酸素が欠乏して、海洋生物が滅んでいったという仮説もある。

いずれの説も一長一短。今のところ、三畳紀末の大量絶滅事件の原因を特定し、多くの研究者が認めるに至ったという仮説は存在しない。多くの研究者がこの謎に挑み、日本でも東北大学の海保邦夫たちの研究などがある。

一つ、確かにいえることは、どうやら大規模な絶滅事件があったらしい、ということ。

いくつもの動物群が三畳紀末に姿を消し、〝時代の境界〟を越えて、ジュラ紀にまで子孫を残すことには〝失敗〟している。

そして、ジュラ紀の幕が開けたとき、いよいよ「恐竜時代」は本格化するのだ。

コラム　移動する大陸

三畳紀末、あるいはジュラ紀初頭、超大陸の分裂が本格的に始まった。

そもそも、地球上のすべての大陸は、今も昔も「プレート」と呼ばれる大きな板の上に乗っている。地球上にあるプレートは、10枚を超え、それぞれが別の方向に動いていて、互いに衝突したり、離れたり、すれちがったりしている。

プレートは海嶺などの〝地球の裂け目〟で生み出され、海溝などで地球の内部へと沈みこむ。

三畳紀からジュラ紀にかけて超大陸が割れた理由は、「大西洋中央海嶺」ができたからだ。

大西洋中央海嶺は、文字通り、大西洋の中央部に北から南まで連なる長い長い海底の山脈である。現在のアイスランドは、この山脈が海底面から上に顔を出している場所だ。アイスランドでは、今なお、裂け続けている地球の割れ目を見ることができる。

大西洋中央海嶺でつくられたプレートは、東西へと分かれて進んでいく。かつて、このプレートの動きが超大陸を分裂させた。

その結果として、東と西の大陸で生物の交流がほぼできなくなった。「地理的隔離」が生じ、それぞれの大陸で、生物は独自の進化を始めた。

ジュラ紀以降の分裂で、生物の多様性は上昇する。「地理的隔離」によって〝交流〟ができなくなった生物は、各大陸で固有の特徴をもつようになった。固有の種が生まれ、固有の生態系が築かれていく。次のページ以降に紡がれるジュラ紀、そして、より大陸の分裂が進んだ白亜紀の世界では、それぞれの地域固有の種類にも注目されたい。

第2章 Jurassic History

隆盛の時代

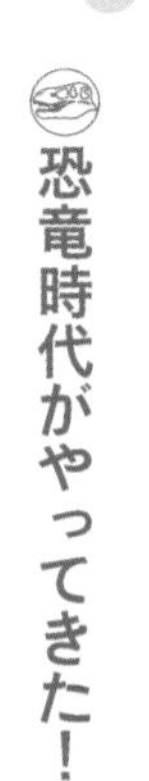

恐竜時代がやってきた！

約2億100万年前、三畳紀が終焉を迎え、新たにジュラ紀が始まった。この時代名は、現在のフランスとスイスの国境にある「ジュラ山脈」に由来する。

三畳紀の陸上世界を特徴づけていた超大陸パンゲアは、三畳紀末には分裂を開始した。ジュラ紀になるとその動きはいよいよ顕著なものとなる。

とくに北半球の大陸の分裂が進んでいく。北アメリカ大陸が生まれ、ユーラシア大陸が生まれる。ただし、のちにヨーロッパとなる地域の大部分は、海面下にあった。

一方の南半球は、ジュラ紀当初の段階では依然として一つの超大陸だった。「**ゴンドワナ**」と呼ばれるこの大陸には、のちに南アメリカ大陸、アフリカ大陸、インド亜大陸、オーストラリア大陸、南極大陸となる陸地が含まれている。

北半球の超大陸が、北アメリカ大陸とユーラシア大陸に分裂したということは、「大西洋」が生まれたということでもある。この時点では、まだ「大」の文字にふさわしい大洋ではなく、どちらかといえば、水路のように細かったけれども、確かに〝大西洋〟が生じた。

また、南北の大陸が分離したことで、低中緯度に地球を一周できる海流が誕生した。この海流は、太陽光を豊富に受け、温かい。この温暖な海流の影響で、諸大陸の奥へと水分が運ばれた。こうして超大陸パンゲアの内陸にあった広大な乾燥地帯は、姿を消していく。

地球の気温はやや温暖だ。穏やかな熱帯性気候のもと、植生はソテツ類に代表される裸子植物が優勢となる。

三畳紀末の大量絶滅事件を乗り越えて、地上世界ではいよいよ恐竜類の繁栄が始まる。

……しかし、恐竜たちの話はもう少し待ってほしい。本格的に彼らの話を始める前に、まずは恐竜類以外の動物たちに注目するとしたい。

旧時代の生き残り

【ゴンドワナで残った分椎類】

マストドンサウルスをご記憶だろうか。32ページで紹介した分椎類――平滑両生類以外の両生類である。

分椎類は古生代に大いに繁栄したグループだ。しかし、中生代になってからはすっかり"少数派"となっていた。マストドンサウルスは、そうした"生き残り"の象徴であり、水際の世界で分椎類が引き続き君臨していたことを物語る。

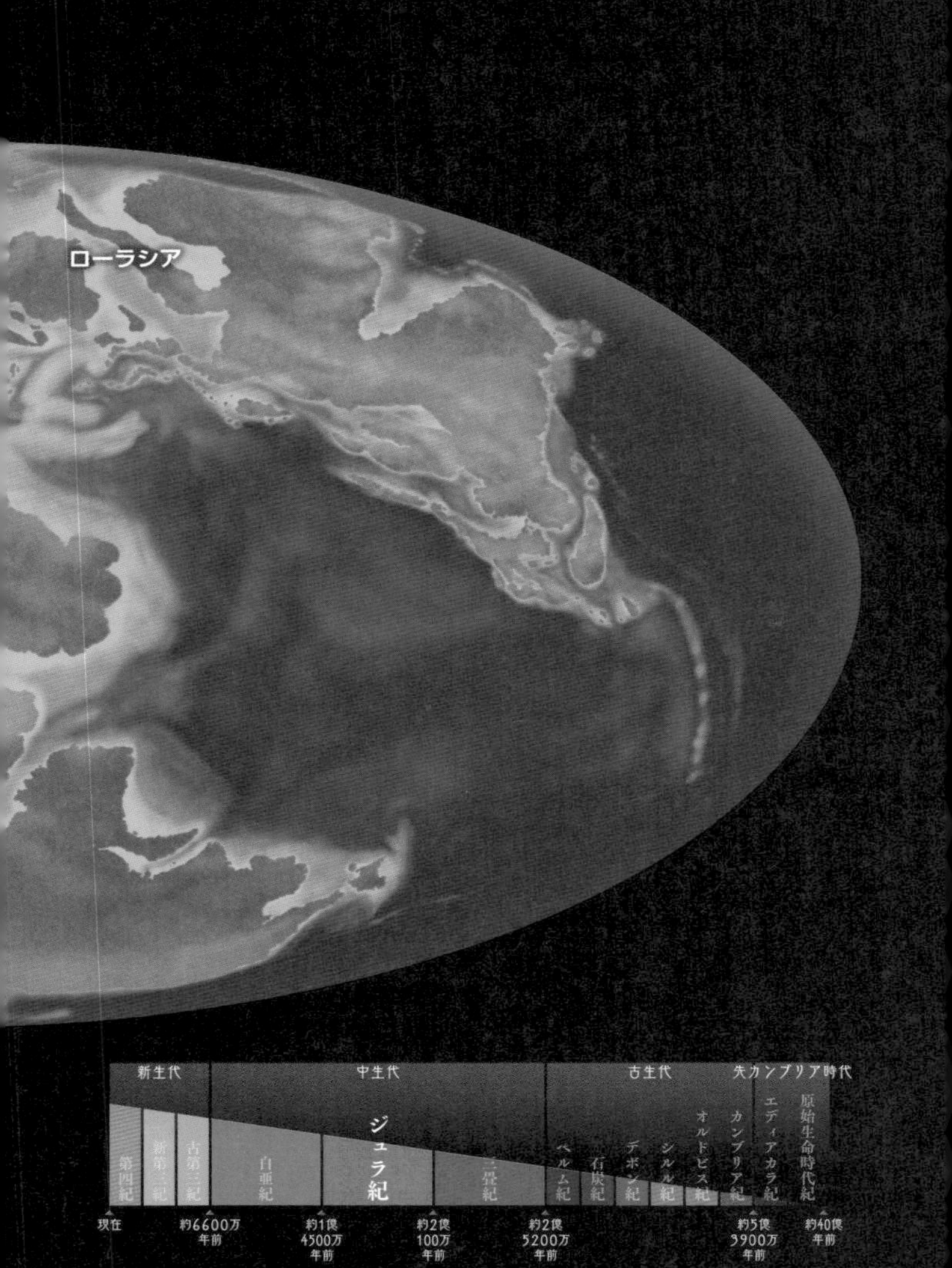
ローラシア
新生代
中生代
古生代
先カンブリア時代
第四紀
新第三紀
古第三紀
白亜紀
ジュラ紀
三畳紀
ペルム紀
石炭紀
デボン紀
シルル紀
オルドビス紀
カンブリア紀
エディアカラ紀
原始生命時代紀
現在
約6600万年前
約1億4500万年前
約2億100万年前
約2億5200万年前
約5億3900万年前
約40億年前

ジュラ紀の地球。「超大陸の時代」は終わりを告げ、分裂が始まった。低緯度に地球を1周できる“海路”が開いたことは大きい。

地図は、Ronald Blakey（Northern Arizona University）の古地理図を参考に作成。
イラスト：柳澤秀紀

シデロプスの化石(左)と復元画(上)。古生代に繁栄した分椎類は、まだ生き残っている。Photo：Queensland Museum, Peter Waddington提供 イラスト：柳澤秀紀

そして、ジュラ紀の水際世界においても、分椎類はその命脈を保っていた。

ジュラ紀分椎類を代表するのは、「**シデロプス**(*Siderops*)」である。

シデロプスの全長は、2・6メートル超。上からみたときの頭部は半円形に近く、幅はあるけれども、厚みはさほどない。眼は口に近い位置にあり、口内には細かな歯がびっしりと並ぶ。この歯の縁には細かな凹凸である「鋸歯(きょし)」が発達し、歯の先端は後方(喉の方向)に向かって曲がっていて、一度くわえた獲物を逃しにくい構造になっていた。

四肢は貧弱だけれども、サイズや歯のつくりは、シデロプスが狩人として活動していたことを示唆している。ジュラ紀

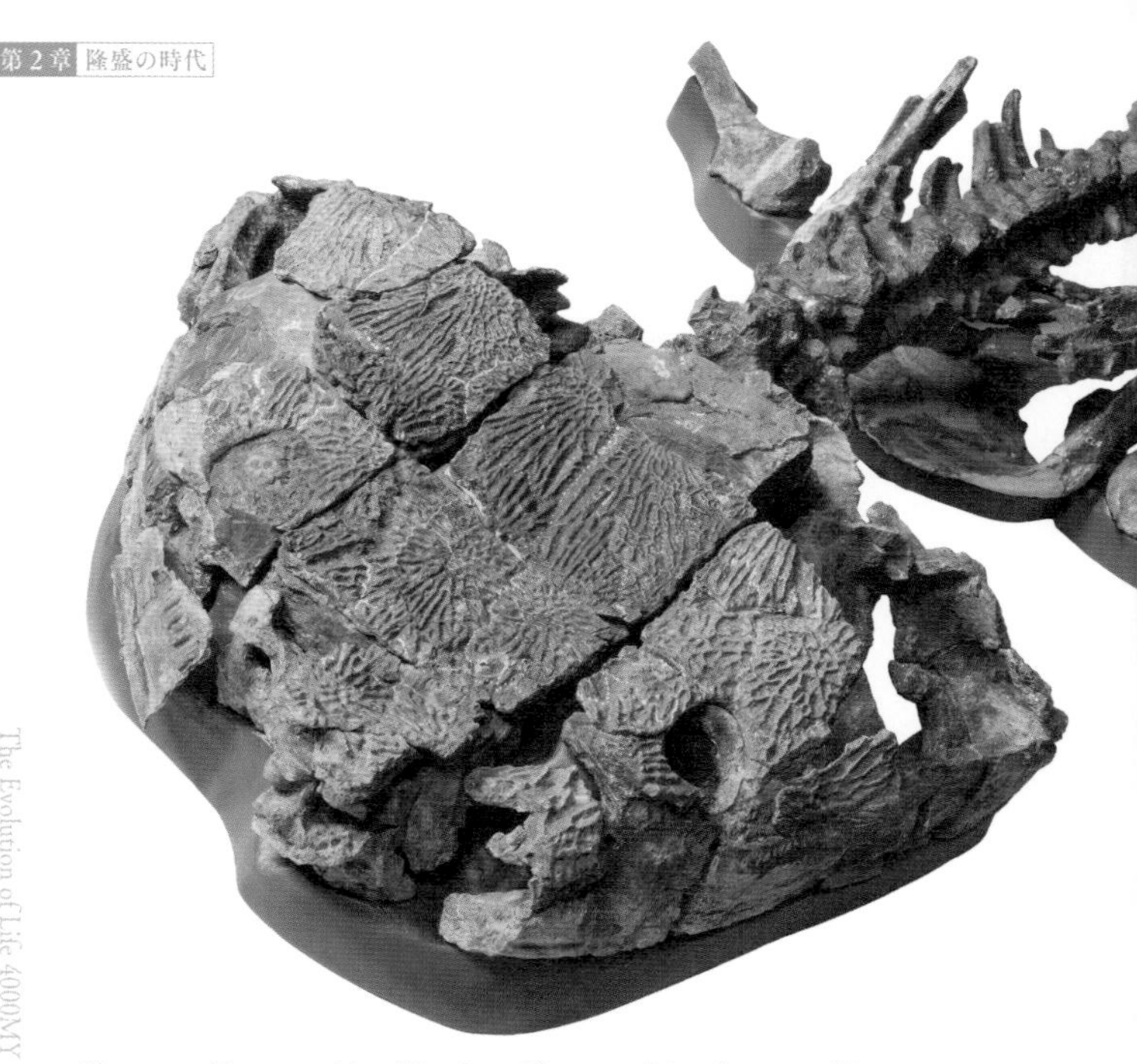

において もなお、**分椎類が水際世界で"健在"だったことがわかる。**

シデロプスの化石は、ゴンドワナ超大陸の一部だったオーストラリアから発見されている。その地層の時代はジュラ紀末期にあたり、分椎類が三畳紀、ジュラ紀と命脈を保っていた何よりの証拠だ。

そして、オーストラリアでは、白亜紀前期の地層からも分椎類の化石が発見されている。その分椎類はシデロプスの近縁種とされており、ゴンドワナ超大陸が彼らにとって適した土地だったことがわかる。ただし、白亜紀前期のその種類を最後に、分椎類の歴史は絶えることになる。ちなみに分椎類に関しては、技術評論社より上梓した拙著『地球生命　水際の興亡史』でたっぷりページを割いて紹介しているので、ご興味をお持ちの方は、ぜひ、ご覧いただきたい。

海、そして、水際世界を支配する爬虫類たち

【謳歌する魚竜類】

中生代に台頭した海棲爬虫類の中で、先陣を切るように多様化・大型化した「魚竜類」。

その栄華は、ジュラ紀になっても続いていた。

この時代の典型的な魚竜類の姿を、「**ステノプテリギウス**（*Stenopterygius*）」にみることができる。化石は、ドイツに分布する

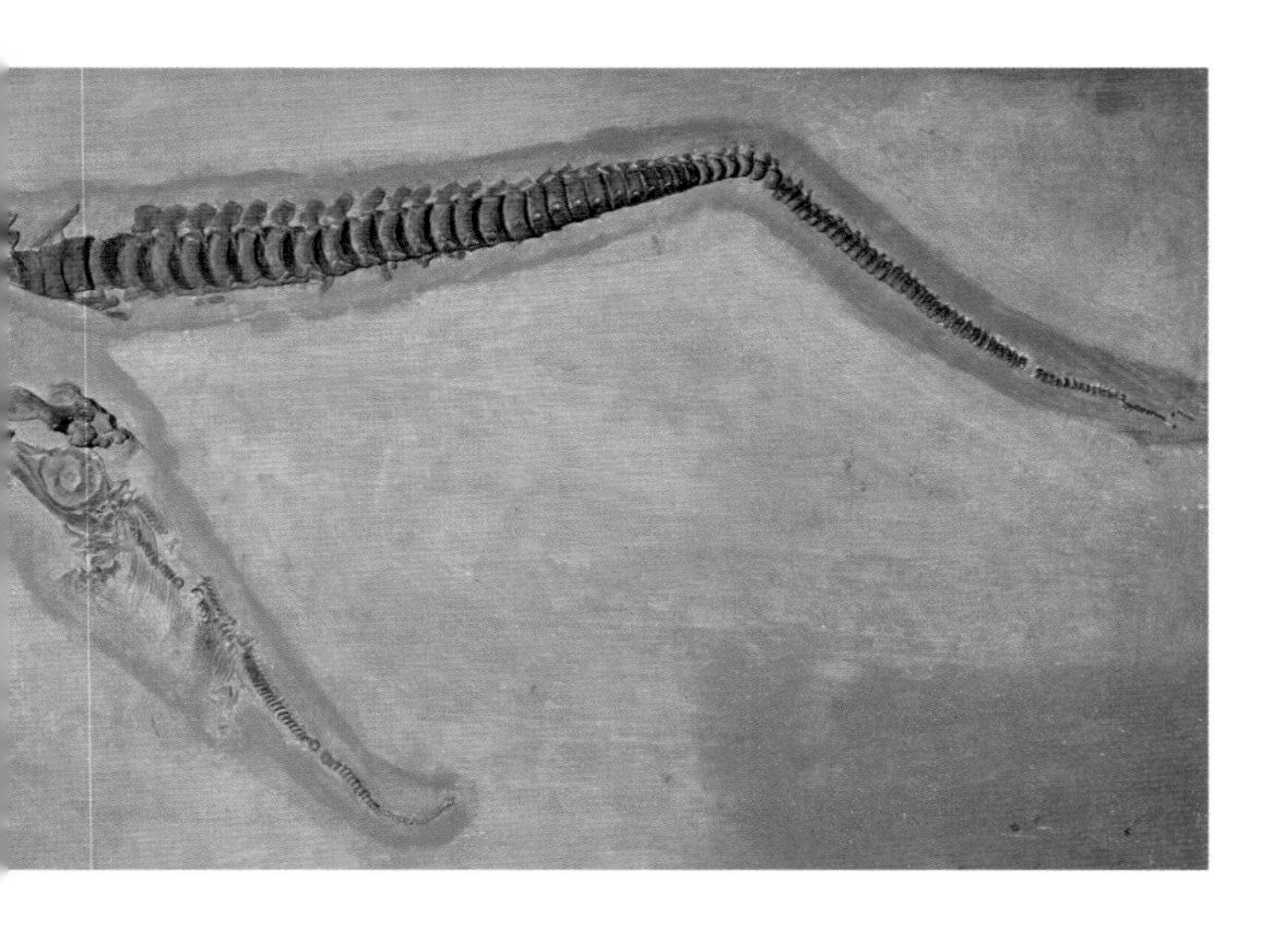

ステノプテリギウスの復元画(上)と化石(下)。出産途中のまま、化石となったもの。Photo：アフロ
イラスト：柳澤秀紀

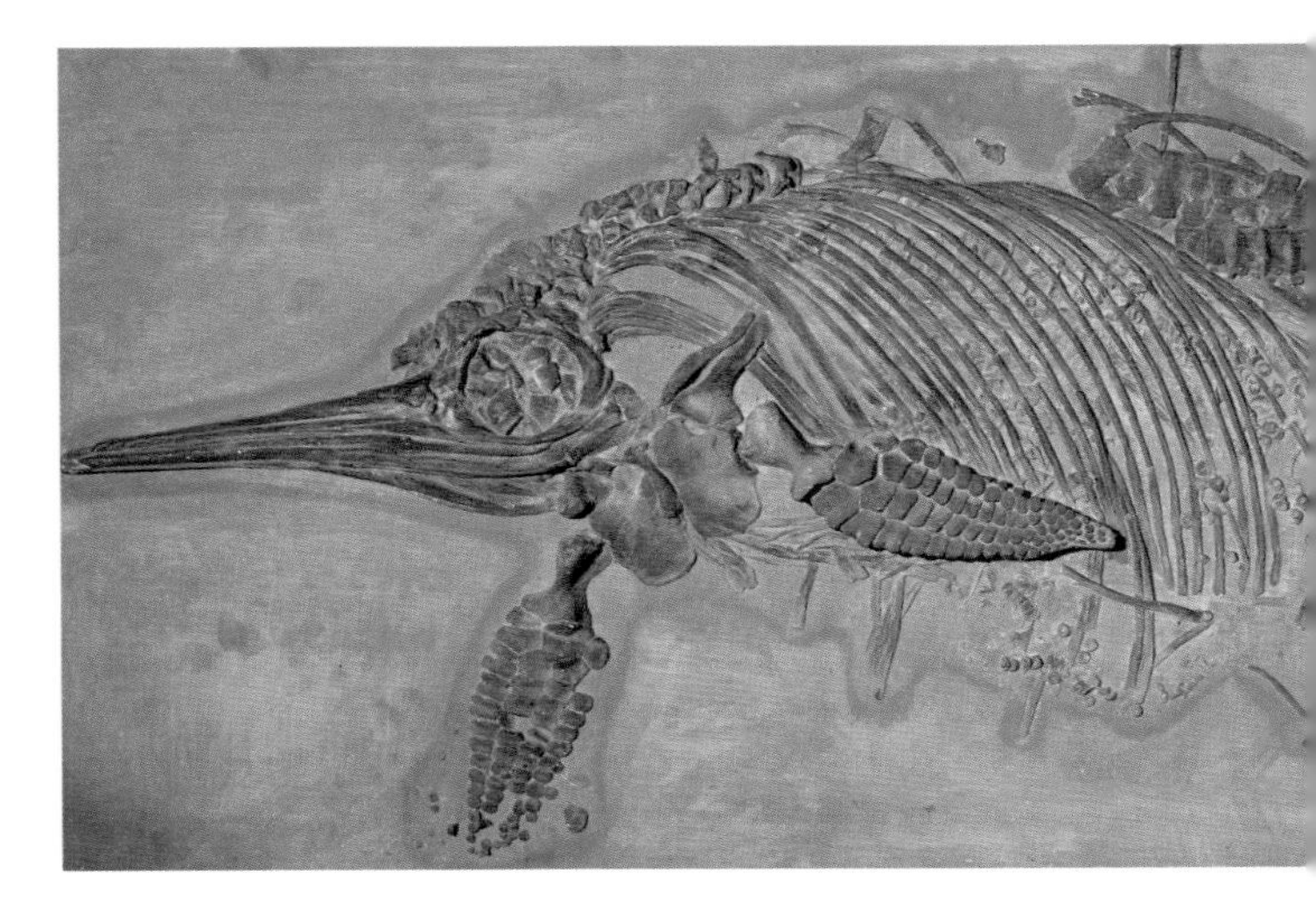

ジュラ紀前期の地層などから発見されている。

その地層から産出する化石は、例外的に軟組織が残ることが多いことで知られる。そして、まさにこの地層から発見されたステノプテリギウスの化石に、他の化石産地ではなかなか確認することのできない「ひれの形」がしっかりと残っていた。

かくして明らかになったステノプテリギウスの姿は、現生のイルカとそっくりなものだった。三角形に近い形状の背びれをもち、尾びれは三日月型だった。三畳紀の〝トカゲの姿が残るタイプ〟とはちがって、こうした**イルカ型の姿をもつ魚竜類は**、**魚竜類の歴史の中**では、〝**進化型**〟に**位置づけられて**いる。また、**イルカ**(**哺乳類**)と、**進化型の魚竜類**(**爬虫類**)のように、**分類は異なれども**、**似た姿に進化することを**「**収斂**(しゅうれん)**進化**」という。この〝イルカ型〟という姿が、いかに水中世界で〝有利〟だったのかがわかる。

ステノプテリギウスの全長は、最大で約3・7メートル。吻部はシュッと細く伸び、発達した前肢は完全にひれ化している。

ステノプテリギウスの化石の中には、「出産途中の化石」がある。母胎に残る赤ちゃんと、生まれた直後の赤ちゃんが、ともに化石となっているのだ。こうした化石から、魚竜類が胎生であること、また、子を尾から先に産むことが明らかになっている。胎生はもとより、「尾から先に出す」という出産は、現在の海棲哺乳類と同じである。海棲哺乳類も、魚竜類(海棲爬虫類)も肺呼吸なので、母胎から出たら水面から顔を出し、空気を吸わなければいけない。「尾から先」という出産方法をとることで、ギリギリまで母胎内に赤ちゃんの頭部があり、母胎内で呼吸を続けることができる。出産に多少の時間がかかっても、窒息死する可能性を低くすることができるのだ。なお、原始的な魚竜類には「頭から先に出す」という出産方式が確認されている。魚竜類は進化の過程で、その出産方式を変更したことになる。

ジュラ紀における魚竜類の多様性の象徴として、「**オフタルモサウルス（*Ophthalmosaurus*）**」も挙げておくべきだろう。イギリス、ロシアなど世界各地で化石が発見されているこの魚竜類は、全長3〜4メートル。姿形のシルエット自体は、ステノプテリギウスとさほど変わらない。

しかし、頭部のつくりが独特だった。オフタルモサウルスは、眼が異様に大きいのだ。

そのサイズは、直径約23センチメートルに達した。現生のシロナガスクジラ（*Balaenoptera musculus*：全長25メートル）の眼のサイズ（直径15センチメートル）を大きく上回る。

これほどの大きな眼は、何に役立ったのだろう？

カリフォルニア大学デーヴィス校（アメリカ）の藻谷亮介たちが1990年代におこなった研究では、**オフタルモサウルスの大きな眼は、暗闇でも遠くまで見ることができたという**。日光の届かない深海での活動に向いていたわけだ。

当時、魚竜類は広大な大洋で、「深さ」にも適応し、栄えていたのである。

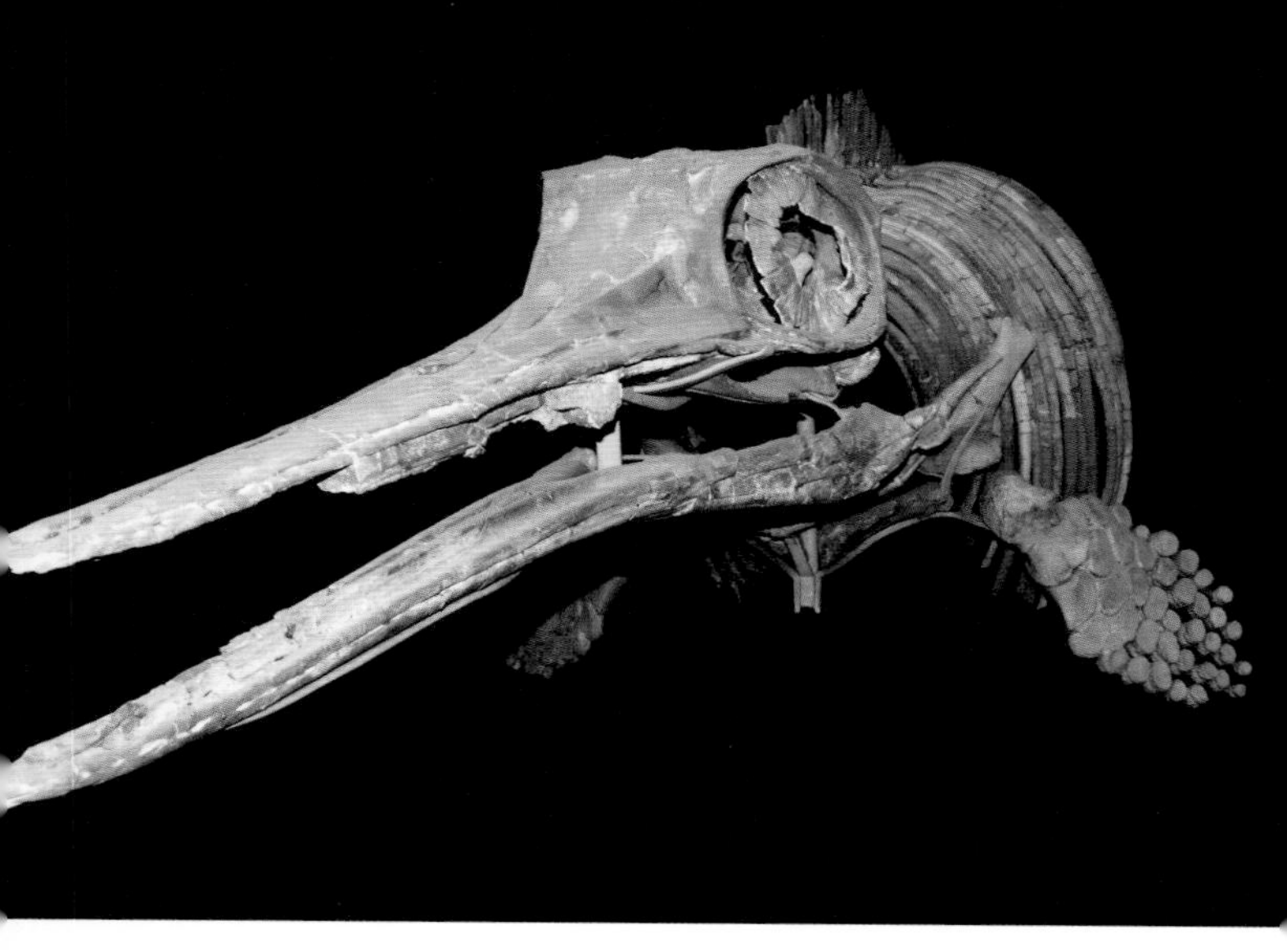

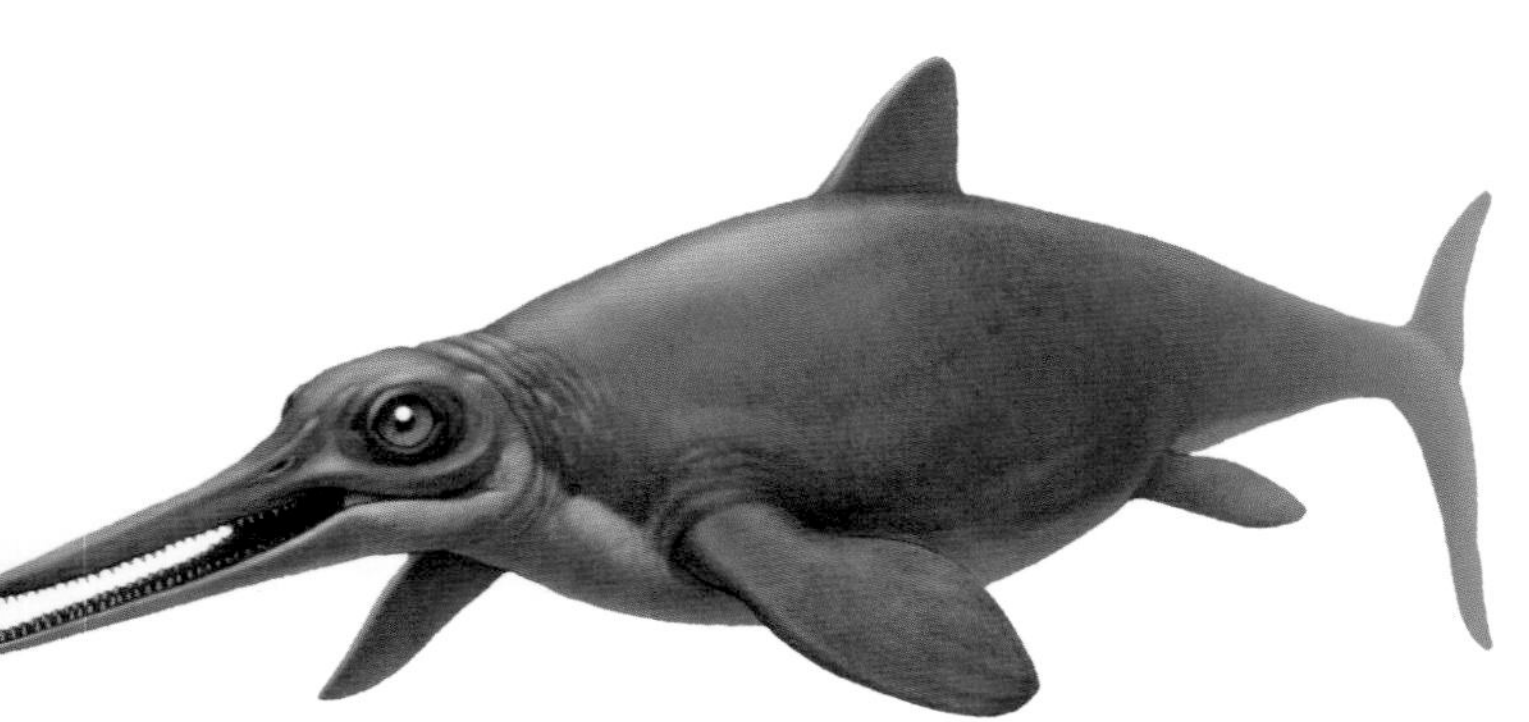

オフタルモサウルスの全身復元骨格(上)と復元画(下)。化石をみると、大きな眼窩と、その眼窩にはまっている薄いリング状の骨――鞏膜輪を確認できる。鞏膜輪の分析から、その“暗視性能”が示唆されている。Photo：アフロ　イラスト：柳澤秀紀

【覇権を握る〝首の短いクビナガリュウ類〟】

クビナガリュウ類の〝典型的な姿〟は、文字通り「首が長い」。

しかしクビナガリュウ類であっても、首が短い種類も存在した。彼らのほとんどは、とくに「プリオサウルス類」と呼ばれている。

プリオサウルス類を代表するのは、「**プリオサウルス（*Pliosaurus*）**」である。イギリス、フランス、アルゼンチンなどから化石が発見されているこのクビナガリュウ類は、頭骨だけでも数メートルのサイズがあり、全長は10メートルを超えるものもいた。

大きな頭部は幅もあり、がっしりとした顎で、歯は太い。明らかに肉食性、そして、**生態系の頂点に立つ者の〝面構え〟**である。首が短く、首の後ろは、樽をつぶしたような形の胴体であり、鰭脚となった四肢、短い尾という姿になっている。首から後ろは、〝典型的なクビナガリュウ類〟と変わらない。

プリオサウルス類は、俗に「首の短いクビナガリュウ類」と呼ばれている。なんとも矛盾を感じる名前かもしれないが、もともと「クビナガリュウ類」の原語は「Plesiosauria（プレシオサウリア）」であり、これは、「トカゲに似た」という意味だ。「首が長い」という意味はない。日本語に翻訳した場合の単語の一つとして、「クビナガリュウ類」との名前をあたえられたのである。なお、「Plesiosauria」の日本語訳には、他に「長頸（ちょうけい）竜類」や「蛇頸（だけい）竜類」もある。このあたりの〝日本語の事情〟は、のちのページ

プリオサウルスの全身復元骨格(上)と復元画(下)。プリオサウルスは、いわき市石炭・化石館で所蔵・展示されている標本だ。その大きな頭部と、鋭い歯がよくわかる。Photo：安友康博／オフィス ジオパレオント
イラスト：柳澤秀紀

でも解説する。

いずれにしろ、プリオサウルス類は、クビナガリュウ類を構成するグループの一つで、そして、覇者級の存在だった。**三畳紀末に出現したクビナガリュウ類は、プリオサウルス類の台頭によって、海洋生態系の最上位層に君臨するに至ったのだ。**

【ワニ、出現する】

三畳紀世界を席巻(せっけん)した偽鰐類は、そのほとんどが三畳紀とジュラ紀の境界を乗り越えることができなかった。

しかし三畳紀末に偽鰐類の一グループとして出現した「ワニ形類」が、ジュラ紀においても命をつなぎ、そして、水際の世界を中心に繁栄を始める。

ワニ形類は、文字通り、「ワニの仲間」だ。より正確に書けば、ワニ類とその近縁のグループで構成されている。ただし、ジュラ紀が始まったとき、まだ「ワニ類」そのものは出現していない。

初期のワニ形類として、アメリカや南アフリカの地層から化石が発見されている「**プロトスクス**(*Protosuchus*)」を挙げることができる。

プロトスクスの全長は約1メートル。一見して、〝ワニらしい風貌〟をしてはいるが、いくつかの点でワニ類とはちがっている。

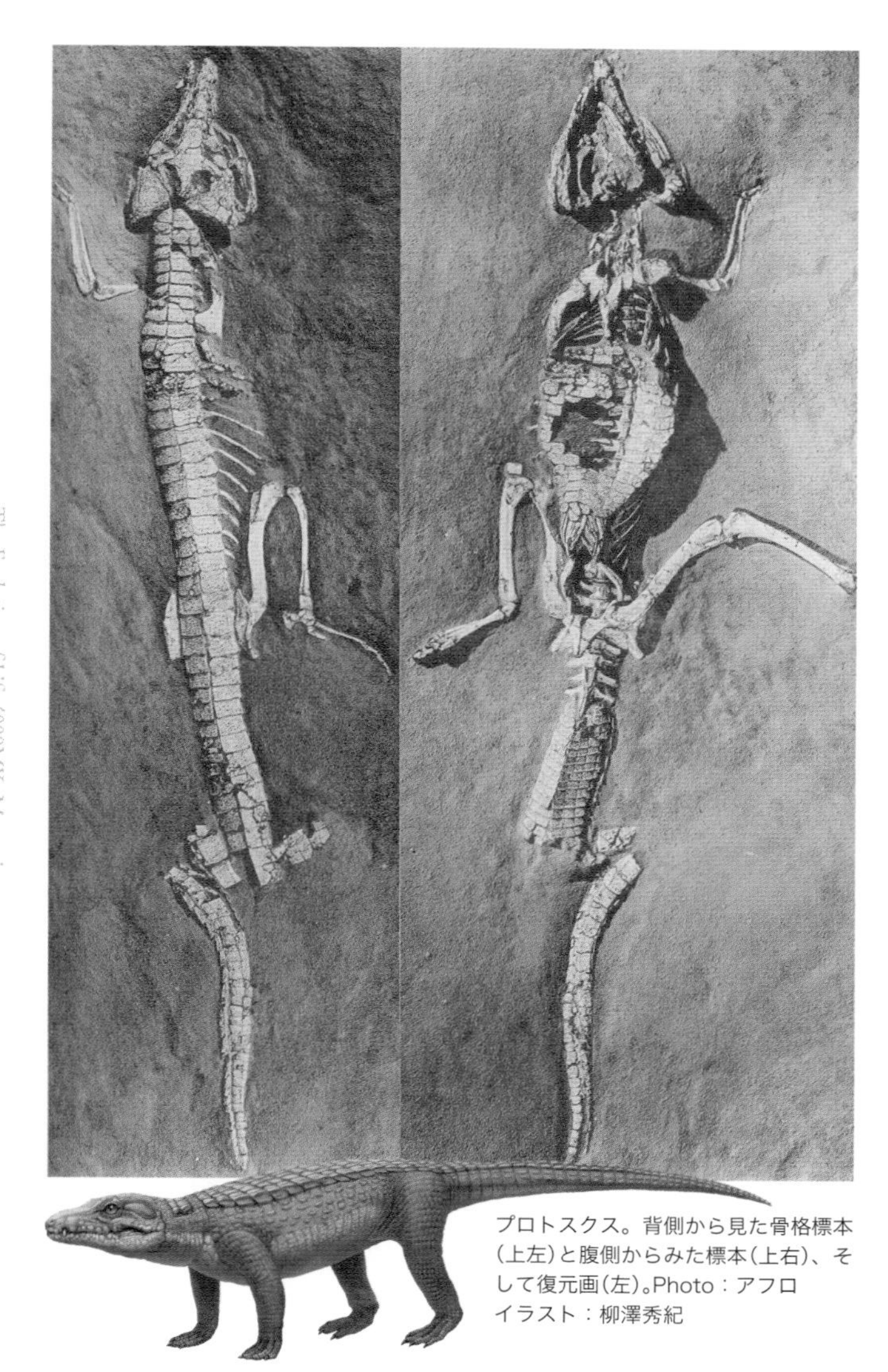

プロトスクス。背側から見た骨格標本(上左)と腹側からみた標本(上右)、そして復元画(左)。Photo：アフロ
イラスト：柳澤秀紀

一つは、その四肢のつき方だ。

ワニ類の四肢といえば、まずはからだの側方へ伸びる。ワニ類の「姿勢のイメージ」として、腹這(ば)いになるその姿を思い浮かべる読者は多いだろう。

プロトスクスの四肢は、胴体のまっすぐ下へ伸びる。この四肢のつき方は、三畳紀に栄えた偽鰐類と同じだ。つまり、祖先の四肢のつき方を〝継承〟していた。

また、背中の鱗板骨(りんばんこつ)の数が少なかった。

プロトスクスもワニ類も、背中に骨の板を並べている。これを「鱗板骨」という。現生のワニ類では、鱗板骨は6列に連なっている。しかし、プロトスクスの鱗板骨は2列しかなかった。プロトスクスの場合、個々の鱗板骨の背中に占める大きさが、現生のワニ類よりも大きいのだ。ワニ形類の進化において、この大きな鱗板骨が分割されていくことになる。

【ワニ、水中世界をめざす】

ワニ形類にワニ類が誕生するその過程において、さまざまな種が登場した。

そうしたさまざまな〝途中段階の種〟のワニ形類のなかで、「アンフィコティルス・マイルシ(*Amphicotylus milesi*)」を紹介しておこう。

そもそも現生のワニ類は、水際世界に生きる恐るべき狩人だ。水面下に身を潜め、鼻と眼だけを水面から出して、周囲の様子をさぐる。その状態で、水辺にやってきた獲物を感知し、そっと近づき、至近距離から襲いかかる。そして、水の中へ獲物を引きずり込み、殺して、食べる。

この行動の際に重要となるのは、ワニ類の〝呼吸メカニズム〟だ。「鼻を水面から出して」という動きからわかるように、ワニ類は呼吸をするために、鼻を水

アンフィコティルス・マイルシの全身復元骨格（上段）と復元画（下段）。
Photo：群馬県立自然史博物館
イラスト：柳澤秀紀

面の上に出しておかねばならない。

一方、「水面下に身を潜め」ているのであれば、水面下で口を開いたとき、喉に水が入ってしまうと呼吸に差しさわりがある。水中で口を開いても、口から入る水は、呼吸のさまたげにならないようにしなければならない。

そのため、ワニ類には、「舌基弁」という喉奥への水の浸入を防ぐメカニズムがある。舌基弁によって、一時的に喉に蓋ができるのだ。

ワニ類の「鼻の孔」に関しては、頭骨の外側の「外鼻孔」は吻部の先端にあり、からだの大部分を水面下に沈めていても、吻部先端さえ水面から出しておけば、空気を取り込むことができる。一方、頭骨の内側の「内鼻孔」は、舌基弁よりも喉奥にある。つまり、舌基弁を閉じた状態であれば、仮に水中で口を開いても、外鼻孔から内鼻孔へと水を含む口腔を経由せずに空気を取り込むことができる。

舌基弁の奥に鼻の孔がつながっているからこそ、ワニ類は水中活動が可能となっているのだ。

ただし、これはあくまでもワニ類の話。じつは、原始的なワニ形類はこうした〝対水仕様〟を備えていない。

そこで、アンフィコテイルス・マイルシである。

2021年、福島県立博物館の吉田純輝たちは、本書の監修者である群馬県立自然史博物館が所蔵するアンフィコティルス・マイルシの標本を詳細に分析し、そこに舌基弁の存在を示す舌骨があることを示したのだ。

じつは、群馬県立自然史博物館が所蔵する全長約3メートルのこの標本は、吉田たちの研究以前は別のワニ形類のものとされていた。吉田たちの研究によって、既知のアンフィコティルス属の新種であるということが明らかになり、この名があたえられた。

アンフィコティルス・マイルシは、「ゴニオフォリス類」と呼ばれるグループに属している。このグループは、ワニ形類の中でワニ類が誕生する過程で登場したグループとされる。つまり、ワニ類そのものではない。**吉田たちのアンフィコティルス・マイルシの研究は、舌基弁がワニ類誕生の前に獲得されていたことを明らかにしたのである。**

なお、**ワニ形類においては、進化するにつれて背中の鱗板骨が分割され、列の数が増えていく。最初期のワニ形類であるプロトスクスは2列だった。現生のワニ類では6列である。その途上にいたゴニオフォリス類は……4列だった。列が増えれば、それだけからだの柔軟性が増す。ワニ形類は進化するにつれて、しなやかになっていった。**

【海で暮らすワニ】

ワニ形類の進化の過程において、ワニ類とは別方向の道を歩み、水際世界どころか、海洋へ進出したグループもいた。そのグループは「タラットスクス類」と呼ばれ、フランスやイギリス、チリなどから化石が発見されている「**メトリオリンクス**（*Metriorhynchus*）」に代表される。

メトリオリンクスは全長2〜3メートルほどで、吻部が長く伸び、尾の先端には三日月型の尾びれがあった。四肢は完全に鰭脚となっていて、水棲であることを物語る。そして、背中には鱗板骨がない。水中で背中を守る利点がなかったのか、それとも防御を高めることよりも、からだの柔軟性を保つことを優先したのだろうか。あるいは、その両方だったのかもしれない。

海洋進出したタラットスクス類は、ワニ形類の多

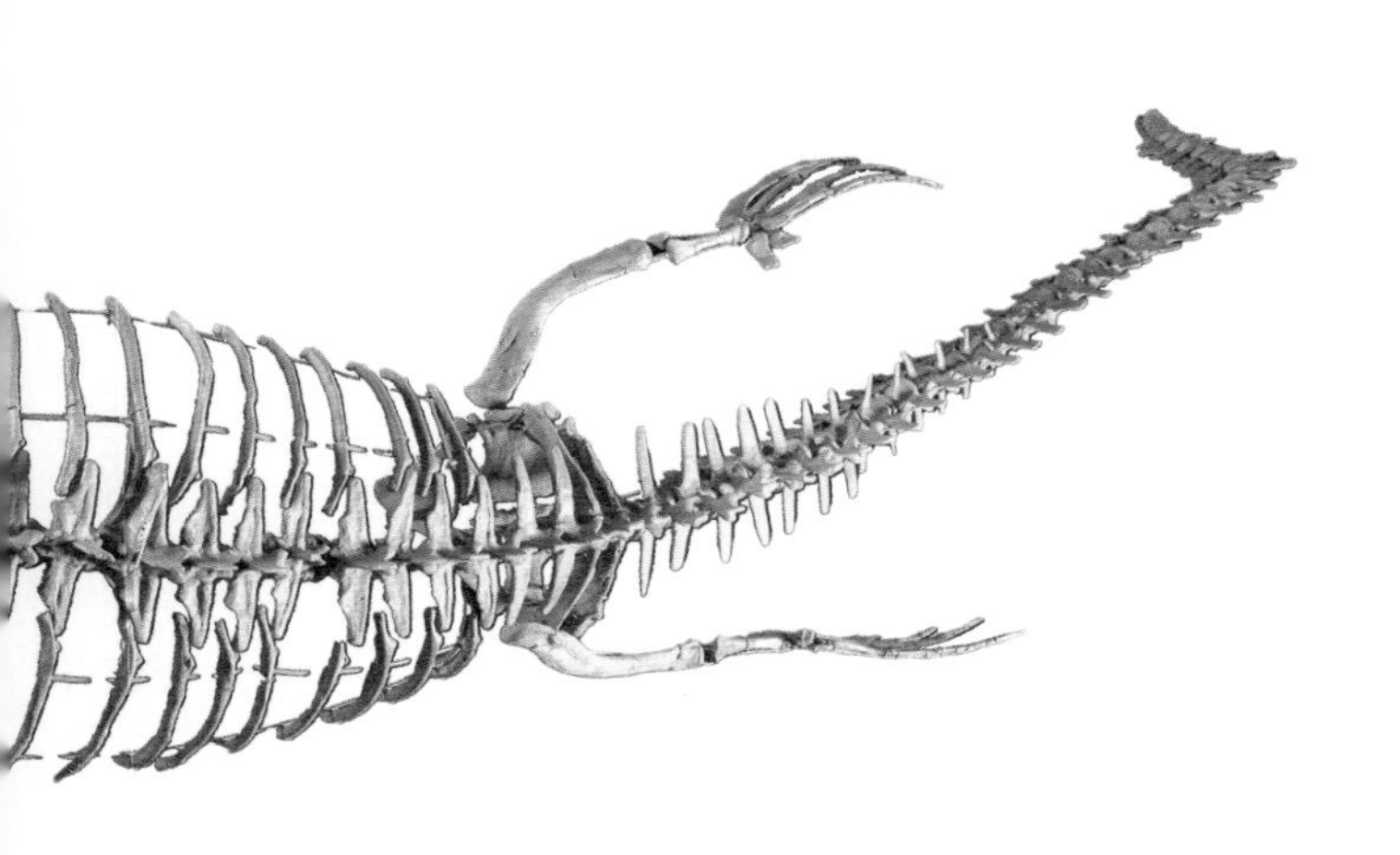

様性の象徴ともいえる**存在だった**。しかし、彼らの子孫は現在の地球にはいない。

多様なワニ形類において、現在への命脈は、彼らが〝支配権を確立した水際世界〟を中心に紡がれていくことになる。

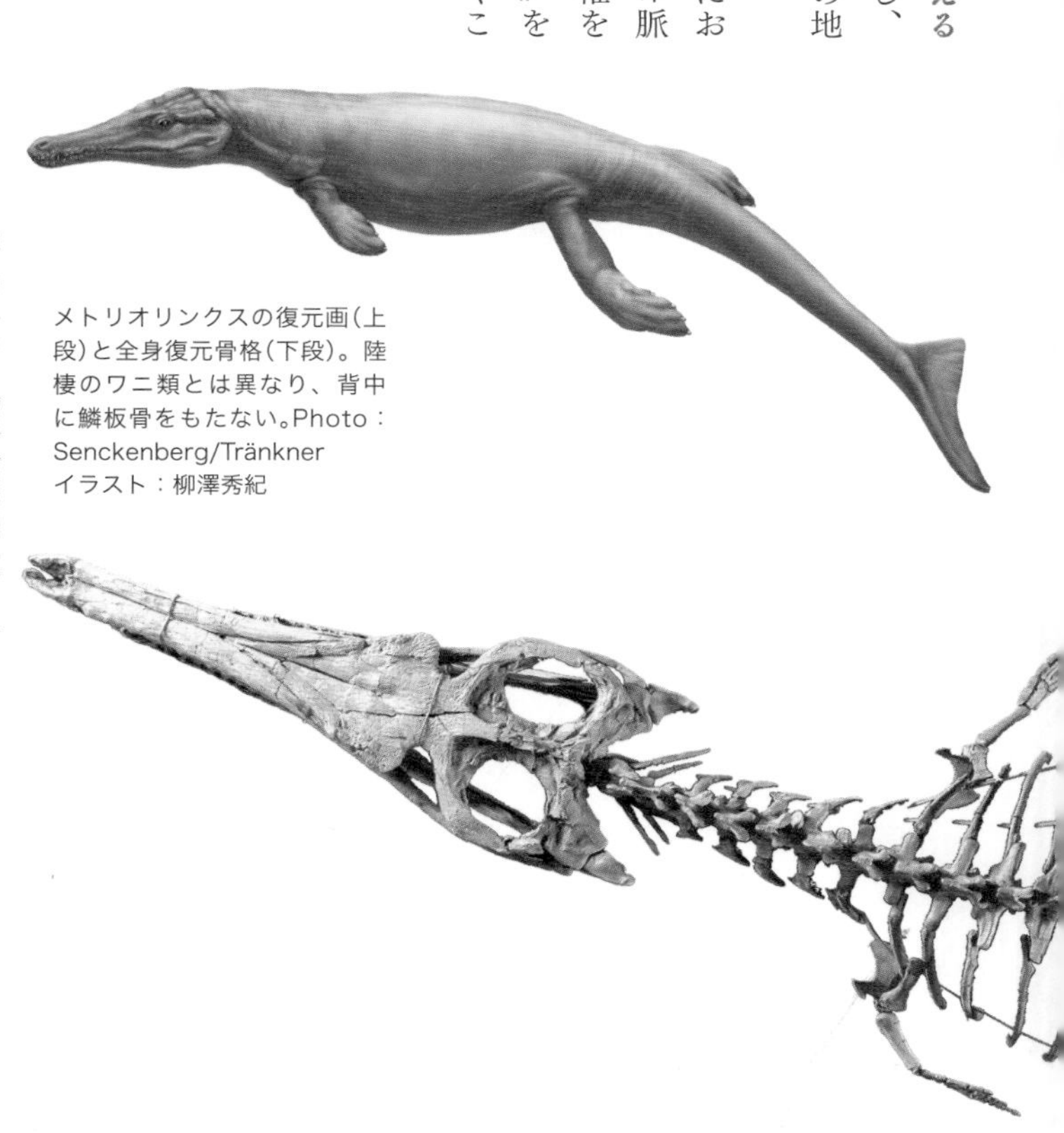

メトリオリンクスの復元画(上段)と全身復元骨格(下段)。陸棲のワニ類とは異なり、背中に鱗板骨をもたない。Photo：Senckenberg/Tränkner
イラスト：柳澤秀紀

爬虫類だけじゃない。海の名脇役たち

【再び繁栄するアンモノイド類】

古生代以来の長い歴史をもつ頭足類——アンモノイド類。

アンモノイド類は、古生代末にその多くが絶滅し、しかし、わずかに生き残り、中生代三畳紀を迎えた。このとき生き残っていたのは、アンモノイド類の中でも、セラタイト類ともう一つのグループだけだった。この〝もう一つのグループ〟は、三畳紀の前期に滅びてしまう。

セラタイト類は三畳紀に大いに繁栄するも、三畳紀末に姿を消す。

しかし、**絶滅前のセラタイト類から、アンモナイト類が生まれていた。このアンモナイト類こそが、〝私たちのよく知るアンモナイト〟**である。

ジュラ紀の海洋世界で、アンモナイト類は大繁栄を遂げる。世界の海洋に進出し、多様化した。

そんなジュラ紀のアンモナイト類の代表格として、ヨーロッパから化石が発見される「**ダクチリオセラス**

（*Dactylioceras*）」を挙げておこう。

ダクチリオセラスは、おそらく「誰がみてもアンモナイト」である。

大きさは、ヒトの掌（てのひら）サイズのものが多く、殻は螺旋状に巻いている。内側の殻と外側の殻は、ぴったりとくっついていて、外側にいくほど殻の径は太くなる。表面には弱い凸構造が並ぶ。これは、「肋（ろく）」と呼ばれるつくりだ。

ダクチリオセラスの化石は、イギリスやドイツなどで豊富に発見されている。読者の中には、「所有している」という方もいるかもしれない。市場流通量の多い化石でもある。まとまった数で産出することも少なくない。当時のヨーロッパにあった海で、ごく普通に

ダクチリオセラスの化石。イギリス産。母岩の長径が9.5cm。Photo：オフィスジオパレオント

みることのできた動物だったのだろう。

ダクチリオセラスに代表されるように、**アンモナイト類は、ジュラ紀の海で「当たり前の名脇役」という存在になった。**

【旅をするウミユリ類】

ウミユリ類を紹介しよう。

ウミユリ類は、「ユリ」との名前があるけれども、植物ではない。分類は棘皮動物で、ウニやヒトデの仲間である。古生代に登場し、古生代に大いに繁栄した。古生代末の大量絶滅事件でその数を大いに減らしたけれども、中生代の海にもその命脈は残り、そして、現生種もいる。

その名が示すように、ウミユリ類は海棲の動物であり、見た目は植物のようだ。細い「茎」、そして少し膨らんだ「萼」をもち、その萼から数本の「腕」が伸びる。

多くのウミユリ類は海底に生息し、茎を海底から直立させ、腕を広げて有機物などを〝捕獲〟して、食べていた(現生種がまさしくこの生態である)。

しかし、なかには例外もあった。

ここで紹介するのは、そんな例外的なウミユリ類である。名前は、「**セイロクリヌス**(*Seirocrinus*)」。

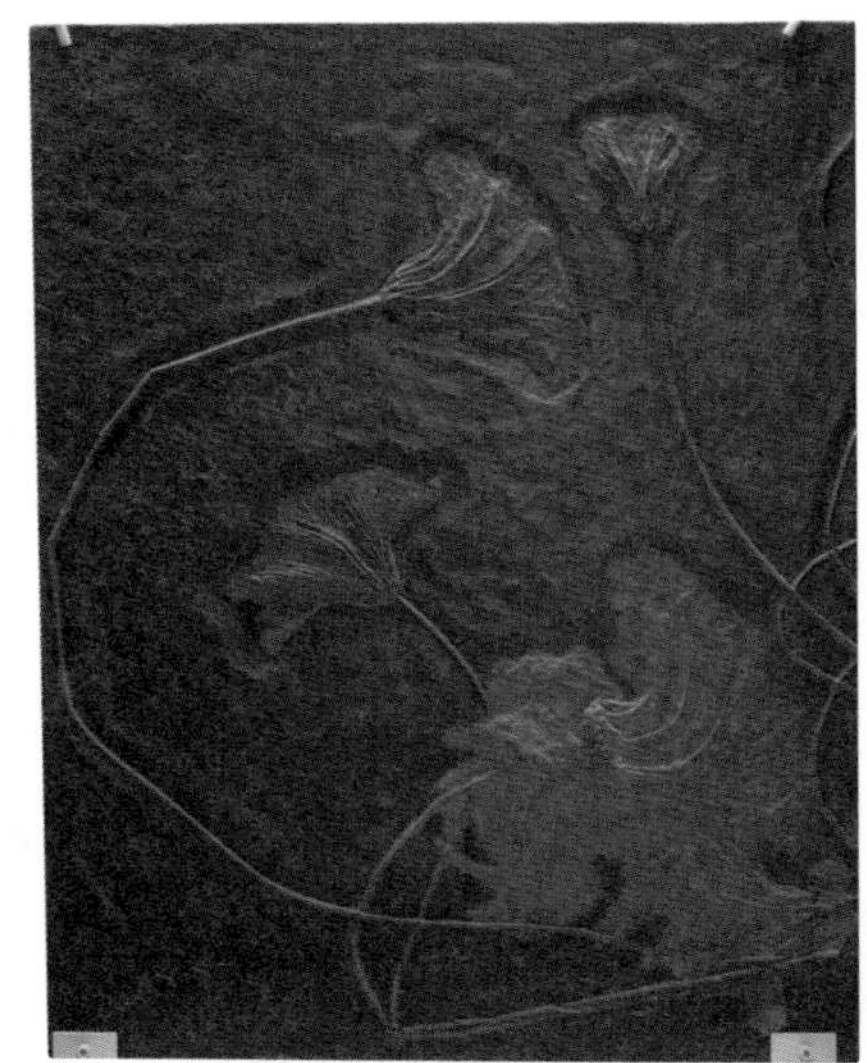

セイロクリヌスの化石（右）と復元画（下）。化石は、ミュージアムパーク茨城県自然博物館の所蔵・展示標本。画像の高さが107cm。Photo：安友康博／オフィス ジオパレオント　イラスト：柳澤秀紀

セイロクリヌスの見た目は、典型的なウミユリ類そのものである。植物のような見た目で、茎、萼、多数の腕をもつ。

ただし、セイロクリヌスは海底に直立していなかったようだ。流木に付着して、茎を海面下に垂らしていたとみられている。そして、流木とともに浮遊しながら、有機物やプランクトンを〝捕獲〟していたらしい。

そうして旅するうちに、セイロクリヌスもしだいに大きく成長していく。やがて、その重さに耐えられなくなった流木は、セイロクリヌスとともに沈んだとみられる。そうしてできた「セイロクリヌス＋(プラス)流木」の化石は、多数発見されている。

1本の流木に付着するセイロクリヌスが1個体とは限らない。むしろ、複数のセイロクリヌスが付着することが一般的のようである。実際、長さ

サッコココマの化石（右）とその復元画（左）。こうみえても、前ページと同じウミユリ類である。化石は長径約3.5cm。Photo：オフィス ジオパレオント イラスト：柳澤秀紀

13メートルの流木に、約280個体のセイロクリヌスが付着した化石も発見されている。

セイロクリヌスは、アメリカやカナダ、そして、イギリスやドイツから発見されている。**ジュラ紀の大西洋やテチス海では、セイロクリヌスの付着した流木に出会うことは、そう珍しいことではなかったのかもしれない。**

ときに全長数メートルを超えるセイロクリヌスに対し、ヒトの掌サイズの小さなウミユリ類も存在した。

ドイツから化石が発見されることで知られる**「サッココマ(*Saccocoma*)」**がそれである。

サッココマは、セイロクリヌスや他のウミユリ類とは異なり、茎をもたない。〝植物らしさ〟がまったくないウミユリ類である。萼は大きなものでも直径5ミリメートルほど。そこから、5組10

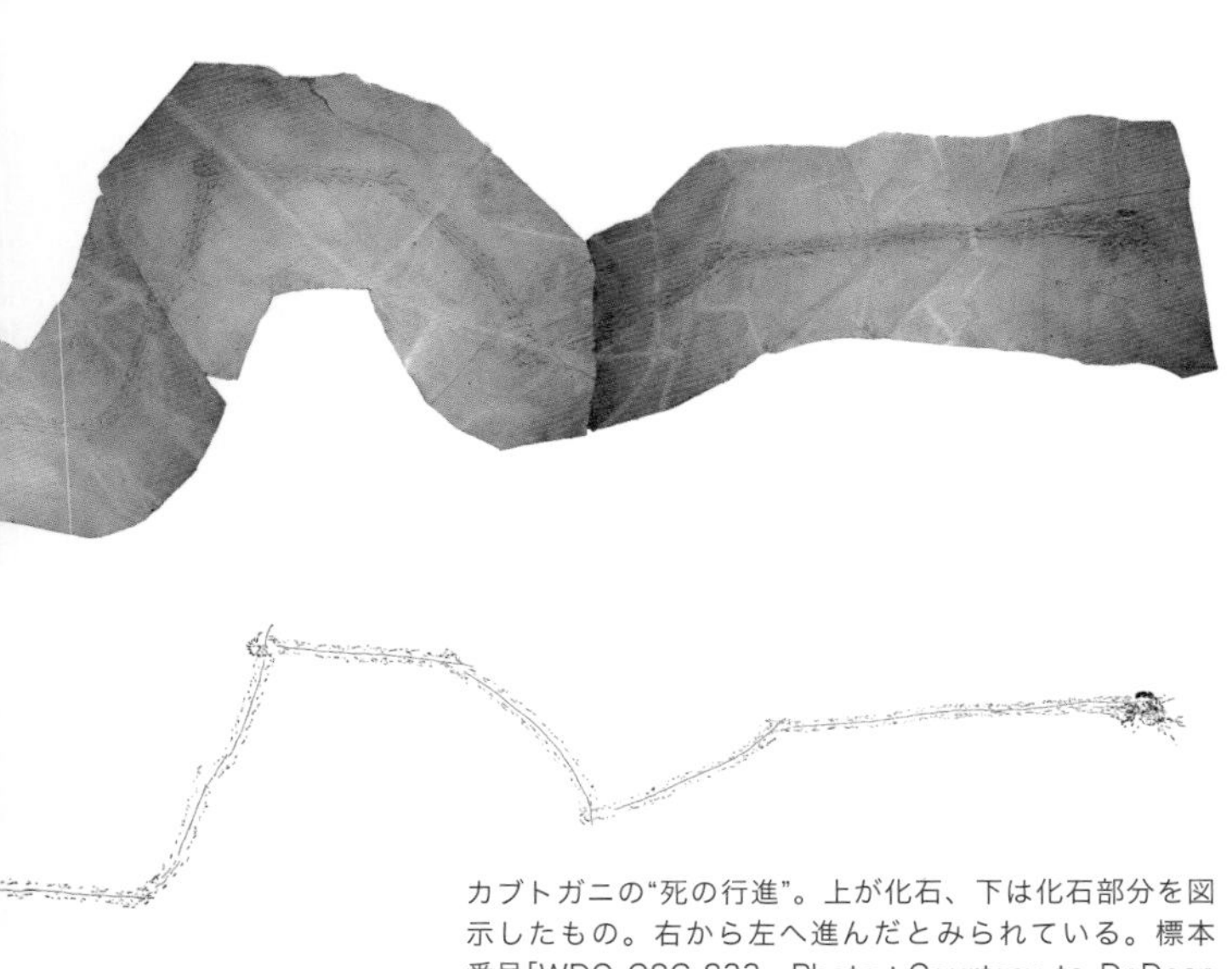

カブトガニの“死の行進”。上が化石、下は化石部分を図示したもの。右から左へ進んだとみられている。標本番号「WDC CSG-233」。Photo：Courtesy to Dr.Dean Lomax and the Wyoming Dinosaur Center

本の細い腕が伸びる。腕のつけ根に、アサガオの子葉に似たつくりがあることもポイントだ。

サッココマもまた、浮遊性だったとみられている。セイロクリヌスのように流木に付着することなく、自身でぷかぷかと浮いていたらしい。そして、他の動物たちの食料となっていた可能性が指摘されている。

【現生種とそっくりのカブトガニ】

化石で知られる古生物の姿と、近縁な現生種の姿があまり変わっていない場合、その現生種を「生きている化石」と呼ぶことがある。

カブトガニ類は、まさに**生きている化石**の代表ともいえるグループだ。その歴史は

古く、約4億4500万年前の古生代オルドビス紀にまで遡ることができる。

もちろん、ジュラ紀においてもその命脈は健在だ。

ジュラ紀のカブトガニ類で、おそらく最も有名な種類は、ドイツのゾルンホーフェン地域から化石が発見されている「**メソリムルス**(*Mesolimulus*)」だろう。

大きなものでは全長50センチメートルを超えるこのカブトガニ類は、まさにカブトガニである。

半円形に近い前体(頭部)、後方ほど狭くなる後体(腹部)、後体から伸びる尾剣。後体の左右の縁に並ぶトゲも、現生のカブトガニ——タキプレウス・トリデンタトゥス(*Tachypleus tridentatus*)とそっくりである。

メソリムルスの化石。
Photo：アフロ

ゾルンホーフェンは良質の化石産地として知られ、メソリムルスの化石はしばしばその歩行痕をともなって発見される。その極め付きは、「ＷＤＣ ＣＳＧ－２３３」と標本番号が名づけられた化石だ。

２０１２年にドンカスター博物館（イギリス）のディーン・Ｒ・ロマックスと、ワイオミング・ダイノソア・センター（アメリカ）によって報告された「ＷＤＣ ＣＳＧ－２３３」は、全長12・7センチメートルのメソリムルス本体と、じつに9・6メートルにおよぶ足跡化石をともなっていた。

ジュラ紀当時のゾルンホーフェンは、海の底にあった。そこには、無酸素の水塊があったとされる。〝何かの事故〟でその無酸素の水塊が広がる深層にまで沈んだ動物たちは、呼吸ができなくなって死に至る。無酸素故に、その死骸を分解する微生物もいない。結果として、死骸がきれいな化石となる、という寸法だ。

「ＷＤＣ ＣＳＧ－２３３」のメソリムルスも、何らかの理由でこの水塊に落とされたらしい。足跡の最初は、もがいた痕跡から始まる。その後、方向転換を繰り返しながら9・6メートルを歩き、そしてそこで力尽きた。

こうした足跡化石と死骸で構成される化石は「死の行進」と呼ばれる。死の直前に動物たちがどのように行動したのかを示す証拠として重宝されている。

空を制した翼竜たち

【小さな頭に長い尾】

三畳紀に出現した翼竜類は、ジュラ紀になるといっきに多様化した。

そうした翼竜類の中から、まずはサッココマやメソリムルスと同じゾルンホーフェンから化石が発見されている「**ランフォリンクス**(*Rhamphorhynchus*)」を紹介したい。

ランフォリンクスの翼開長は、2メートルほど。頭部は小さく、口には鋭い歯が並ぶ。細くて長い尾をもち、尾の先端には団扇(うちわ)のような構造があった。この頭部は、成長にともなって吻部が長くなり、歯が鋭くなったとみられている。また、尾の先の団扇状構造は、成長にともなって幅が広くなっていった。

小型で小回りの利く翼竜類。それがランフォリンクスだ。

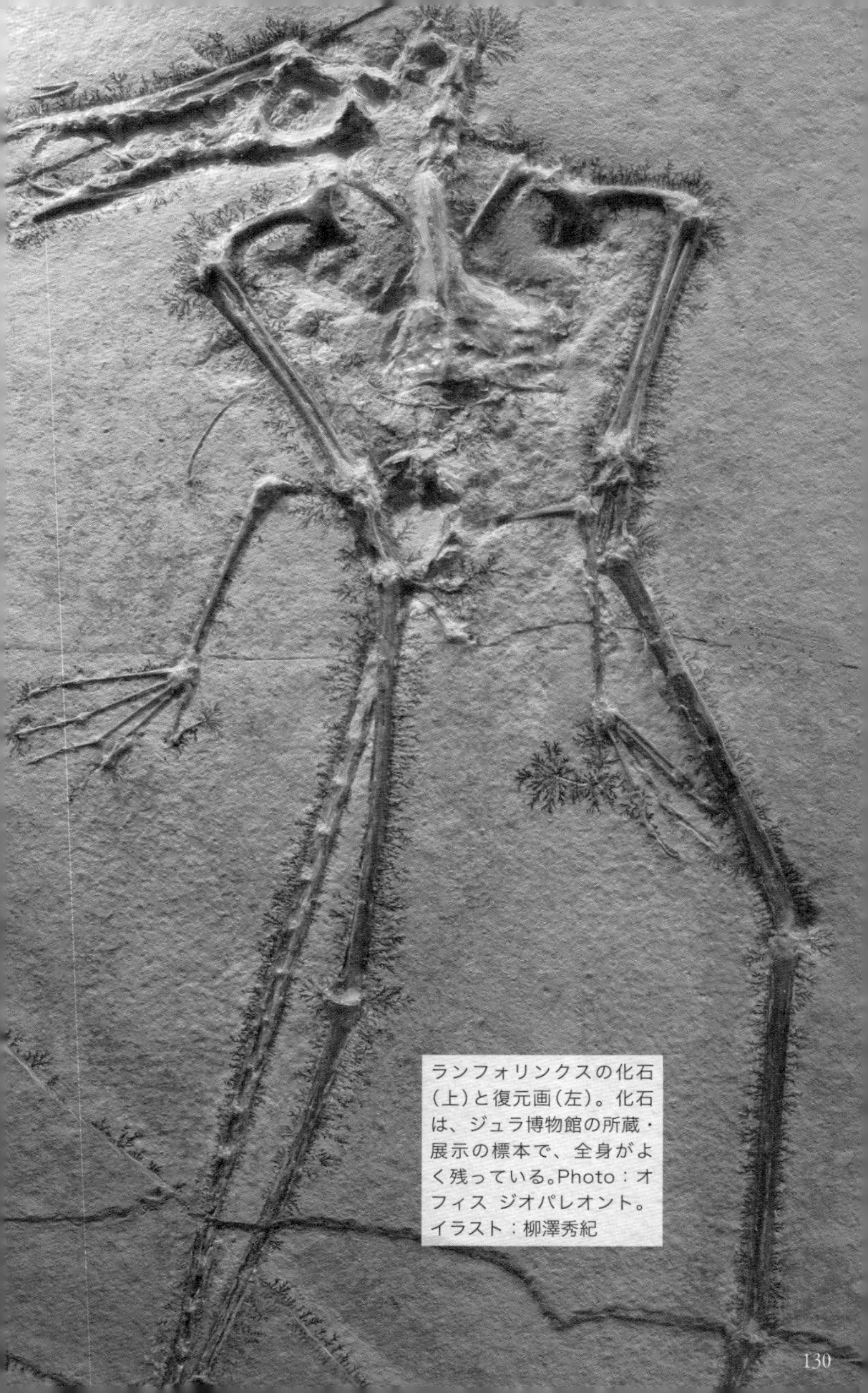

ランフォリンクスの化石（上）と復元画（左）。化石は、ジュラ博物館の所蔵・展示の標本で、全身がよく残っている。Photo：オフィス ジオパレオント。イラスト：柳澤秀紀

そして、ランフォリンクスは、「ランフォリンクス類」と呼ばれるグループの代表種でもある。

かつて翼竜類は、小さな頭と長い尾をもつ原始的な「ランフォリンクス類」と、大きな頭と短い尾をもつ大型で進化的な「プテロダクティルス類」に二分されていた。この分類にしたがうと、第1章に登場したエウディモルフォドンも、ランフォリンクス類である。

しかし近年、新たな翼竜類の化石の発見が相次ぎ、分類はより複雑なものとなった。近年の見解では、「ランフォリンクス類」は、ランフォリンクスとその近縁種に限定されており、エウディモルフォドンのような最初期の翼竜類は、ランフォリンクス類の外に位置づけられている。

もっとも、**翼竜類全体の傾向として、「小さな頭と長い尾をもつ翼竜たち」が〝原始的な存在〟で、「大きな頭と短い尾の翼竜たち」が〝進化的〟であるという点は変わっていない。そして、ランフォリンクス類は、「小さな頭と長い尾をもつ翼竜たち」の中では、最も進化的なグループとして位置づけられている。**

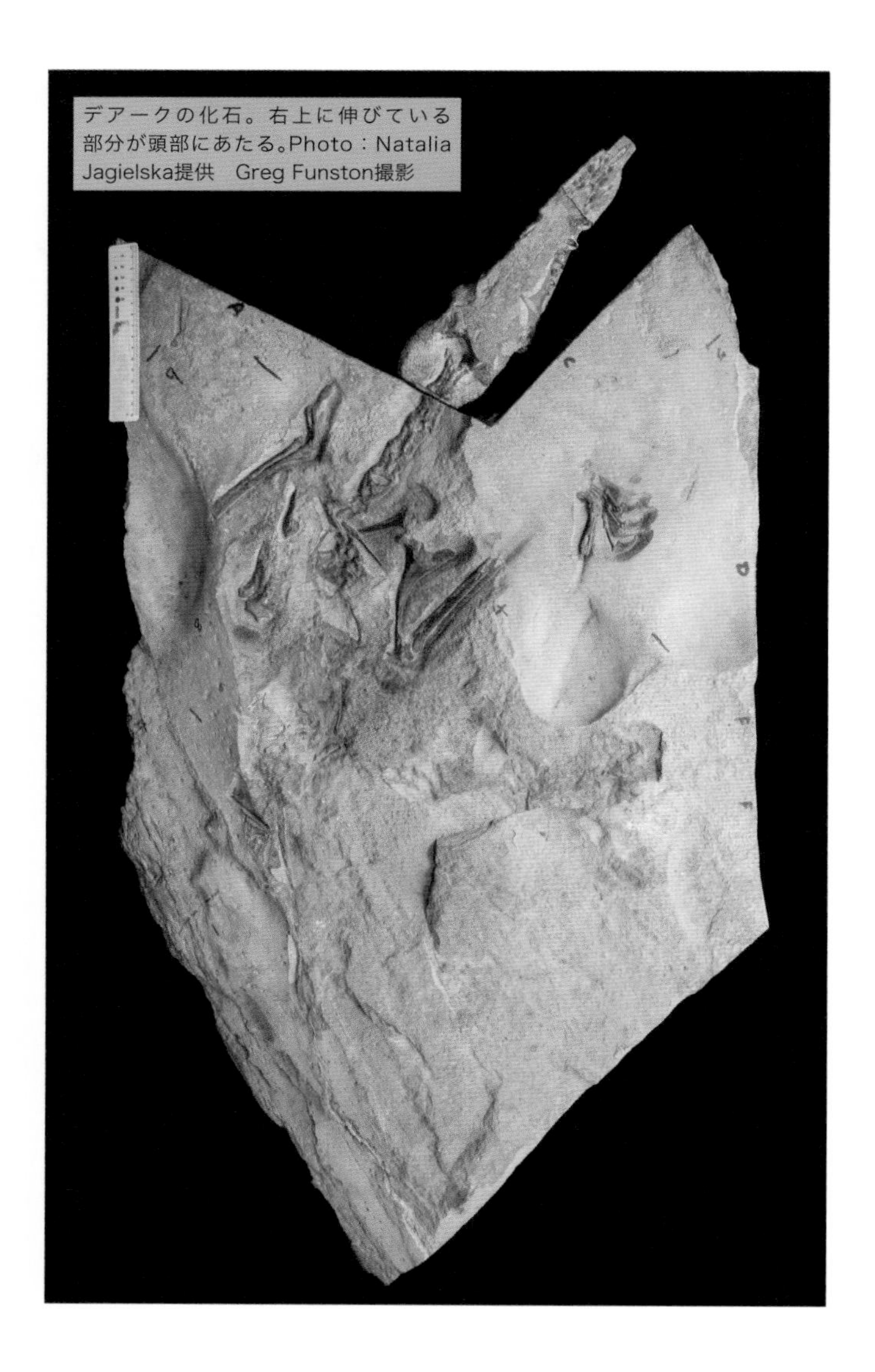
デアークの化石。右上に伸びている部分が頭部にあたる。Photo：Natalia Jagielska提供　Greg Funston撮影

デアークの復元画。「大型化の兆し」をみせた翼竜類。イラスト：柳澤秀紀

【大型化の兆し】

ランフォリンクスの「2メートル」という翼開長は、原始的とされる「小さな頭と長い尾をもつ翼竜たち」の中では、比較的大型だ。

一方、進化的とされる「大きな頭と短い尾の翼竜たち」には、翼開長が5メートルを超えるものが少なくない。

翼竜類は、いつ、大型化へ舵（かじ）を切ったのだろう？

じつは、ランフォリンクスがゾルンホーフェンの空を謳歌していた時代よりも約1000万年ほど昔に、大型化の兆しをみせた翼竜がいた。

2022年、エジンバラ大学（イギリス）のナターリア・ジャギエルスカたちによって報告されたスコットランド産のランフォリンクス類、「**デアーク（*Dearc*）**」である。

デアークは、ランフォリンクス類としてはやや大きな頭部を有している。ジャギエルスカたちが報告した標本番号「NMS G. 2021. 6. 1－4」は、翼開長2・5メートル

The Evolution of Life 4000MY -Mesozoic-

ほど。この値だけをみても、「小さな頭と長い尾をもつ翼竜たち」の中では大きなランフォリンクスをさらに上回るサイズである。

ジャギエルスカたちの分析によると、「NMS G．2021．6．1－4」は幼体、もしくは、亜成体であるという。つまり、まだ成長の余地のある個体だった。**ジャギエルスカたちは、成体となったデアークの翼開長は3メートルを超えたとみている。「3メートル超」というサイズは、ジュラ紀の翼竜類としては破格だ。**

ただし、ジャギエルスカたちはデアークだけが〝特別な存在〟ではなかったとも示唆している。何しろ、翼竜類の骨は脆（もろ）い。飛行のために軽量化され、壊れやすくなっている。そのため、そもそも化石記録に乏しいことは否めないのだ。他にも、デアークのような「やや大きな頭部を有したランフォリンクス類」がいたかもしれない。

ジャギエルスカたちによると、ジュラ紀の半ばの世界では、「小さな頭と長い尾をもつ翼竜たち」の中で「大型化の実験(experimented with larger sizes)」がおこなわれていた可能性があるという。

【中間的な翼竜】

「小さな頭と長い尾をもつ翼竜たち」と「大きな頭と短い尾の翼竜たち」の「中間的な翼竜類」もジュラ紀に出現している。

「ダーウィノプテルス（*Darwinopterus*）」だ。

進化論で知られるイギリスの自然科学者、チャールズ・ダーウィンにちなんだ名前が示唆しているように、翼竜類の進化史において「重要」と位置づけられている種類である。

ダーウィノプテルスの翼開長は、約90センチメートル。

最大の特徴は、「大きな頭と長い尾」をもつことだ。「小さな頭と長い尾をもつ翼竜たち」の特徴である「長い尾」と、「大きな頭と短い尾の翼竜たち」の特徴である「大きな頭」を備えているのであ

ダーウィノプテルスの復元画。大きな頭部と長い尾が特徴。
イラスト：柳澤秀紀

る。まさしく中間型だ。**ダーウィノプテルスの存在から、翼竜類は「小さな頭と長い尾」で登場し、「大きな頭と長い尾」の段階を経て、「大きな頭と短い尾」へと進化したとみられている。**

なお、ダーウィノプテルスは、翼竜類としては珍しく「雌雄」の化石も報告されている。どうやら雄には小さなトサカがあり、雌は骨盤が大きかったようだ。

そして、卵を体内に抱えた雌が発見されている。つまり、翼竜類は卵生だったことを示す証拠でもある。ダーウィノプテルスの化石は、翼竜類の進化だけではなく、その繁殖についての情報も内包する重要な存在といえる。

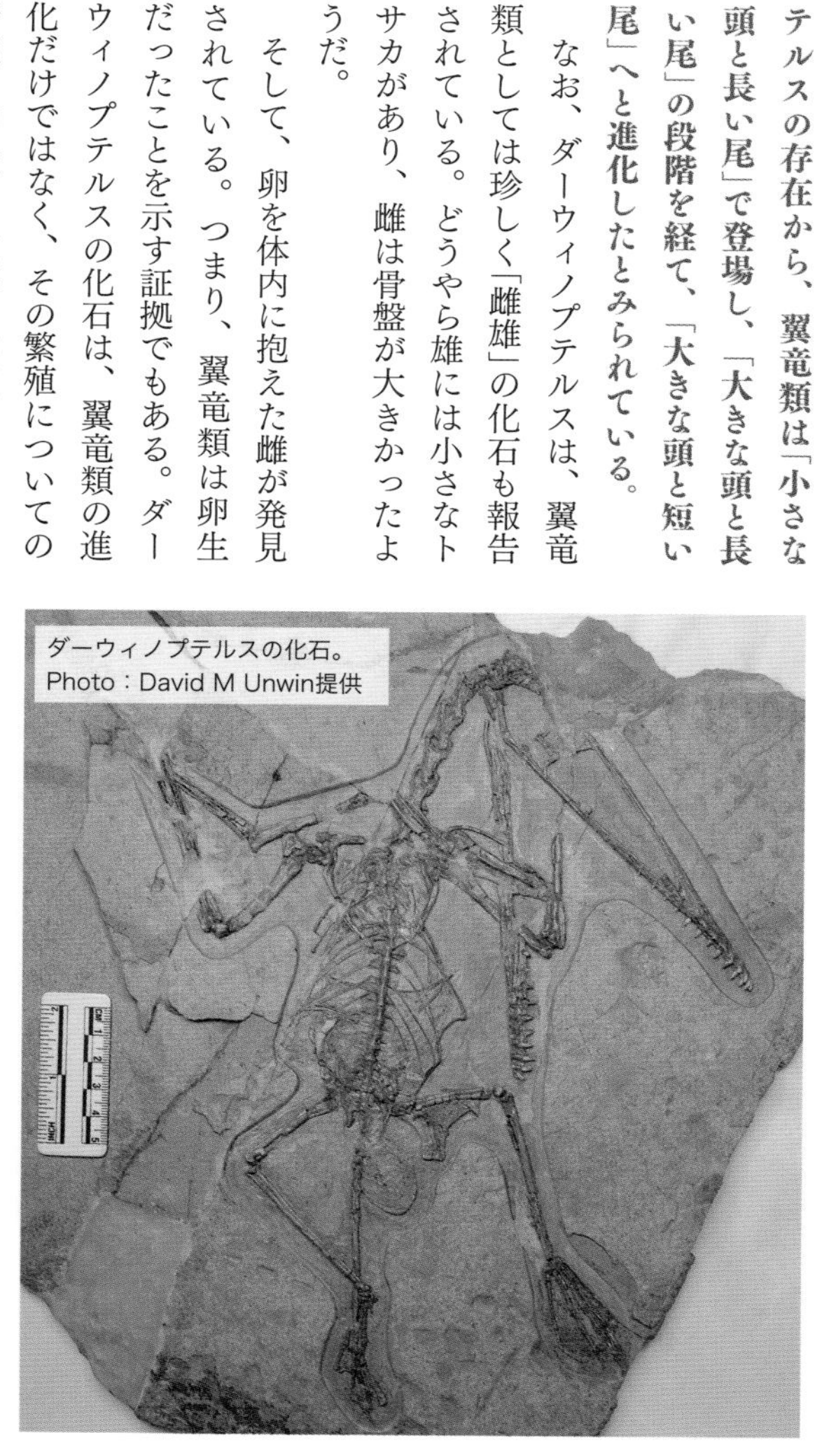
ダーウィノプテルスの化石。
Photo：David M Unwin提供

プテロダクティルスの復元画。大きな頭部と短い尾が特徴。135ページのダーウィノプテルスと比較されたい。
イラスト：柳澤秀紀

【"進化型"へ】

「大きな頭と短い尾の翼竜たち」もこの時期に登場している。ここでは、その一例として、「プテロダクティルス(*Pterodactylus*)」を挙げておこう。

プテロダクティルスの化石は、ランフォリンクスと同じゾルンホーフェンから化石が発見されている。つまり、「小さな頭と長い尾をもつ翼竜たち」の代表的な存在であるランフォリンクスと、「大きな頭と短い尾の翼竜たち」であるプテロダクティルスは、同時期の同地域に生息していた。

プテロダクティルスの姿形はとてもシンプルなもので、「大きな頭と短い尾」以外に目立つ特徴を備えていない。また、「大きな頭と短い尾の翼竜たち」は大型のものが多いが、プテロダクティルスの翼開長は1メートルに満たない。ランフォリンクスよりも小型である。

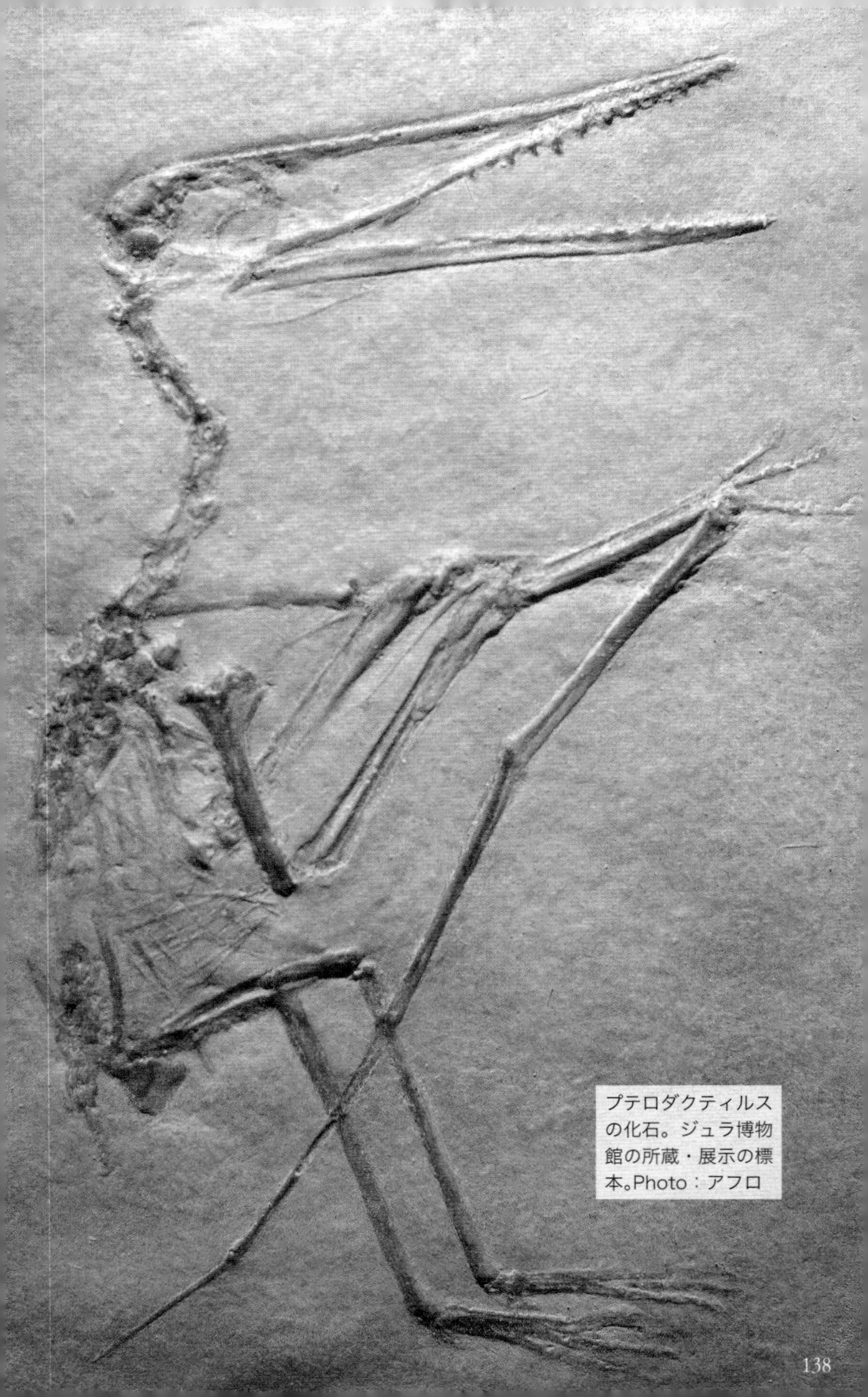

プテロダクティルスの化石。ジュラ博物館の所蔵・展示の標本。Photo：アフロ

しかし、プテロダクティルスのこの姿は、「大きな頭と短い尾の翼竜たち」の基本形ともいえる。かつて、「大きな頭と短い尾の翼竜たち」はひとまとめにして、「プテロダクティルス類」と呼んでいたほどである。

現在では「ランフォリンクス類」が「小さな頭と長い尾をもつ翼竜たち」の総称ではなくなったように、「プテロダクティルス類」も「大きな頭と短い尾の翼竜たち」の総称ではなく、プテロダクティルスとその近縁種からなるグループに限定されている。かつて「プテロダクティルス類」と総称されていた「大きな頭と短い尾の翼竜たち」は、ダーウィノプテルスとその仲間からなる「ダーウィノプテルス類」を含めて、「モノフェネストラタ類」と呼ばれている(いささか覚えにくく、読みにくい名称だ)。

さて、いずれにしろ、**ジュラ紀においては**、「**小さな頭と長い尾をもつ翼竜たち**」も、「**大きな頭と短い尾の翼竜たち**」も、その「**中間型**」も、**さまざまな翼竜類が存在していた**。彼らは、空の主役であり、我が世の春を謳歌していた。

ジュラ紀の翼竜類たちの話を終える前に、もう1種類だけ紹介しておきたい。

モノフェネストラタ類は、大きな頭に独特の構造をもつものが少なくない。その一つの例として、ランフォリンクスやプテロダクティルスと同じ地層から化石が発見されている「**クテノカスマ(*Ctenochasma*)**」を挙げることができる。

クテノカスマの頭部を一言で表現するならば、「ブラシ型」だ。前方へ長く伸びた吻部には、まるでデッキブラシのように極細の歯が並んでいた。その数は、260本を超える。

この歯は、獲物の肉に突き刺したり、肉を切り裂いたりすることには向いていない。クテノカスマは、水中でこの〝ブラシ型吻部〟をわずかに開いて小魚やエビなどを周囲の水ごとすくい取り、その後、歯の隙間から水だけを排出して、獲物

クテノカスマの吻部の化石（左）と復元画（下）。化石は、左が口先。ジュラ博物館の所蔵・展示の標本。Photo：オフィス ジオパレオント

を食べていたと考えられている。
モノフェネストラタ類の姿と生態の多様性を示す一例といえるだろう。

本格的な恐竜時代が始まった

【巨大恐竜たち】

ジュラ紀の陸上世界を彩ったのは、なんといっても恐竜たちだ。
とくに大型の恐竜である。**現在の地球ではみることのできない迫力の恐竜たちが、世界を闊歩していた。**

その主軸となったのは、「竜脚類」と呼ばれる植物食恐竜のグループである。このグループの恐竜たちは、小さな頭、長い首、でっぷりとした胴体に、柱のような四肢。

ディプロドクスの復元画(上段)と全身復元骨格(下段)。
Photo:アフロ
イラスト:柳澤秀紀

そして、長い尾。全長20メートルを超す種も珍しくない。

代表的な竜脚類を紹介していこう。

まずは、アメリカから多数の化石が報告されている「ディプロドクス（*Diplodocus*）」だ。その名（属名）をもつ竜脚類は複数種が報告されており、その中でも、19世紀から20世紀にかけて活躍し、多くの文化的実績もあるアメリカの「鉄鋼王」こと、アンドリュー・カーネギーの名をもつ「ディプロドクス・カーネギーイ（*Diplodocus carnegii*）」は有名である。


10個を軽く超える数の頸椎からなる長い首と、その数を大きく凌駕（りょうが）する尾椎から構成される長い尾をもつディプロドクスの全長は、25メートルを優に超える。研究者によっては、30メートルを超える超大型種もディプロドクスに分類する。


ディプロドクスの頭部は、吻部が低く、前に伸びる。そして、その先端近くに、鉛筆のような形状の細い歯が並ぶ。これほどに細い歯では、植物をすりつぶすことは不可能だ。彼らは、この歯が並ぶ口を熊手のように使って、葉を枝からこそぎとっていたと考えられている。

２０１０年、ミシガン大学（アメリカ）のジョン・Ａ・ホイットロックたちは、ディプロドクスの幼体のものとみられる頭骨を報告した。

その頭骨は、形状が成体のものと少しちがっていた。小さいことはもちろんだが、吻部は成体ほど低くなく、そして伸びてもいなかった。歯も成体ほど前方に寄っていない。このことから、

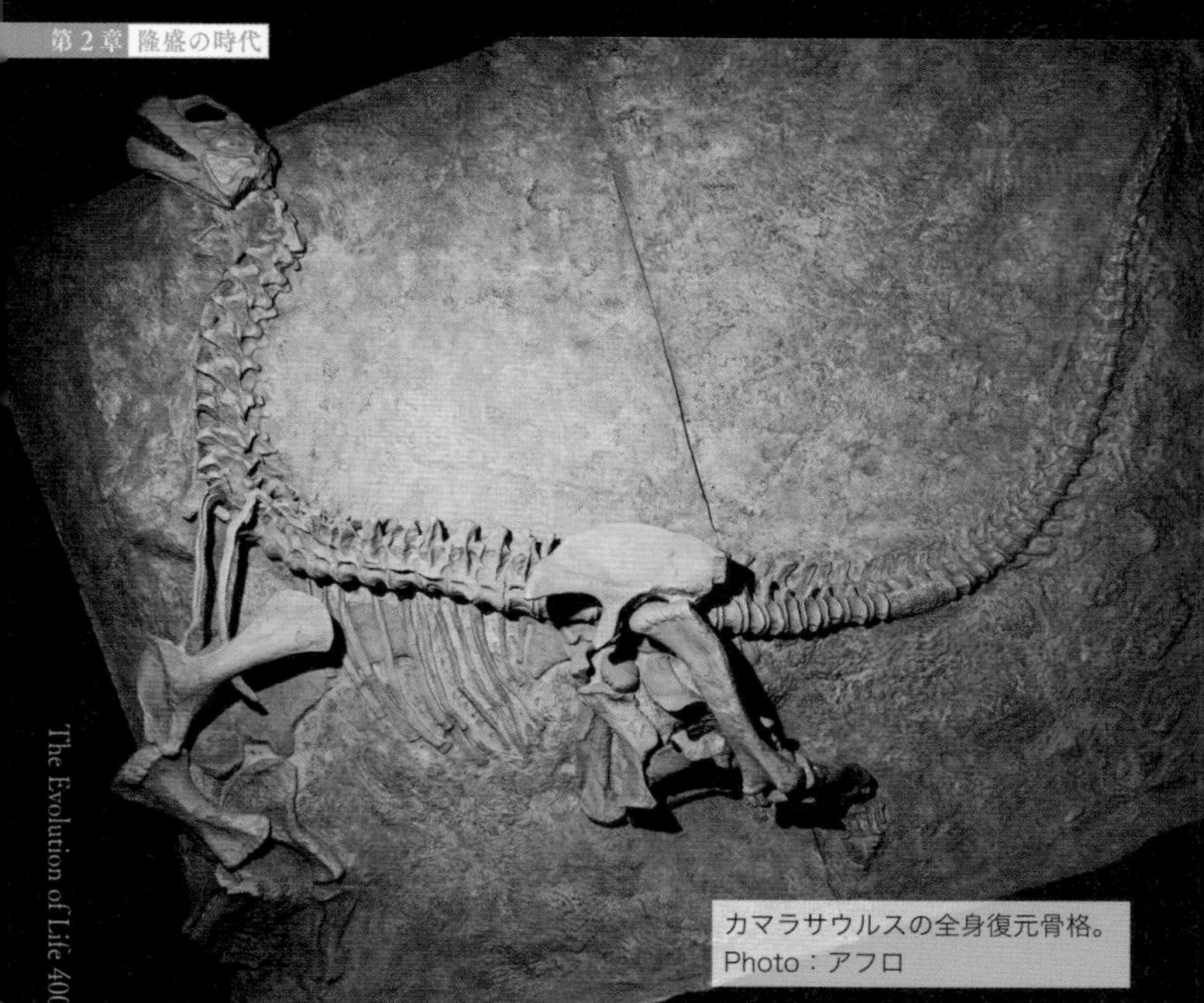

カマラサウルスの全身復元骨格。
Photo：アフロ

ホイットロックたちは成体と幼体で摂食行動が異なっていた可能性を指摘している。

　そんなディプロドクスと対照的ともいえる顔つきをしているのは、「**カマラサウルス（*Camarasaurus*）**」である。

歯のイラスト。右がディプロドクスのもので、左がカマラサウルスのもの。

カマラサウルス。ジュラ紀後期のアメリカで、“最も普通に見ることができる光景”は、このようなシーンだったかもしれない。
イラスト：柳澤秀紀

こちらもアメリカ産の竜脚類だ。

カマラサウルスの頭部は、吻部が寸詰まりになっている。また、歯は、とくにその先端がディプロドクスのものほど細くなく、スプーンのように少しだけ広がっていた。

カマラサウルスの全長は、20メートル弱。他の動物群と比較すると十分巨大だけれども、竜脚類としては、けっして〝巨大〟ではない。多数の化石が発見されていることでも知られており、**当時**のアメリカにおいて、カマラサウルスは、〝**最も普通**にみることができる**竜脚類**〟だったようだ。

この〝ごく普通の竜脚類〟は、竜脚

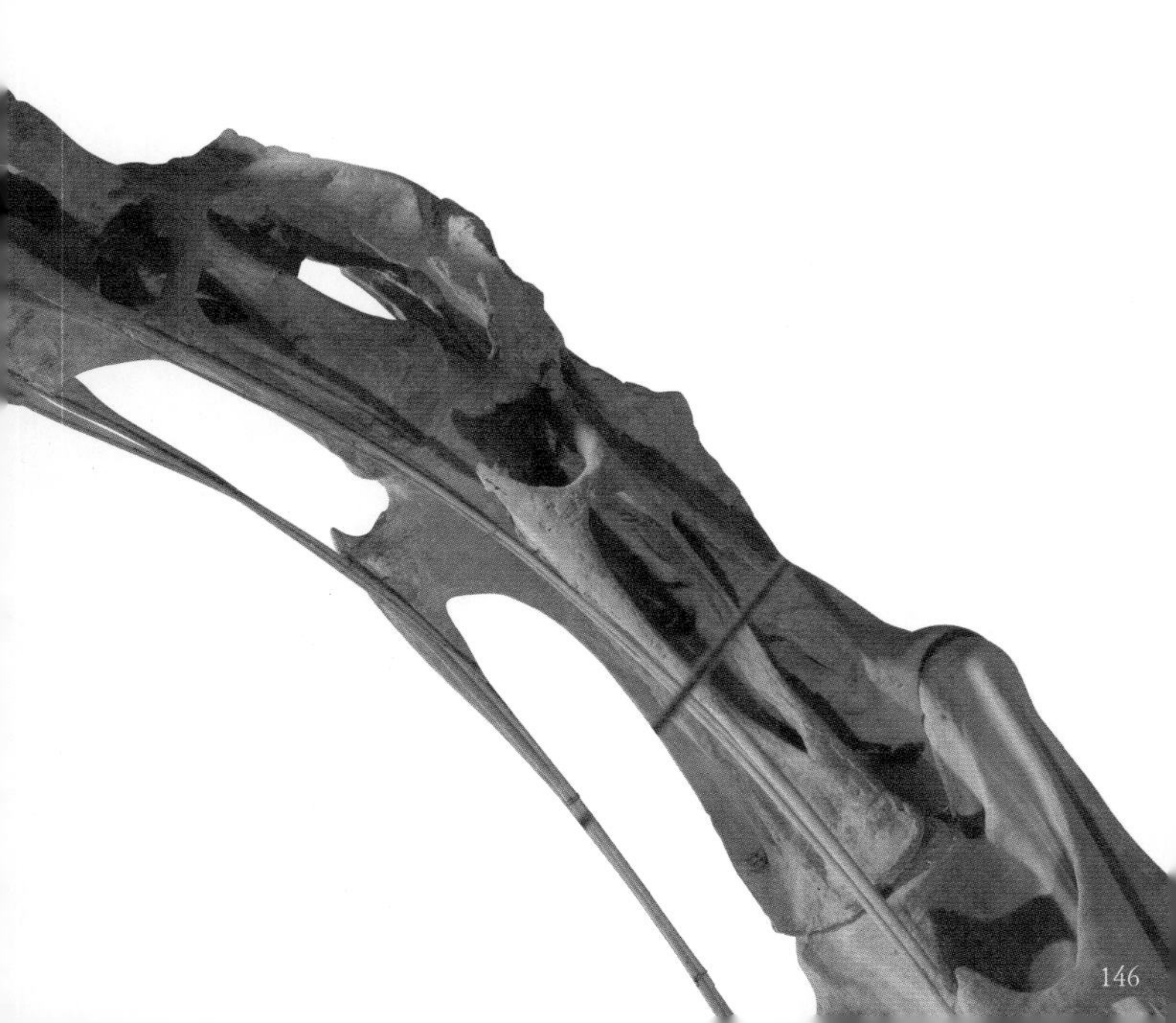

類の中でも「マクロナリア類」と呼ばれるグループに属している。マクロナリア類は、グループとしての寿命が〝長寿〟であり、その歴史は白亜紀末まで続いた。カマラサウルスは、このグループの初期を代表する種類でもある。

同じマクロナリア類でも、カマラサウルスより〝やや進化的〟と位置づけられている竜脚類が、「**ギラッファティタン（*Giraffatitan*）**」である。

ギラッファティタンの全長は22メートルほどで、尾よりも首が長い。また、前あしが後ろあしよりも長い。必然的に、上体はやや持ち上がり、首も高い位置にまで届く〝仕

ギラッファティタンの骨格。群馬県立自然史博物館の所蔵・展示標本。大きな鼻孔が特徴的である。Photo：安友康博／オフィス ジオパレオント

様〟となっている。頭骨を見ると、大きな鼻孔が高い位置にある。その一方で、吻部は低く、少し長いという独特の面構えをしている。その化石は、タンザニアから報告されている。

一定以上の世代の恐竜ファンにとっては、「ギラッファティタン」の名よりも、「**ブラキオサウルス**（*Brachiosaurus*）」の名のほうが親しみがあるかもしれない。「ギラッファティタンは知らないけれど、ブラキオサウルスならば聞いたことがある」、そんな読者も多いはずだ。じつは両者は近縁で、そしてやや複雑な研究史をもつ。

ブラキオサウルスは、アメリカから化石がみつかっている竜脚

ギラッファティタンの復元画。
イラスト：柳澤秀紀

類である。からだの大きさはほぼ同程度ながら、ギラッファティタンと比べて顔つきがやや寸詰まりなどのちがいがある。

もともと、ギラッファティタンとブラキオサウルスは、「ブラキオサウルス」としてまとめられていた。ブラキオサウルスの名前(属名)をもつ種は、タンザニアの種とアメリカの種の合計2種が存在していたのだ。

しかしその後の研究で、タンザニアとアメリカの2種にはちがいが多く、同じブラキオサウルス属でまとめておくべきではないとの見方が強くなった。そこで、タンザニアの種がブラキオサウルス属から独立させて、新たに「ギラッファティタン」という属名があたえられた。

ややこしいのは、かつて「ブラキオサウルス」として2種がまとめられていたとき、保存状態の良い化石がみつかっていたのは、タンザニアの種(現在のギラッファティタン)だったという点である。世界各地の博物館で展示されている全身復元骨格や各種図鑑の復元画などの多くは、タンザニアの種にもとづいてつくられている。

そのため、現在では、かつて「ブラキオサウルス」と呼ばれていた全身復元骨格や復元画は、「ギラッファティタン」に修正される傾向にある。アメリカのブラキオサウルスは〝健在〟なので、「ブラキオサウルス」の名前が消えたわけではない点に注意が必要だ。

さて、**「竜脚類の大型種」といえば、中国から化石が発見されている「マメンキサウルス**

(*Mamenchisaurus*)」も忘れてはいけない。この竜脚類は、全長30メートルとも35メートルともいわれる。竜脚類の中でも、とりわけ巨大な種類であり、当時のアジアを代表する超巨大生物だ。

マメンキサウルスの特徴は、「とにかく首が長い」ということ。20個近い頸椎がつくるその首は、全長の半分を占める。この長い首を使って、他の竜脚類が届かないような位置の葉を食べていたのではないか、とされる。

マメンキサウルスは、「マメンキサウルス類」という竜脚類の代表種でもある。２０２０年、エバーハルト・カール大学テュービンゲン(ドイツ)の

フェリックス・J・オーガスティンたちは、小さな噛み跡の残るマメンキサウルス類の化石を報告している。

オーガスティンたちの分析によると、この噛み跡を残したのは、小型の哺乳類であるという。……だからといって、小型哺乳類がマメンキサウルス類を襲ったとは解釈されていない。オーガスティンたちは、小型哺乳類がマメンキサウルス類の遺骸を漁り、骨についていた肉などの軟組織をかじりとる際にこの噛み跡をつけたとみる。

巨大な竜脚類（マメンキサウルス）が生きているうちは近寄るだけで危険。しかし、**その竜脚類の死体を食べて自身の命をつなぐ**。**当時の哺乳類の〝立ち位置〟を推測できる**

マメンキサウルスと同時代のさまざまな恐竜たち。マメンキサウルスの圧倒的な"巨体感"を感じていただけるだろうか。イラスト：柳澤秀紀

一例といえる。

なお、オーガスティンたちによると、この痕跡は、初期の哺乳類に肉食種がいたことを示す最も古い証拠であると同時に、哺乳類による腐肉食の証拠としても最古の記録であるという。

こうした「大型種」たちと対極にある竜脚類が、「エウロパサウルス（*Europasaurus*）」である。カマラサウルスやギラッファティタンと同じマクロナリア類に分類されるこの竜脚類は、全長が6・2メートルしかない。長い首と長い尾を含めてこの長さだ。肩の高さをみると、1・6メートルほどである。ヒトとさして変わらない。

竜脚類としては例外的に小さなエウロパサウルス。これは「幼体だからこのサイズ」というわけではない。成体でこの大きさなのだ。

小型の理由は、その名前からも示唆されている。「エウロパサウルス」の「エウロパ（*Europa*）」は、「ヨーロッパ」のことだ。その化石は、ドイツから発見された。

ジュラ紀当時のヨーロッパは、その大部分がテチス海の底だった。温暖な海に、大小の島々が点在していた。

当然のことながら、大きな恐竜には大量の餌が必要だ。植物食性である竜脚類には、大規模な森林が必要となる。大規模な森林が茂るためには、それなりに広い面積が必要である。2006年にエウロパサウルスを報告したボン大学（ドイツ）のP・マルティン・ザンダーたちは、当時の

エウロパサウルスの復元画（上段）と全身復元骨格（下段）。肩の高さは、現代日本人の身長とさほど変わらない。Photo：アフロ
イラスト：柳澤秀紀

ドイツ周辺には、大型の竜脚類を維持できるような広さの島がなかったとみている。

　おそらくエウロパサウルスの祖先は、竜脚類の〝一般的なサイズ〟だった。祖先は、ドイツ周辺がテチス海に沈む前に、大陸からこの地へとやってきた。しかし、大陸とのつながりが断たれると、大きなからだを維持できなくなった。その結果、**代を重ねるごとに小型化が進み、全長6・2メートルのエウロパサウルスの登場となった**、とみられている。

　大陸から島嶼（とうしょ）にやってきた大型の動物が、大陸との連絡路がなくなったのちに島嶼で小型化していくという現象は、じつは私たちの住むこの日本列島でもみることができる。


【剣をもつ】


　竜脚類ばかりが、ジュラ紀の植物食恐竜というわけではない。

　たとえば、知名度の高い種類として、「**ステゴサウルス**（*Stegosaurus*）」も挙げることができる。アメリカか

ら化石が産出している剣竜類の代表種であり、そして、剣竜類の最大級種でもある。その全長は、6・5メートル。

ステゴサウルスは四足歩行をおこない、頭部は小さく、そして、細い。首は短くはないけれども、特筆するほど長くもない。注目すべきは背と尾の先だ。背には菱形(ひしがた)の骨の板が左右交互に並び、尾の先には「スパイク」と呼ばれる長くて太いトゲを2対4本備えている。

ステゴサウルスにアロサウルスが襲いかかっている復元画。ステゴサウルスは背中に並ぶ骨の板と、尾の先の4本のトゲ(スパイク)がトレードマーク。のどには細かな骨からなる"アーマー"があった。アロサウルスは、ジュラ紀最大級の獣脚類。鋭い歯で獲物の肉を切り裂いていた。イラスト:柳澤秀紀

ステゴサウルスの背の骨板は、体温調整にもちいられていたという見方がかねてより指摘されている。たとえば２０１０年にパデュー大学（アメリカ）のジェームズ・Ｏ・ファーローが発表した研究や、２０１２年に大阪市立自然史博物館（現在は、岡山理科大学）所属の林昭次たちが発表した研究によって、骨板表面には細かな血管が走り、その血管が内部につながっていることが確認されている。

すなわち、骨板を陽光に当てることで血管を流れる血液も温まり、体温を上昇させることができたという。また、骨板を風に当てれば、血液を冷やして体温を下げることもできたというわけだ。

また、２０１２年の林たちの研究では、スパイクの内部構造はみっちりとしていて、強度が高かったことも指摘されている。すなわち、このスパイクは〝はったり〟ではなく、武器としてきちんと役立っていた可能性が高い。実際、同時代の肉食恐竜（１５９ページ）の骨化石には、ステゴサウルスのスパイクで貫かれたとみられる痕跡が確認されているものもある。

もっとも、このスパイクは〝無敵の硬い矛〟ではなかったようで、デンバー自然科学博物館（アメリカ）のロリー・Ａ・マクウィニーたちは、２００１年に刊行された『The Armored Dinosaurs』の中で、ステゴサウルスの「折れたスパイク」を報告している。しかも、その折れた場所から感染症に罹（かか）ったらしい。攻撃に使う武器も、ときには自身を苦しめることになっていたのかもしれない。

【ジュラ紀の王者】

ステゴサウルスのスパイク攻撃を受けた肉食恐竜、つまり、ステゴサウルスを襲っていた可能性が高い捕食者。その恐竜の名前を「**アロサウルス**（*Allosaurus*）」という。

アロサウルスは、アメリカとポルトガルから化石が発見されている大型の獣脚類だ。その全長は、8・5メートルに達する。これは、ジュラ紀の獣脚類としては最大級である。ただし、大きさの割には細身だった。前あしはやや長めで、その先には最大20センチメートルという長い鉤爪（かぎづめ）がある。

頭部は細く、眼窩（がんか）の上にちょっとした盛り上がりがある。口に並ぶ歯はステーキナイフのような形状で、厚みはさほどない。歯の縁には、「鋸歯」と呼ばれる細かな凹凸が並ぶ。この凹凸が肉をよく裂く。

2001年、ケンブリッジ大学（イギリス）のエミリー・J・レイフィールドたちは、アロサウルスの頭骨をコンピューターで解析した結果を発表している。この研究によると、アロサウルスの歯は、**獲物を「力にまかせて骨ごと破壊する」というよりは、獲物の「肉を切り裂く」ことに向いていた**という。

また、アロサウルスは「骨髄骨」が確認されている恐竜でもある。

骨髄骨は、〝卵の殻材料〟だ。恐竜類は卵生で、卵を産んで増える。母となる個体は、その卵の

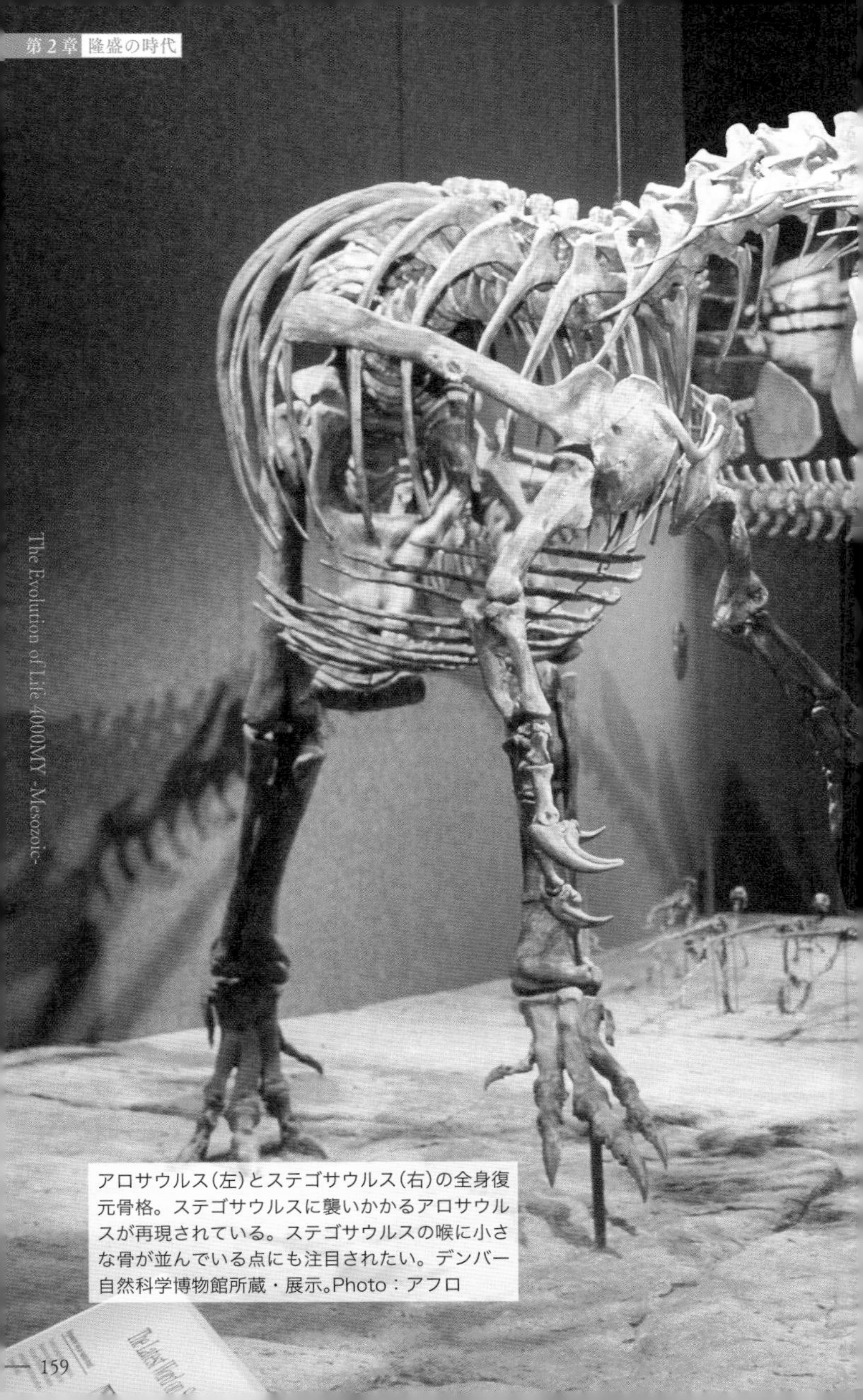

アロサウルス（左）とステゴサウルス（右）の全身復元骨格。ステゴサウルスに襲いかかるアロサウルスが再現されている。ステゴサウルスの喉に小さな骨が並んでいる点にも注目されたい。デンバー自然科学博物館所蔵・展示。Photo：アフロ

材料を、自分の大腿骨を〝溶かして〟捻出する。そのため、材料を捻出したのちの骨には、網目状の独特の構造が残る。この構造をもつ骨を「骨髄骨」という。

2008年、カリフォルニア大学(アメリカ)のアンドリュー・H・リーとサラ・ワーニングは、アロサウルスのある個体に、骨髄骨があることを報告し、骨に残る年輪(樹木と同じく、骨にも年輪ができる)との関連を調べている。

リーとワーニングの研究によると、アロサウルスは10歳までに骨髄骨をもっていたという。つまり、アロサウルスは10歳までに卵を産むことができる性成熟を迎えていたことになる。**興味深いのは、性成熟後も成長を続けた点にある。性成熟に達したとき、その個体は成体(成長がほぼ止まった個体)の半分ほどのサイズしかなかった。**リーとワーニングは、これは現生の爬虫類と似ていると指摘している。

もっとも、この研究では、アロサウルスだけではなく、他にも2種類の恐竜が分析対象となっている。そして、その2種も、成体になる前に性成熟を迎えていた。恐竜類は、若い頃から求愛し、場合によっては子育てをしながら、自身もさらなる成長(精神や知能ではなく、体格的な成長)を続けていたのかもしれない。

【タフな獣脚類】

もちろん、ジュラ紀の獣脚類も、アロサウルスだけではない。いくつか紹介していこう。

まずは、アメリカなどから化石が発見されている「**ディロフォサウルス**(*Dilophosaurus*)」だ。全長は、アロサウルスよりも少し小ぶりの7メートル。細身の肉食恐竜で、頭部に2枚の骨のトサカがあることを特徴とする。

2016年、フェイエットビル州立大学(アメリカ)のフィル・センターと、アパラチア州立大学(アメリカ)のサラ・L・ジュングストは、両腕に骨まで達するほどの傷を負ったディロフォサウルスの個体を報告している。その怪我は、合計8ヵ所におよぶ。

注目すべきは、それほどの怪我を負いながらも、それは致命傷ではなかったという点だ。つまり、傷は治癒していた。治癒するまでの間、少なくとも数ヵ月は、生き延びることができたということになる。

ディロフォサウルスの復元画。
頭部に2枚の骨の板がある。
イラスト：柳澤秀紀

ディロフォサウルスの全身復元骨格。Royal Tyrrell Museum所蔵・展示。Photo：アフロ

治癒期間のとくに初期については、鋭い爪をもつ前あしを攻撃に使うことができず、絶食せざるをえなかったのか、あるいは、それでも捕まえることができる小さな獲物を食べていたのかもしれないと、センターとジュングストはいう。……なかなかどうして、タフな恐竜だ。

そもそも、なぜ、両腕に8ヵ所ものひどい傷を負ったのだろう？

センターとジュングストは、戦闘中に樹木や岩壁に衝突した可能性を指摘している。……恐竜類の中にも〝うっかりもの〟がいたのだろうか？

【獣脚類はペリットを吐き出したのか】

中国から化石が発見されている「アンキオルニス（*Anchiornis*）」は、全長40センチメートルほどの羽毛恐竜である。

「羽毛恐竜」とは、文字通り「羽毛」をもつ恐竜の総称である。かつて「羽毛」は、鳥類だけの特徴と考えられていた。しかし、新種の発見と研究が進み、現在では鳥類は獣脚類を構成するグループの一つであるとの見方が一般的だ。

つまり、現在の視点からみれば、「鳥類は獣脚類の生き残り」といえる。そして今日では、獣脚類を中心に多くの恐竜が羽毛をもっていたことがわかっている。

アンキオルニスは獣脚類のなかでも鳥類に近縁なグループに位置づけられている。その姿はか

アンキオルニスの復元画(上段)と化石(下段)。生きていたときの色が科学的に推察できる数少ない種の一つ。詳細、本文にて。Photo：アフロ　イラスト：アフロ／Science Photo Library

なり〝鳥っぽい〟。たとえば、羽毛だけではなく、翼も備えていた。

ただし、アンキオルニスの翼は前あしだけではなく後ろあしにも存在し、また、尾は長くて、その中に骨があり、口はクチバシではなく、小さな歯が並んでいた。何よりも、アンキオルニスには飛行能力はなかったとみられている。

アンキオルニスは、恐竜類として……というよりも、古生物として珍しく、そのカラーパターンの手がかりが残っていたことで知られている。色をつくる細胞小器官が羽毛の化石に残っており、その解析がおこなわれているのだ。北京自然博物館(中国)のリー・クァングォたちが2010年に発表したその研究によれば、全身はほぼ黒色と灰色で構成されており、頭部に赤褐色の斑点があり、また、赤褐色のトサカがあったという。また、翼は白色で、黒色で縁取りされていたようだ。

そんなアンキオルニスのある個体は、「粉砕されたトカゲの骨」を喉に詰まらせた状態で化石となって発見されている。2018年にこの標本を報告した臨沂(リンイー)大学(中国)のシャオティン・ツェンたちは、このトカゲの骨は3匹分に相当し、そのいずれにも消化の痕跡が確認できると指摘した。つまり、この「粉砕されたトカゲの骨」は、食べようとして喉に詰まったものではなく、少なくとも一度は胃に到達したものを、吐き戻そうとしたものであるというわけだ。

現生鳥類では、一度食べたものから消化できなかったものをまとめ、口から吐き出す生態をもつものがいる。この吐き出されたものは、「ペリット」と呼ばれる。ペリットを出すことによって、胃の中を軽くし、飛行に際しての負担を減らしているとされる。飛行動物として重要な生態だ。

アンキオルニスの喉に詰まったものがペリットであるというのなら、鳥類が飛行能力を獲得する前に、獣脚類は「ペリットの吐き出し」という〝軽量化の術〟を手に入れていたことになる。喉を詰まらせ、死んで化石となったアンキオルニスには「気の毒だった」というしかないが、彼、あるいは、彼女が〝身を賭して〟残してくれた手がかりは、獣脚類の中で鳥類が生まれる際に起きた変化を知る手がかりの一つとなるかもしれない。

【飛翔への試行錯誤】

アンキオルニスの例にみられるように、ジュラ紀は獣脚類が飛行能力を手に入れていく、その過程をみることができる時代だ。

ただし、シンプルに「飛行能力獲得者＝鳥類」の登場とはいかなかったようだ。

中国から化石が発見されている「イー(*Yi*)」は、飛行能力をもっていたとされる獣脚類の一つ。全長は60センチメートルほど。

イーの飛行能力は、鳥類などにみられるような「羽根の翼」によるものではない。イーの翼は、

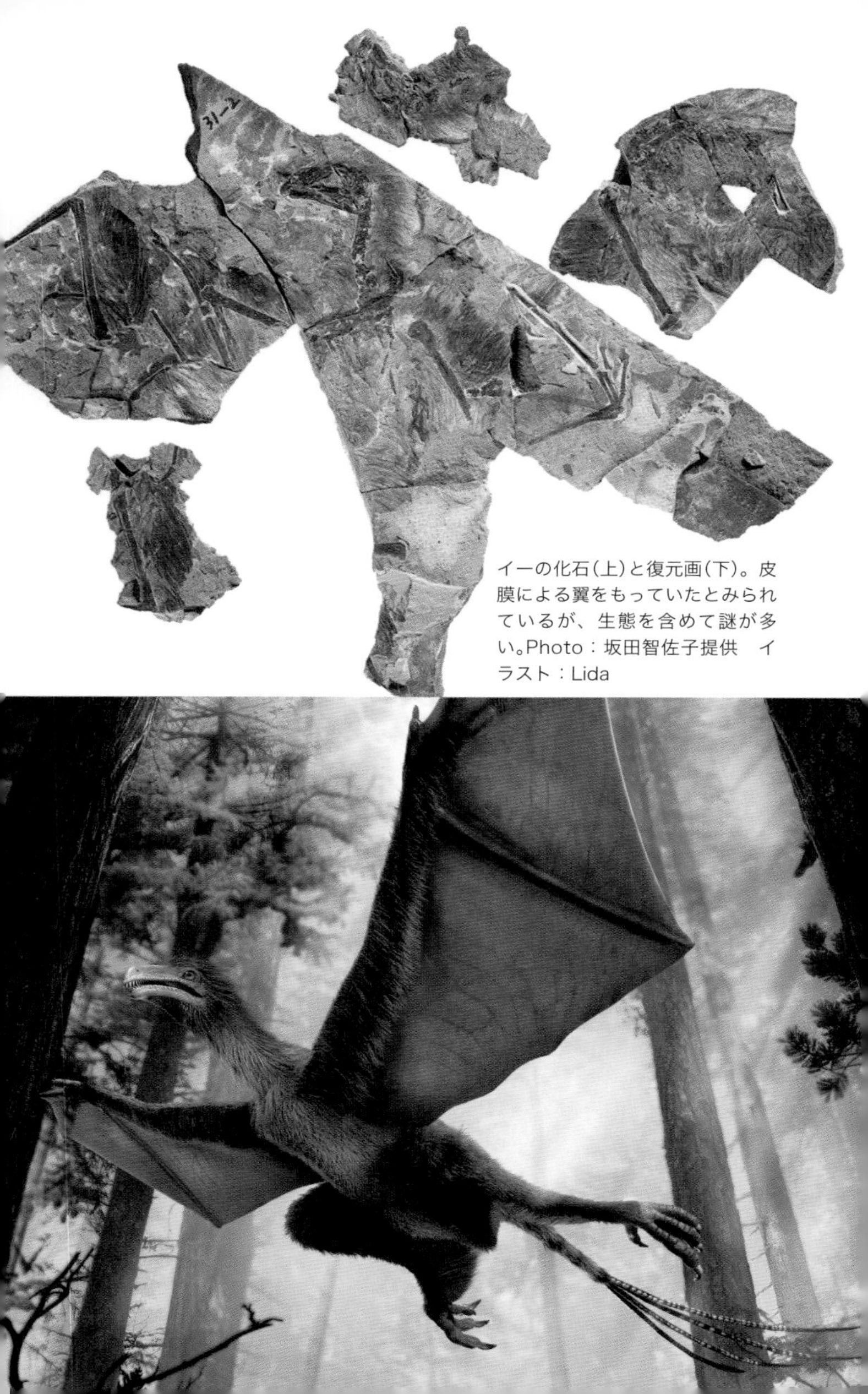

イーの化石(上)と復元画(下)。皮膜による翼をもっていたとみられているが、生態を含めて謎が多い。Photo：坂田智佐子提供　イラスト：Lida

「皮膜」でできていた。翼竜類やコウモリ類と同じである。イーは、指や腕から胴体にかけて皮膜を伸ばし、これを「飛膜」として滑空生活をしていたと考えられている。

イーの属するグループは、獣脚類の中でも「スカンソリオプテリクス類」と呼ばれる。この覚えにくい名前のグループは、鳥類とは遠縁だ。

イーやその近縁種の存在は、獣脚類が飛行能力を獲得する過程において、複数のグループによるトライ・アンド・エラーがあったことを示唆している。

その試行錯誤期間を経て、「羽根による翼」を獲得した鳥類が空へと進出したのかもしれない。

もっとも、イーの飛行能力に関しては、2020年にマウント・マーティ大学(アメリカ)のT・アレクサンダー・デセッキたちによって、疑義が指摘されている。流体力学を用いた解析によると、イーは、羽ばたき能力に〝欠陥〟があり、その滑空能力は極めて限定的だったという。デセッキたちは、「Scansoriopterygid gliding was a DEAD-END(スカンソリオプテリクス類の滑空は、〝進化の行きどまり〟)」と指摘している。

イーの「皮膜」に関しては、これからも議論が続きそうだ。

【羽毛と鱗の〝共存〟】

試行錯誤といえば、獣脚類に限らず、恐竜類全体にも〝いろいろな試み〟があったようだ。

ロシアで化石が発見された全長1・5メートルの「**クリンダドロメウス**（*Kulindadromeus*）」は、からだの大部分を羽毛で覆い、尾の上半分に鱗があったことで知られている。姿自体は、細身であり、尾はやや長く、前あしはやや短い。主に二足歩行をしていたとみられ、食性は植物食か、あるいは、昆虫なども食べる雑食性だったとみられている。

ポイントとなるのは、クリン

クリンダドロメウスの復元画（上）と胸の付近の化石の拡大（左）。化石にははっきりと羽毛が確認できる。Photo：Pascal Godefroit提供
イラスト：柳澤秀紀

ダドロメウスの所属する分類《グループ》だ。

クリンダドロメウスは「ヒプシロフォドン類」と呼ばれるグループに属し、その上位分類群は「鳥脚類」になる。

鳥脚類は、「鳥」という文字こそ使うものの、鳥類を内包する獣脚類からはかなり〝遠い存在〟である。その〝遠さ〟たるや、巨大恐竜が属する竜脚類よりも遠い。本書でこれまでに紹介した恐竜たちの中では、ステゴサウルスの剣竜類の方が鳥脚類にやや近いくらいだ。

そんな〝鳥類から遠いグループ〟

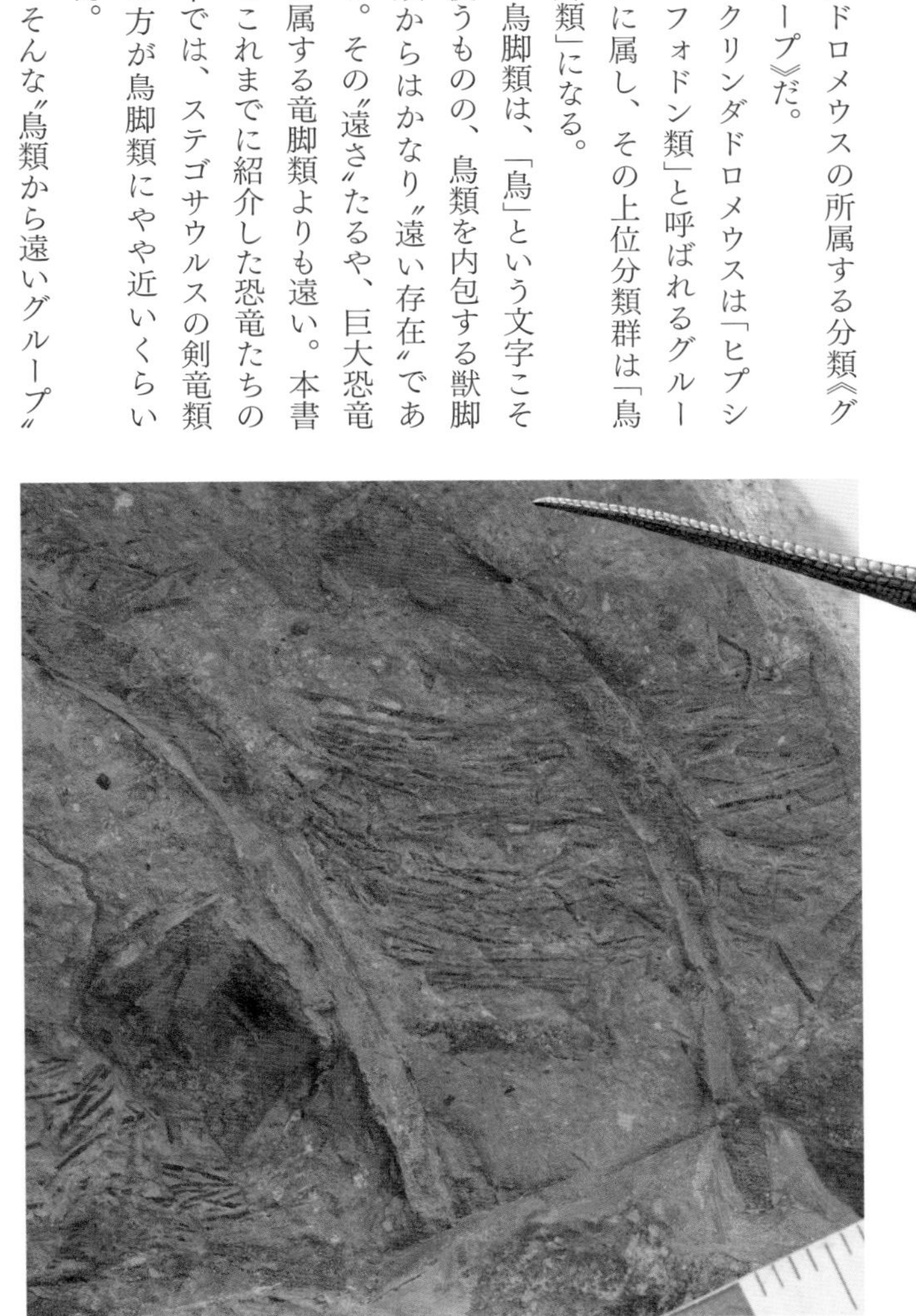

であっても、鳥類の特徴の一つとされる「羽毛」をもっていた。このことは、当時、多くの恐竜類が羽毛を備えていた可能性を示唆している。つまり、恐竜類において、「羽毛」はけっして珍しい特徴ではなかったということになる。

そして、始祖鳥

【〝始まり〟の鳥類】

ジュラ紀は、獣脚類の一グループとして、鳥類が登場した時代である。

初期の鳥類を代表するのは、「**アルカエオプテリクス**（*Archaeopteryx*）」だ。「*Archaeo*」には、「暁」や「太古」「始まり」といった意味があり、「*pteryx*」には、「翼」という意味がある。すなわち、「*Archaeopteryx*」とは「始まりの翼」であり、転じて日本語では、「始祖鳥」の名前でも知られている。

始祖鳥ことアルカエオプテリクスは、全長約50センチメートル、翼開長は約70センチメートル。現代日本の都市部でよくみるハシブトガラス（*Corvus macrorhynchos*）と同等か、少し小さいくらいの大きさだ。その化石は、本章ですでに登場したドイツのゾルンホーフェンから発見されている。

アルカエオプテリクスの化石。化石は「ベルリン標本」と呼ばれる、最も有名な始祖鳥標本の一つ。
Photo：アフロ

アルカエオプテリクスの復元画。イラスト：柳澤秀紀

アルカエオプテリクスは、その名が示唆するように鳥類としては〝原始的な存在〟である。

一見してわかる「翼」をもっている。その意味では、アルカエオプテリクスの化石を見た多くの人々が、その化石を「鳥の化石」と認識することだろう。

しかしよくみると、口はクチバシでなく、小さいながらも鋭い歯が並んでいる。現生鳥類は歯をもっていない。また、前あしの先端には鋭い鉤爪がある。これも現生鳥類にはない特徴だ。そして、尾の骨(尾椎)は個々の形状がはっきりと認められ、そして長い。現生鳥類の尾椎は、先端のいくつかは癒合しているし、短い。口に並ぶ歯、前あしの鉤爪、長くて未癒合の尾……。こうした特徴は、鳥類以外の獣脚類の多くにみることができる。

つまり、アルカエオプテリクスには鳥類以外の獣脚類の特徴と、現生鳥類の特徴が混在しているのだ。

そのため、アルカエオプテリクスは発見当初から、鳥類誕生の鍵を握る存在とされてきた。

ただし、アルカエオプテリクスが空を飛ぶことができたかどうかは、よくわかっておらず、長年にわたって研究者たちの議論の的となっている。

たとえば２００４年に発表された研究では、マドリード・コンプルテンセ大学（スペイン）のパトリシオ・ドミンゲス・アロンソたちが、アルカエオプテリクスの脳函の解析をおこなっている。脳函（のうかん）とは、「函」という文字が示すように「脳の入れ物」となる骨のことだ。アルカエオプテリクスの脳そのものは発見されていないけれども、脳函は化石として残っている。そして、脳函を調べることで、脳のおおよそのつくりを推測することができる。

アロンソたちのこの研究では、アルカエオプテリクスが空間認識能力に長（た）けていたことが指摘された。基本的に、地表という〝2次元世界〟で生きる動物よりも、空という〝3次元世界〟で生きる動物のほうが空間認識能力は高い。アルカエオプテリクスの脳構造は、3次元空間向きだったのである。

しかし、アルカエオプテリクスの骨格をみると、「羽ばたき」に必要な筋肉が付着する「竜骨突起」が発達していない。竜骨突起が未発達ならば、筋肉も未発達だったはずだ。つまり、アルカエオプテリクスは、少なくとも力強い羽ばたきはできなかった。

一方、2018年には、ヨーロッパ・シンクロトロン放射光研究所（ESRF フランス）に所属するデニス・F・A・ヴォーテンたちが、始祖鳥の上腕骨が「羽ばたき」に耐えることができる強度を備えていたことを指摘している。

ここに挙げた指摘がすべて正しいのであれば、アルカエオプテリクスは、脳と腕は飛行向きであったにもかかわらず、筋肉はさほど向いていなかったということになる。なんとも矛盾した鳥である。もっとも、飛行に関して、かならずしも「羽ばたき」は必要ではなく、風を受けて「滑空」ということであれば、こうした問題はクリアできるのかもしれない。

いずれにしろ、アルカエオプテリクスの飛行をめぐる研究は、今後も続いていくにちがいない。

哺乳類の胎動が始まる

三畳紀の小型種で始まった哺乳形類の歴史は、ジュラ紀に入って多様化の様相をみせ始める。その象徴ともいえる3種類を紹介しよう。

【水中で生き、空を飛ぶ】

まずは、「**カストロカウダ**(*Castorocauda*)」である。

カストロカウダは、中国から化石が発見されている哺乳形類だ。全長は約45センチメートル。化石には全身に体毛が確認されており、そして現生のビーバー(*Castor*)のような〝平たい尾〟をもっていた。そのため、**ビーバーのような水棲種だったとみられている**。

次に「**ヴォラティコテリウム**(*Volaticotherium*)」だ。

ヴォラティコテリウムは、哺乳形類の1グループとして登場した哺乳類の一員である。ジュラ紀の陸上世界では、哺乳形類から哺乳類が登場し、哺乳類内の多様化も進んでいく。ヴォラティコテリウムは、そんな初期の哺乳類の一つである。

ヴォラティコテリウムの全長は12〜14センチメートル。化石は中国から発見された。その姿は、現生のアメリカモモンガ(*Glaucomys volans*)とよく似ている。つ

カストロカウダの化石。尾の骨(画像左)のまわりに、うっすらと毛が確認できる。Photo：Zhe-Xi Luo/University of Chicago

ヴォラティコテリウムの復元画。アメリカモモンガと似てはいるが、系統的なつながりはない。
イラスト：柳澤秀紀

カストロカウダの復元画。ビーバーのような生態とされているが、系統的なつながりはない。
イラスト：柳澤秀紀

まり、アメリカモモンガのように、びっしりと毛の生えた皮膜をもっていた。この皮膜を飛膜としてもちい、**アメリカモモンガのように樹木から樹木へと滑空して暮らしていたとみられている。**

ヴォラティコテリウムはアメリカモモンガとよく似ているけれども、アメリカモモンガとは祖先・子孫の関係があるわけでも、近縁でもない。ヴォラティコテリウムが属していたグループは、子孫を残すことなく滅んでいる。

【出現した先駆者】

そして、私たちと同じ、真獣類(有胎盤類)の哺乳類も出現した。雌が胎盤をもち、子を胎内である程度の大きさにまで育ててから産むグループである。ジュラ紀に登場した真獣類、その名前は、「**ジュラマイア**(*Juramaia*)」。「*maia*」とは、「母」という意味だ。中国から発見されたその化石は、長さ5センチメートルほどの前半身だけであるため、全長値は不明である。想定される姿は、トガリネズミのような……つまり、典型的な〝恐竜時代の哺乳類〟だった。

現生哺乳類は、「真獣類」「後獣類(有袋類。カンガルーの仲間)」「単孔類(カモノハシの仲間)」の3グループである。この3グループの中で今、最も〝成功〟しているのは真獣類だ。**ジュラマイアは、そんな真獣類の〝最古の種〟とされる。前足の特徴から、樹上で暮らしていたとみられており、**

ジュラマイアのタイプ標本。Photo:Zhe-Xi Luo/University of Chicago

ジュラマイア。樹上で暮らしていたとみられている。
イラスト：柳澤秀紀

「**恐竜の陰に隠れてひっそりと生きる**」という〝**伝統的な中生代哺乳類像**〟を体現しているといえる。

哺乳類は、ジュラ紀世界では主役にもならず、脇役というにもまだ存在感は薄かった。しかし、そんな状況にあっても、こうして多様化は進んでいたのである。

花が咲き始めた？

ジュラ紀世界において、陸上の植生は裸子植物が優勢だった。そんな世界に、ついに花を咲かせる植物——被子植物が出現した……という研究がある。

【パーフェクトフラワー？】

2015年、中国の国立蘭保存センター・深圳(しんせん)市蘭保存研究センターのチョンジアン・リウと、南京地質・古生物学研究所のシン・ワンが、中国に分布するジュラ紀中期末の地層から「花の化石」を報告している。

この化石には、「**エウアンサス**（*Euanthus*）」の名前が与えられた。大きさは1センチメートルに満たない小さな花だけれども、丸い花弁も萼片(がくへん)も、露出していない胚珠(はいしゅ)も確認された。リウとワンは、この論文に「A perfect flower from the Jurassic of China（中国のジュラ紀から報告された

エウアンサスの化石（上）と、復元画（下）。化石は、「a」の部分は萼であり、「b」は花弁（花びら）とされる。Photo：Xin Wang提供　イラスト：服部雅人

完全な花)」というタイトルをつけている。

従来の理解では、花の登場(被子植物の登場)は、白亜紀になってからだ。エウアンサスの発見は、**植物史を塗りかえる。**そのインパクトがそのまま論文のタイトルに反映されたといえるだろう。

【最古の花?】

そして2018年、中国科学院のチアン・フーたちは、中国に分布するジュラ紀前期の地層から、花弁や萼の一部を備えたとみられる標本を、じつに200個以上報告した。フーたちによると、**これはまさしく「最古の花」であり、被子植物がすでに存在した証拠である**という。

その花弁は丸みを帯びた形状で、萼にも花弁にも筋状の構造が並んでいる。花弁の大きさは、4ミリメートル弱と小さなもの。萼の一部として確認されている萼片のサイズは、花弁の半分ほどだ。フーたちは、この花に「**ナンジンガンサス**(*Nanjinganthus*)」と名づけた。

エウアンサスはジュラ紀中期、ナンジンガンサスはジュラ紀前期だ。エウアンサスの発見によって遡っていた「被子植物の登場」が、ナンジンガンサスによってさらに数千万年も遡ることになった。

ジュラ紀世界には、すでに花が咲いていたのである。

……という見方に、すべての研究者が賛成しているわけではない。たとえば、チューリッヒ大学(スイス)のマリオ・コイロは、**エウアンサスもナンジンガンサスも、針葉樹(裸子植物)の球果の破片と考えることが妥当、という指摘を2019年におこなっている。**

最古の花と被子植物の台頭に関しては、まさに議論の最中にある。

恐竜たちが台頭し、哺乳類も多様化し、植生も変化したかもしれないジュラ紀。世界は、完全に〝変わった〟。

そして、約1億4500万年前。地質時代における、屈指の〝長期間〟となる白亜紀が始まる。

ナンジンガンサスの化石(下)と復元画(左)。化石は、黒い部分が花弁とされる。Photo：Xin Wang提供　イラスト：柳澤秀紀

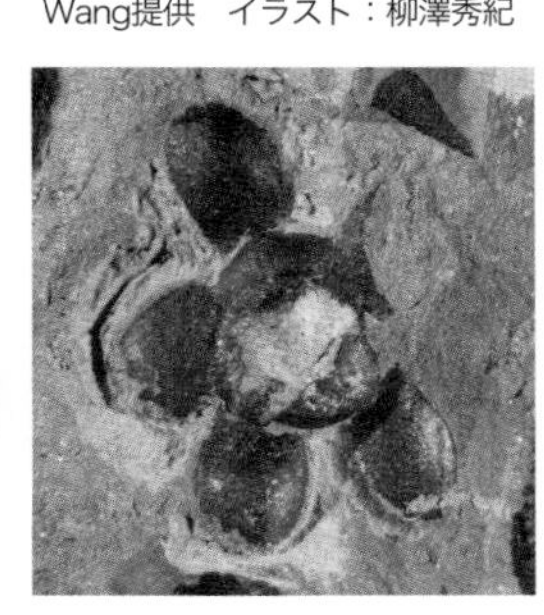

コラム　極圏の恐竜たち

ジュラ紀、そして、次章で紹介する白亜紀は、恐竜たちの拡散が進んだ時代である。彼らは、世界中の〝あらゆる地域〟に進出し、その地で独自の生態系を築いていった。

たとえば、南極大陸にも進出した。ジュラ紀前期の話である。全長6メートルの獣脚類、「クリオロフォサウルス(*Cryolophosaurus*)」の化石が、南極大陸の内陸部で発見されている。この獣脚類は、トサカの幅の広い面が前方を向いているという珍しい恐竜だ。

当時の南極大陸は、現在のように孤立してはいなかった。オーストラリア大陸などと地続きなので到達することはできる。しかし、高緯度にあり、夏と冬では日照時間も、気温も大きくちがった。けっして〝生きやすい環境〟ではない。そんな環境でも、クリオロフォサウルスは生きていたのだ。

北極圏に進出した恐竜もいた。白亜紀末期のアラスカには、多数の恐竜類が生息していた。ティラノサウルスの仲間(ティラノサウルス類)であり、全長6メートルほどの「ナヌークサウルス(*Nanuqsaurus*)」もその一つ。当時のアラスカ地域は、冬は雪に閉ざされ、夏でも涼しい環境だったとみられている。

クリオロフォサウルスにしろ、ナヌークサウルスにしろ、それぞれに極地に生息していた恐竜の中の一種にすぎない。南極からも、アラスカからも多様な恐竜化石が発見され、研究が進められている。

当時は、寒暖を問わず、世界は恐竜たちに支配されていたのだ。

第3章 Cretaceous History

大繁栄の時代

繁栄は続く

約1億4500万年前、中生代最後の時代である「白亜紀」が始まった。

超大陸の分裂が続き、大陸配置は現在のものにかなり近くなった。南アメリカ大陸とアフリカ大陸は離れ、アフリカ大陸からインド亜大陸が独立して北上を開始した。

大陸配置そのものは現在の配置にかなり近くなったけれども、その形状は現在とはかなり異なる。時代の経過とともに海水準はしだいに高くなり、白亜紀の半ばには広範囲の陸地が海面下に沈んだ。ヨーロッパや中東の大部分はあいかわらずテチス海の底にあったし、北アメリカ大陸は西部にできた細長い海によって東西に分断された。同様に、アフリカ大陸も西と東に細い海によって分かれていた。

すべての大陸が合体し、世界を歩いて横断することができた三畳紀とは、まったく別の世界がそこに広がっていた。

気候は、空前の温暖期だ。古生代以降の世界で、最も暑い。これに高い海水準が加わっていた。

植生においては、いよいよ被子植物の繁茂が始まる。白亜紀の末までには、現在の地球でもみることができるような植生が広がることになる。ただし、いわゆる「草原」だけは、まだこの時代には形成されていなかったとみられている。風景は現在と似つつ、それでもやはりどこかちがいがあった。

そんな白亜紀は、約6600万年前まで続いた。約1億4500万年前から約6600万年前まで。その期間は、じつに約7900万年間。古生代が始まる直前の地質時代であるエディアカラ紀から〝最新の地質時代〟である第四紀に至るまでに設定された13の「紀」の中で、最も長い。ちなみに、白亜紀の「白亜」は、ドーバー海峡にみることのできる白い岸壁にちなんでいる。

この時代、恐竜類は空前の繁栄を築くことになる。

恐竜全盛期

【〝最初〟の羽毛恐竜】

近年、多くの恐竜たちが、羽毛で覆われた姿で復元されている。しかしじつは、そうした恐竜たちのすべてで「羽毛」の化石やその痕跡が確認されているわけではない。むしろ、羽毛の化石やその痕跡が確認されている種は、全体からみれば、かなり少ない。

そもそも羽毛は、骨に比べると化石に残りにくい。そのため、「羽毛の化石が発見されていない」ことが、「羽毛がない」ことの根拠にはならない。もちろん、「羽毛がある」の根拠にもなら

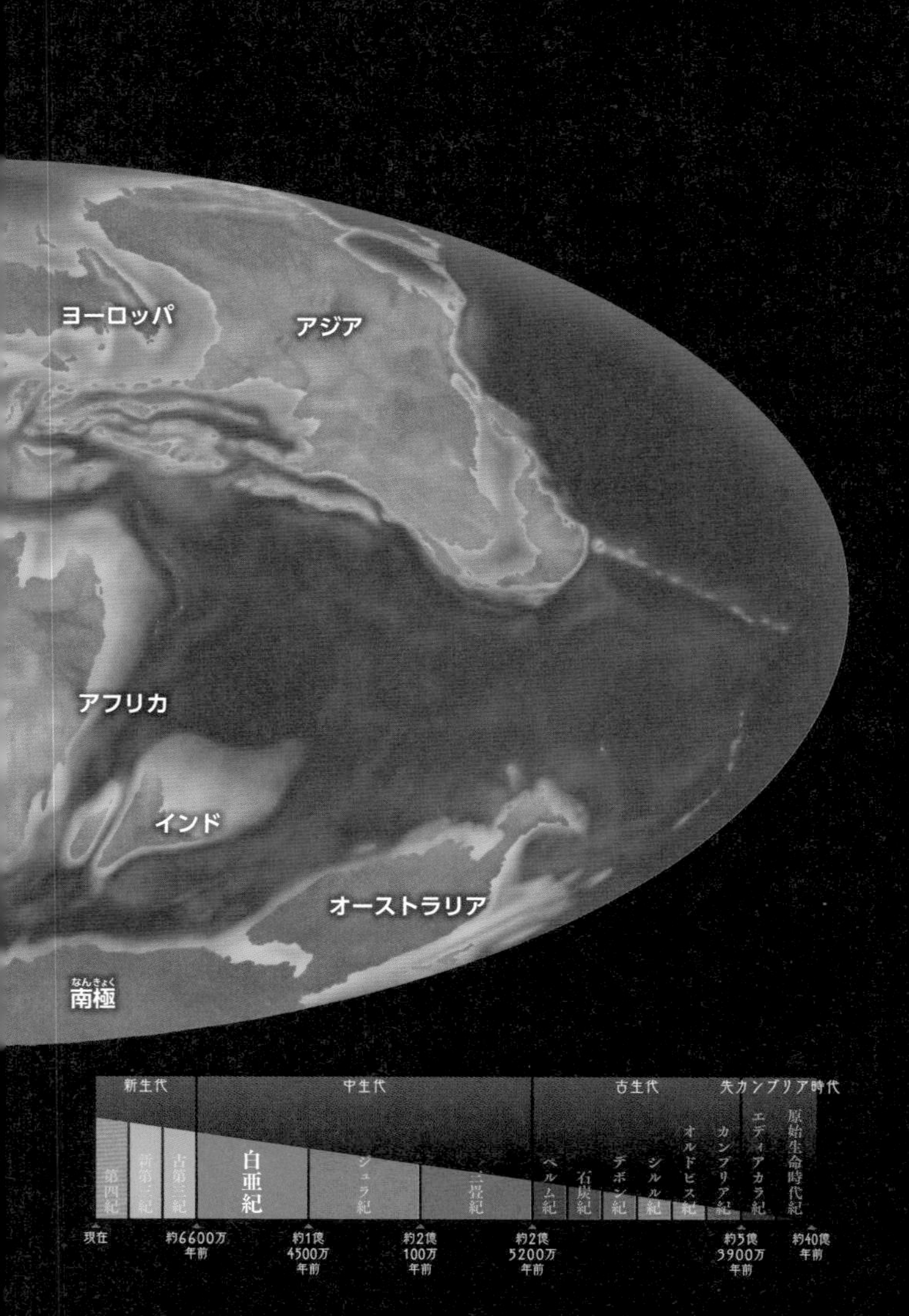
ヨーロッパ
アジア
アフリカ
インド
オーストラリア
南極
新生代
中生代
古生代
先カンブリア時代
第四紀
新第三紀
古第三紀
白亜紀
ジュラ紀
三畳紀
ペルム紀
石炭紀
デボン紀
シルル紀
オルドビス紀
カンブリア紀
エディアカラ紀
原始生命時代紀
現在
約6600万年前
約1億4500万年前
約2億100万年前
約2億5200万年前
約5億3900万年前
約40億年前

白亜紀の地球。大陸配置そのものは、現在とかなり近くなってきた。海水準が高いため、各大陸のいろいろな場所が水没している。

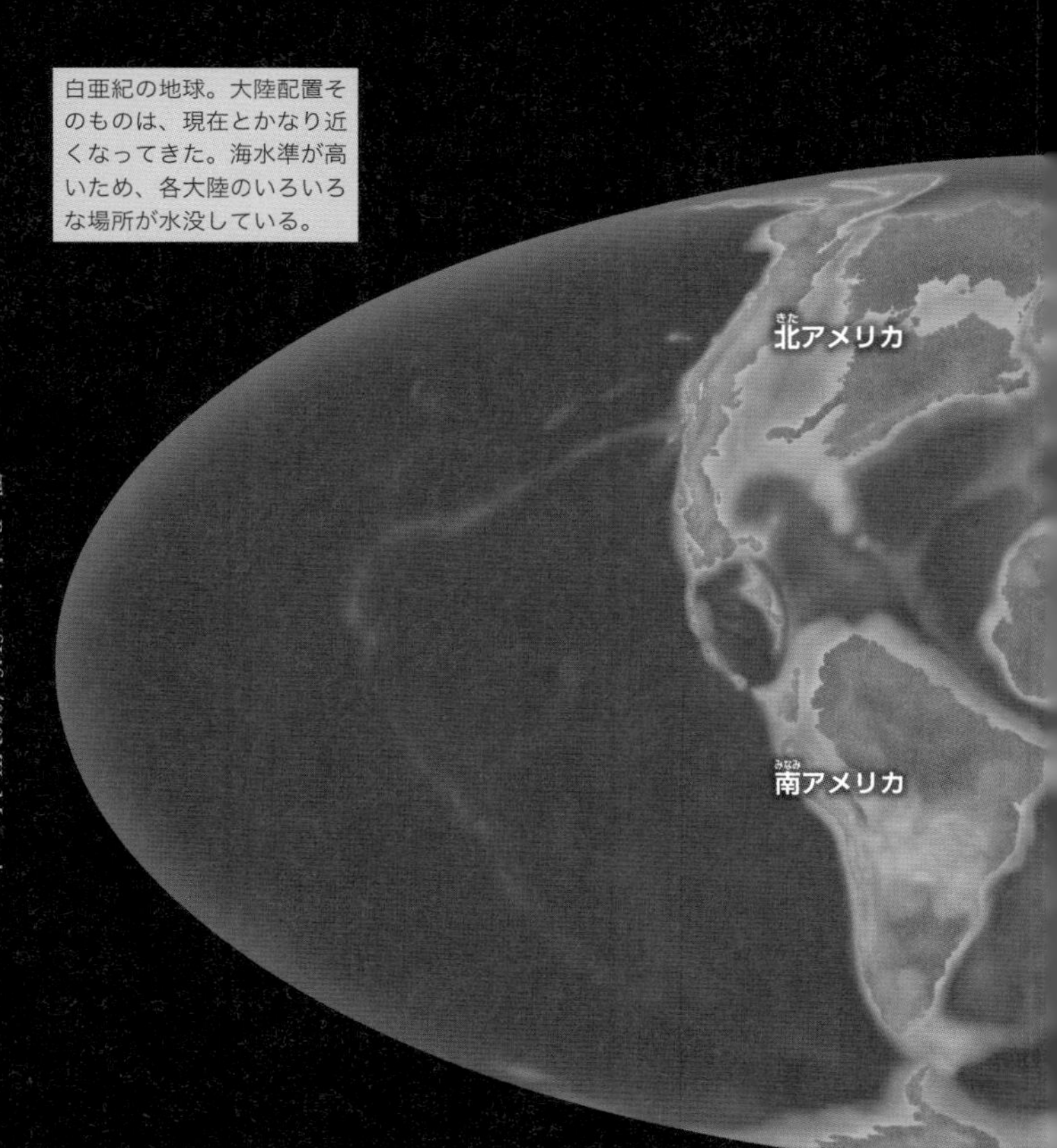

地図は、Ronald Blakey（Northern Arizona University）の古地理図を参考に作成。
イラスト：柳澤秀紀

ず、有り体に書いてしまえば、「羽毛があったかどうかはわからない」ということになる。

それでも近年は、恐竜の生体復元において「羽毛恐竜」が主流となりつつある。「化石が発見されていないのに、羽毛を復元する」という判断のもとになっているのは、「近縁種やその祖先に羽毛の化石が確認されていれば、羽毛の化石が発見されていない種も羽毛をもっていた可能性が高い」という考え方だ。「羽毛が確認された数少ない羽毛恐竜」は、数が少ないながらも、多くの分類群にわたっている。そうした分類群に属していれば、「羽毛恐竜だった可能性は高い」と判断されているのだ。

もっとも、その判断を下すのは、結局は人であるため、「羽毛の化石が発見されていない恐竜」の羽毛の有無、長短や密度などは、復元にかかわる人物——研究者やイラストレーターによってちがいが出ることが多い。

さて、前置きが長くなった。

こうした**"羽毛復元"のきっかけとなった恐竜が、1996年に中国から発見された全長1・3メートルほどの「シノサウロプテリクス(*Sinosauropteryx*)」**である。全体として細身で華奢であり、全長の半分以上を尾が占める獣脚類だ。

「NIGP 127586」と「NIGP 127587」という標本番号をあたえられたシノサウロプテリクスの化石には、頭頂部から背、そして、尾の背側に、びっしりと細かな毛の痕跡が残っていた。まさしく

「羽毛恐竜」だった。この二つの標本の報告を皮切りに、羽毛の痕跡が確認できる恐竜化石が相次ぐようになり、やがて今日の〝羽毛復元〟へとつながっていく。

一方、「NIGP 127586」と「NIGP 127587」の解析から、シノサウロプテリクス自身についても新たなことがわかっている。

2017年、ブリストル大学（イギリス）のフィアン・M・スミスウィックたちは、この二つの標本の解析にもとづいたシノサウロプテリクスの復元を発表した。スミスウィックたちの研究によると、シノサウロプテリクスは、背は茶色であり、腹側は白色。尾には茶色と白色の縞（しま）模様があり、眼のまわりは黒ずんでいるという。

スミスウィックたちは、シノサウロプテリ

シノサウロプテリクス。“羽毛復元”は、この小型恐竜から始まった。現在でも、最も“色”がわかっている恐竜類の一つでもある。イラスト：アフロ／Science Photo Library

クスのこの色合いは、周囲の景色に自分を溶け込ませる「カウンターシェーディング」であるとし、そして、その効果を最もよく発揮する環境は、開けた場所だったとしている。

羽毛があれば、色の推測ができる。色の推測ができれば、生息環境を推測する手がかりになる。シノサウロプテリクスは、その一例でもある。

【格闘する恐竜】

モンゴルに分布する白亜紀の地層から、当時の恐竜たちの〝生きざま〟をそのまま残したような

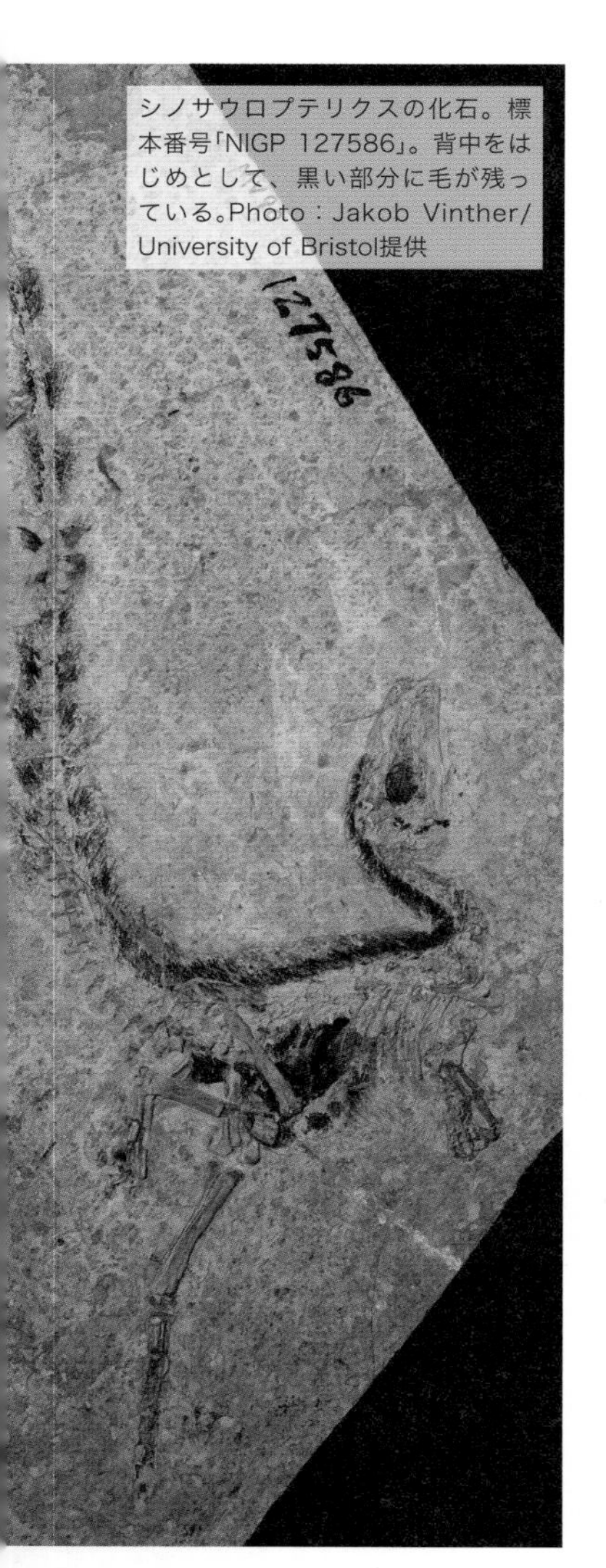

シノサウロプテリクスの化石。標本番号「NIGP 127586」。背中をはじめとして、黒い部分に毛が残っている。Photo：Jakob Vinther/University of Bristol提供

化石が発見されている。

その化石は、2匹の恐竜からなる。

1匹は、小型獣脚類の「ヴェロキラプトル（*Velociraptor*）」だ。この獣脚類は、大きなものでは全長が2・5メートルほどになる。長い尾とやや大きな頭部をもち、全体としては軽量のからだつき。後ろ足に大きな鉤爪をもっている。

もう1匹は、「プロトケラトプス（*Protoceratops*）」。こちらは、「角竜類（つのりゅうるい）」というグループに属する四足歩行の植物食恐竜。角竜類は、アメリカの「トリケラトプス（*Triceratops*）」を代表とし、多くの種が角とフリルをもつ。ただし、プロトケラトプスに角はない。こちらの全長も、大きな個体では、ヴェロキラプトルと同程度になる。しかし、体重はヴェロキラプトルよりもずっと重い。

この化石を構成する個体は、それぞれ最大個体ほどの大きさはなく、とくにプロトケラトプスはヴェロキラプトルの3分の2ほどしかない。その小さなプロトケラトプスの首筋に、ヴェロキラプトルが自身の後ろ足の鉤爪を突き刺したまま、化石となっていた。

この化石は、「格闘恐竜」のニックネームで呼ばれている。

まさしく、ヴェロキラプトルによるプロトケラトプス襲撃の瞬間を捉えた標本とみられている。このとき、プロトケラトプスもただ襲われるままだったわけではなく、ヴェロキラプトルの右腕をしっかりとくわえこんでいた。恐竜たちが生死をかけた格闘をしていたときに、近くにあった砂丘が崩れたのか、あるいは、砂嵐に襲われたのか……いずれにしろ、瞬間的に砂に埋もれ、そのまま化石として保存されたようだ。

この「格闘恐竜」の化石が示唆するように、ヴェロキラプトルは「狩人」だった。**ヴェロキラプトルの属する「ドロマエオサウルス類」というグループの獣脚類は、からだのサイズの割には大きな脳をもっていたことで知られており、知能が高かったとみられている。**恐ろしい存在だったようだ。

2020年、ブリストル大学(イギリス)のローガン・キングたちは、ヴェロキラプトルの脳構造に関する研究を発表した。この研究

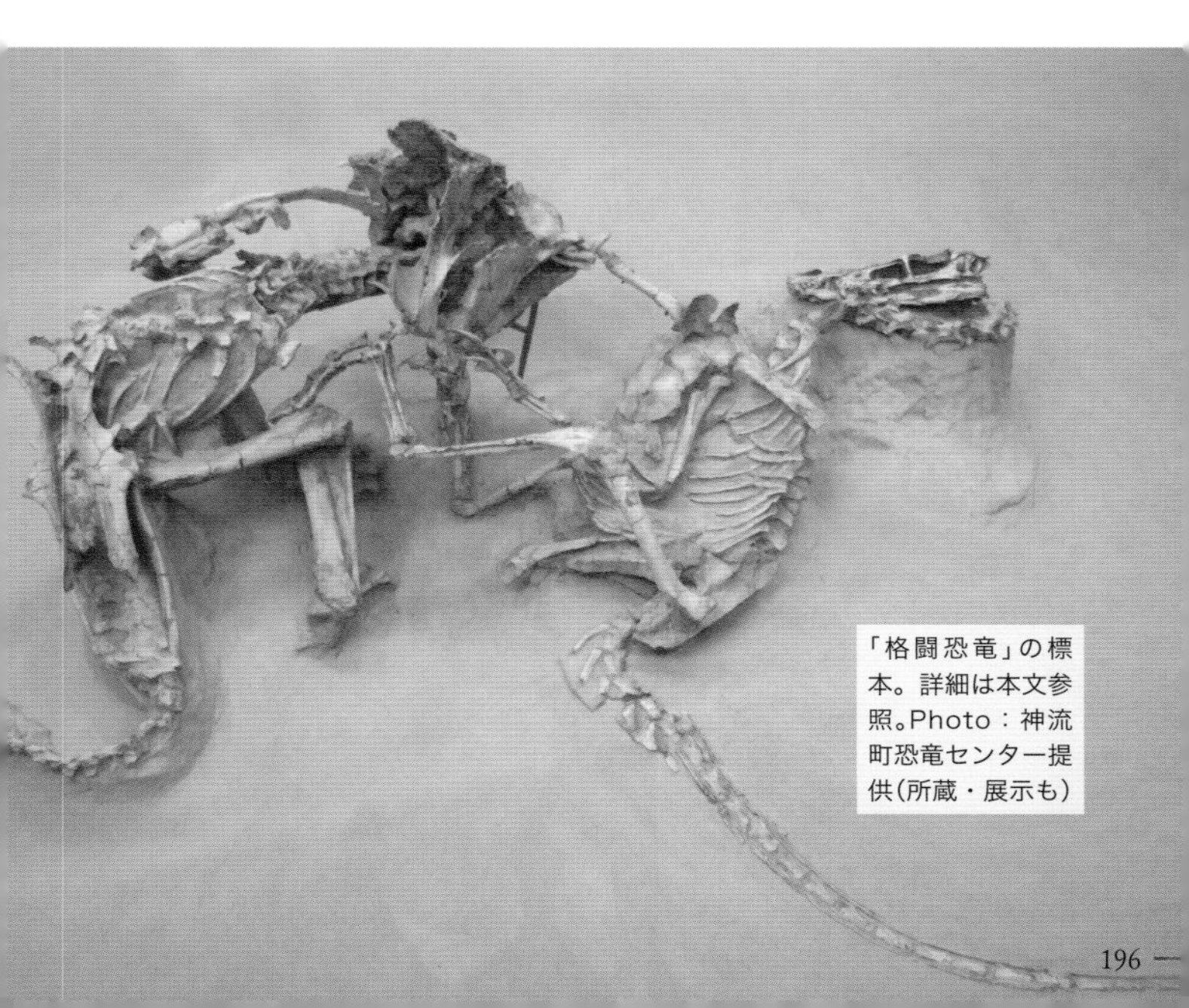
「格闘恐竜」の標本。詳細は本文参照。Photo：神流町恐竜センター提供(所蔵・展示も)

「格闘恐竜」は、こうした格闘シーンがそのまま化石となったものと考えられている。
イラスト：柳澤秀紀

によると、ヴェロキラプトルは、2368〜3965ヘルツの音を感知することができたという。これは、現生のカラスやペンギン並みの聴覚で、獲物を捕捉することに役立ったとされる。また、高度な平衡感覚を有していたことも明らかにされた。

一方のプロトケラトプスは、「格闘恐竜」の標本に限らず、全身の保存率の高い標本が多いことで知られている。恐竜化石の多くが部分的なものであることを考えると、この化石の保存状態は、いささか珍しい。しかもそうした化石には、関節した状態のままで残っている例が少なくないという。

そのため、恐竜が「恐竜」として認識されるよりも前の時代には、プロトケラトプスをモデルにして、ワシの前半身とライオンの後半身をもつ〝怪異〟、「グリフォン」ができたのではないか、との指摘もある(もしも、あなたがこのあたりにご興味をお持ちであれば、ぜひ、技術評論社より上梓した拙著『怪異古生物考』をご覧いただきたい)。

プロトケラトプスについては、その卵や胚に関する研究もある。

多くの恐竜類は、硬い殻の卵を化石として残しているが、プロトケラトプスは幼体から成体までさまざまな世代の化石が発見されているにもかかわらず、長らく卵の化石が発見されていなかった。この謎に対する答えは、2020年に、アメリカ自然史博物館のマーク・A・ノレルたちによって報告された。どうも、**プロトケラトプスの卵の殻は、「軟らかかった」**らしい。**恐竜類の卵の多様性を示唆する証拠**といえる。

また、2017年には、フロリダ州立大学(アメリカ)のグレゴリー・M・エリクソンたちがプロトケラトプスの胚化石を分析した研究を発表している。エリクソンたちの分析によると、その胚が孵化(ふか)に必要とした日数は、最も短い場合で83・16日であるという。これは、現生鳥類の平均よりも43日以上長い値だ。エリクソンたちは、**この長い孵化日数に、鳥類を除く恐竜類が白亜紀末に姿を消し、鳥類だけが生き残った一因がある**とみている。**孵化日数が長い**ということは、**新世代の誕生に必要とする時間が長い**ということであり、さまざまなリスクに対しての〝**適応力**〟が**弱い**ことを示唆するという。

良質で豊富な化石のあるプロトケラトプスに関しては、さまざまな研究が展開されている。たとえば、プロトケラトプスには性的二型(雄と雌のちがい)が存在し、後頭部のフリルがより発達するタイプと、そうではないタイプがあることが複数の研究で指摘されている。一般的には、前者が雄、後者が雌であるという。

【抱卵する恐竜】

モンゴルからは、恐竜類の繁殖にかかわる化石がいくつも発見されている。

全長2・5メートルほどの獣脚類、「**シチパチ(*Citipati*)**」もその一つ。この恐竜はクチバシとトサカをもつ恐竜で、おそらく翼をもっていたとみられている。その翼を使い、円形に配置した自分の卵を抱くように覆っていた。そんな〝抱卵姿勢〟の化石が発見されている。これは、少なくとも一部の獣脚類は、現生の鳥類と同じような姿勢で卵を守っていた証拠とされている。

シチパチを含む「オヴィラプトロサウルス類」というグループの巣の化石では、その卵の化石は2個ペアで並んでいることが多い。また、2005年にはカナダ自然博物館(現在は、神奈川大学所属)の佐藤たまきたちによって、胎内にペアで残る卵の化石が報告されている。こうした化石から、彼らの卵管は2本あったとみられている。これは、現生鳥類ではなく、むしろワニの仲間の爬虫類などにみることができる特徴だ。

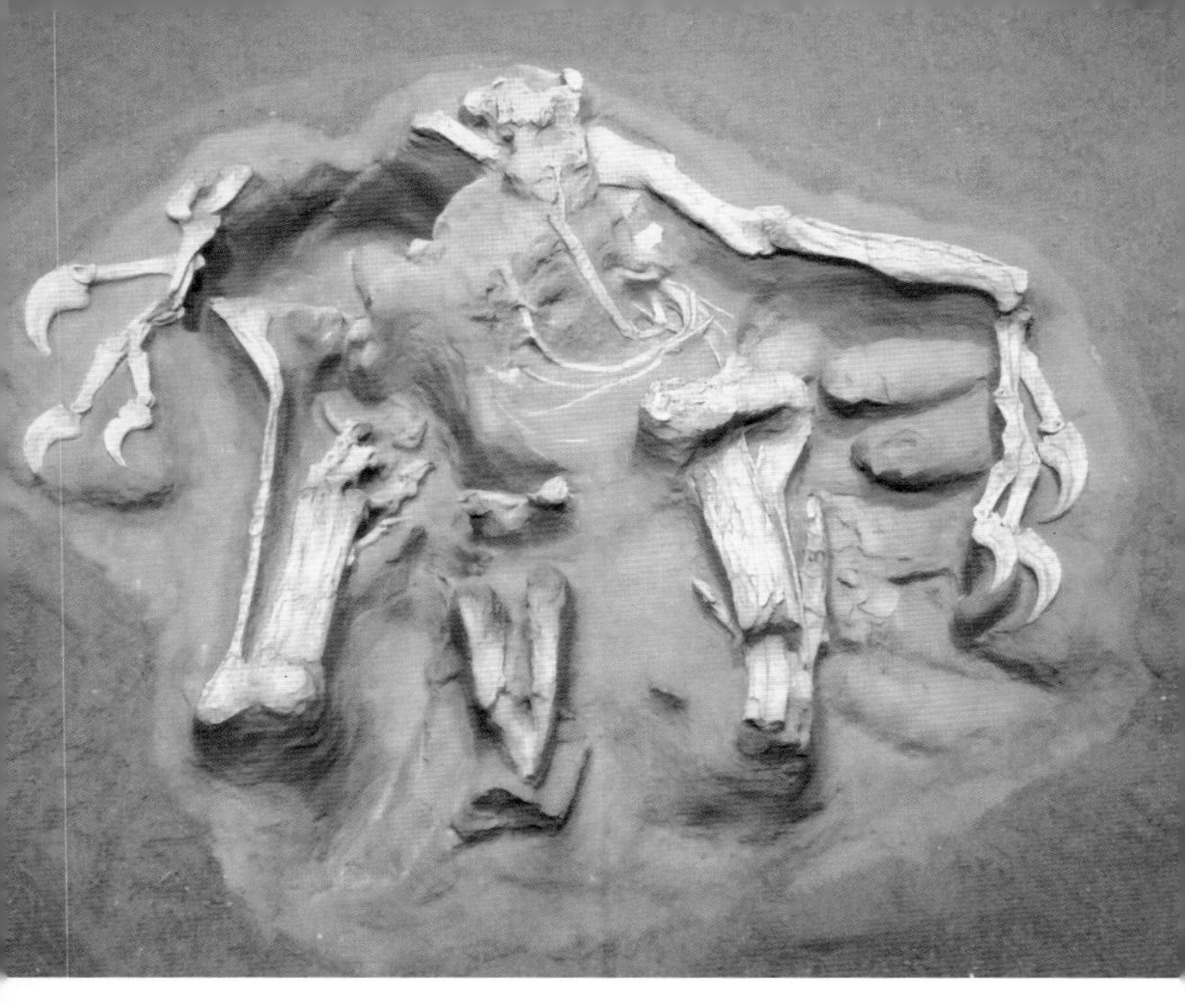

シチパチの化石(上)と復元画(下)。化石を見ると、卵を覆うように腕を広げているようすがよくわかる。Photo：神流町恐竜センター提供(所蔵・展示も)イラスト：柳澤秀紀

つまり、**オヴィラプトロサウルス類**には、**現生の鳥類的な特徴**と、**現生の爬虫類的な特徴**の両方をみることができることになる。恐竜類の〝進化の立ち位置〟がよくわかる例といえるだろう。

オヴィラプトロサウルス類の巣は、円形に卵を配置している。シチパチなどの小型種は、その卵の上に乗るようにして、卵を抱いていた。

一方、このグループには、全長8メートル、推定体重2トンという「**ギガントラプトル**(*Gigantoraptor*)」のような〝巨大種〟も確認されている。そんな巨大種も卵を抱いたのだろうか？　誤って、その巨体で卵を割ってしまうことはなかったのか？

じつは、ギガントラプトルのような巨大種

オヴィラプトロサウルス類の巨大な巣の化石。中心部分に広い空間があることがポイント。河南省地質博物館所蔵。Photo：田中康平提供

ギガントラプトル。こうした巨大種が、前ページのような巣を残したとみられている。
イラスト：Raúl Martín

が残したとされる直径3メートルの大きな巣も発見されている。2018年に名古屋大学(現在は筑波大学)の田中康平たちが発表した研究によると、その巣に並べられた卵の殻は、小型の巣に並ぶ卵の殻よりも薄いという。つまり、巨大種の卵は、より壊れやすい可能性が高い。ただでさえ、重いのだ。とても小型種のように、卵の上に座って抱卵することは望めない。

田中たちのこの研究では、巨大種の巣は、中心部分に広い空間があることが指摘された。つまり、巨大種は卵の上には乗らず、中心の卵のない場所に自らのからだを置いて抱卵していた可能性がある。**卵をつぶさないために、卵をドーナツ状に並べて営巣する方法は現在の鳥類には見られず、恐竜類の多様な繁殖戦術を物語るという。**

なお、こうした卵の中には、時として胚——つまり、孵化前の赤ちゃんの化石が残っていることがある。その中でもとくに大きなものは、中国で発見された長径40センチメートル超の卵の中に保存されていたもので、「**ベイベイロン**(*Beibeilong*)」という学名があたえられている。膝を曲げ、首を傾げるように眠るその化石は、もちろん学術的にも価値の高いものだけれども、哀愁を感じさせずにはいられない〝迫力〟がある。なお、「*Beibei*」は、中国語の発音表記にもとづいた「Baby」で、「*long*」は中国語で「龍」を意味している。つまり、「赤ちゃん龍」という意味であり、この胚にあたえられた〝専用の学名〟だ。胚化石は多数知られていても、こうして独自の学名があたえられていることは珍しい。

続けよう。

【20世紀最大の謎】

アジアの恐竜の話を続けよう。

かねてより、「20世紀最大の謎」と呼ばれる「長い腕の化石」が知られていた。それは、モンゴルで1965年に発見されたもので、なんと2・4メートルもの長さがあり、その先には鋭い爪がついていた。

2・4メートルといえば、日本の一般的

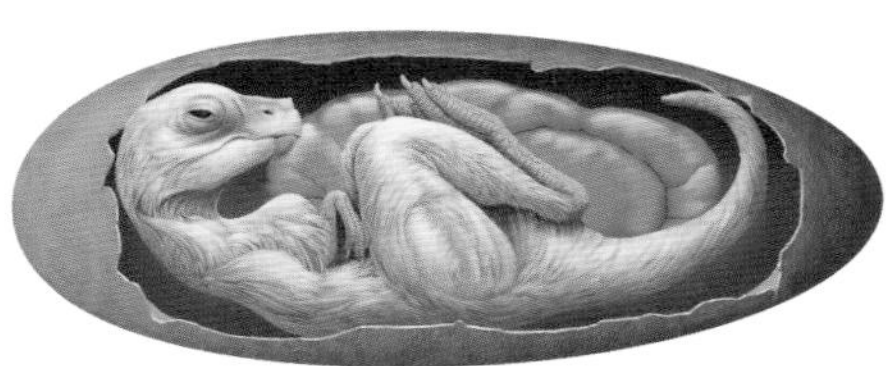

ベイベイロンの復元画。ベイベイロンのような胚化石の研究で、恐竜の赤ちゃんに関する知見が増えてきている。
イラスト：柳澤秀紀

卵の化石とベイベイロンの胚化石。
Photo：Darla Zelenitsky提供

な戸建て住宅の2階の窓から手を伸ばし、地上に立つ人と握手ができる長さである。異様な長さだ。この化石には、「恐ろしい手」を意味する学名（属名）として、「デイノケイルス（*Deinocheirus*）」があたえられた。

謎とされたのは、これほどの大きな腕の化石が発見されたにもかかわらず、他の部位の発見が続かなかったことだ。デイノケイルスは、どのような顔つきで、どのような胴体で、どのくらいの全長なのか。姿の推理を展開する手がかりがほとんどなかった。腕の先に鋭い爪があることから、腕の〝主〟は、おそらく獣脚類であろうということまでは研究者間でも意見の一致をみ

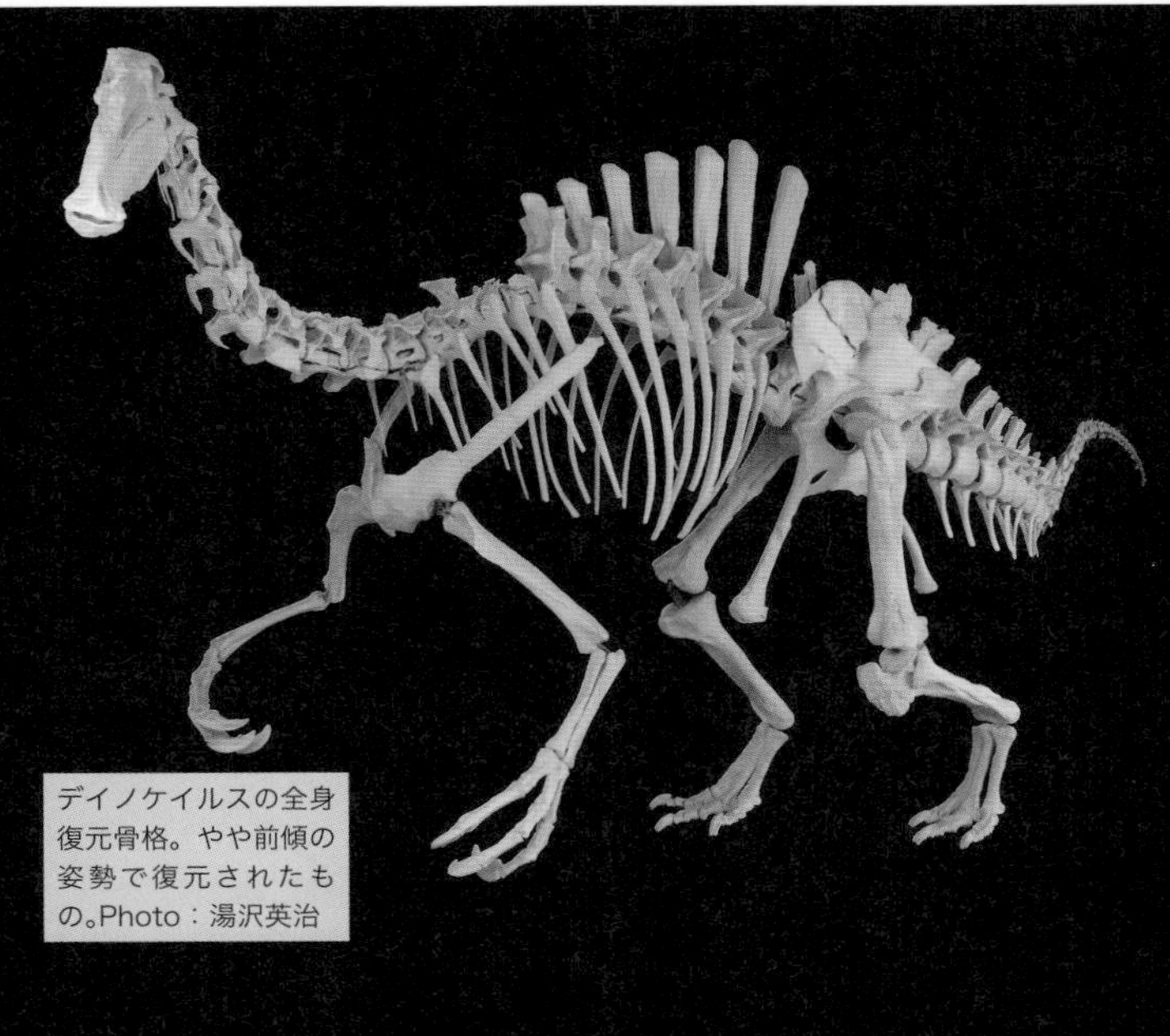

デイノケイルスの全身復元骨格。やや前傾の姿勢で復元されたもの。Photo：湯沢英治

デイノケイルス。植物もサカナも食べる雑食性とみられている。
イラスト：月本佳代美

た。しかし、その先については、所属分類さえも統一された見解がなかった。

事態が動いたのは、2014年だ。韓国地質資源研究員のイ・ユンナムたちによって、その全身が復元され、発表されたのである。

その姿は、誰もが予想していなかった。

まず、全長である。推定値ではあるものの、じつに11メートルに達すると算出された。獣脚類の10メートル超えは、〝覇者級〟の大型種であることを示唆している。

しかしその頭部は、〝覇者の面構え〟ではない。前後に細長く、肉を切り裂く歯……どころか、歯そのものをもっていない。腹部があったとみられる場所からは、角の取れた小石が多数発見されており、これは「胃石」と解釈されている。胃石は、植物食の恐竜などが胃の中で、植物をすりつぶすために飲み込む小石のことだ。ウシなどの現生哺乳類と異なり、多くの恐竜類は口で植物をすりつぶすことができない。歯のつくりも、顎のつくりも、「すりつぶし」には向いていない。そのため、小石を飲み込むことで、胃の中で「すりつぶし」をおこなっていたと考えられている。デイノケイルスが胃石をもっていたことは、デイノケイルスが植物を食べていたことを示唆している。獣脚類はすべての肉食恐竜が属する分類群だけれども、獣脚類の恐竜たちがすべて肉食性というわけではない。デイノケイルスは、まさに「肉食性ではない獣脚類」の一つだったのである。なお、腹部があったとみられる場所からは、他にサカナの骨の化石が確認されている。どうやら、植物もサカナも食べる雑食性だったと考えられている。

そして、デイノケイルスの背をつくる個々の椎骨からは、板状の構造(棘突起)が上方へ向かって長く伸びていた。その板状構造の間には皮膜が張られていたとみられている。つまり、デイノケイルスは、背中に「帆」をもっていた。この帆の役割は、まったくの謎である。

また、脚の骨はがっしりとしており、脛骨が短かった。これは、デイノケイルスが鈍足だったことを示唆している。そして、足はやや幅広で、湿地の歩行に適していたとみられている。

これほどまでにさまざまな特徴を備えた獣脚類はなかなかいない。デイノケイルスは、恐竜の姿の可能性をぎゅっと詰め込んだような、そんな獣脚類なのかもしれない。

【保存良好な日本産獣脚類】

モンゴルから東へ移ろう。日本の恐竜だ。

白亜紀当時、日本列島の大部分はアジア大陸の一部であり、その東縁だった。パンサラサ海沿岸からさほど離れていないその地域には、多様な恐竜類が暮らしていたことがわかっている。

かつて、20世紀の半ばまでは、「日本列島からは恐竜化石はみつからない」と言われていた。しかし、21世紀も20年以上の歳月が経った今日では、日本各地で毎年のように新たな恐竜化石が発見され、そのうちのいくつかは新種として報告されている。

今や日本は、〝恐竜化石多産国〟の一員である。

その中核ともいえるのは、主に北陸に分布する「手取層群」と呼ばれる地層である。この地層は、日本における最大の〝恐竜化石産出地〟であり、とくに福井県においては組織的な発掘が20世紀から現在に至るまで続けられている。

そんな福井県から、3種類の恐竜を紹介したい。

一つは、「**フクイヴェナトル（*Fukuivenator*）**」だ。全長2・45メートル。ほっそりとした小型の獣脚類である。

フクイヴェナトルは、その化石の保存状態が良好だった。全身の約7割が残っていたのだ。

「毎年のように新たな恐竜化石が発見され」と書いたものの、実際にはその多くは部分的。それが、日本産恐竜類である。そのなかで、フクイヴェナトルの「約7割」という保存率は群を抜いており、トップクラスだ。

もちろん、**保存率が高ければ高いほど、多くの情報を化石から得ることができる。フクイヴェナトルの場合、内耳の形状の解析から、平衡感覚と聴力に優れていた可能性が指摘されている。それは、鳥類と鳥類以外の獣脚類の〝中間的〟な特徴で**

フクイヴェナトルの復元画（左下）と全身復元骨格（上）。Photo：福井県立恐竜博物館提供　イラスト：柳澤秀紀あるという。

　また、デイノケイルスやその近縁種のような例外をのぞき、多くの獣脚類は歯をもち、その歯の縁には細かな突起が並ぶことが常である。この細かな突起は「鋸歯（きょし）」と呼ばれる構造だ。鋸歯があると、肉を切り裂きやすい。ステーキナイフの縁と同じつくりである。つまり、鋸歯は肉食恐竜の典型的な特徴の一つとして挙げられる。

　フクイヴェナトルの場合、その歯には、鋸歯が確認されていない。歯全体の形として

は、肉食性の獣脚類とよく似ているにもかかわらず、だ。
鋸歯がないために肉食には向いていない。さながら、バターナイフのようなものである。鋭利にみえても、バターナイフでは肉を切り裂くことは難しい。
そのため、フクイヴェナトルは、昆虫類などの〝切り裂く必要のない獲物〟や植物を食べていた雑食性だったのではないか、とされている。

【日本の〝大型〟肉食恐竜】

全長2・45メートルのフクイヴェナトルに対し、「フクイラプトル(*Fukuiraptor*)」は全長4・2メートル以上のサイズがある獣脚類だ。
全体的に細身であり、前あしはやや長く、後ろあしはスラリと長い。そして、手には大きな爪がある。
発見されている化石の保存率はけっして高くはないけれども、幸いにして、全身のさまざまな部位が

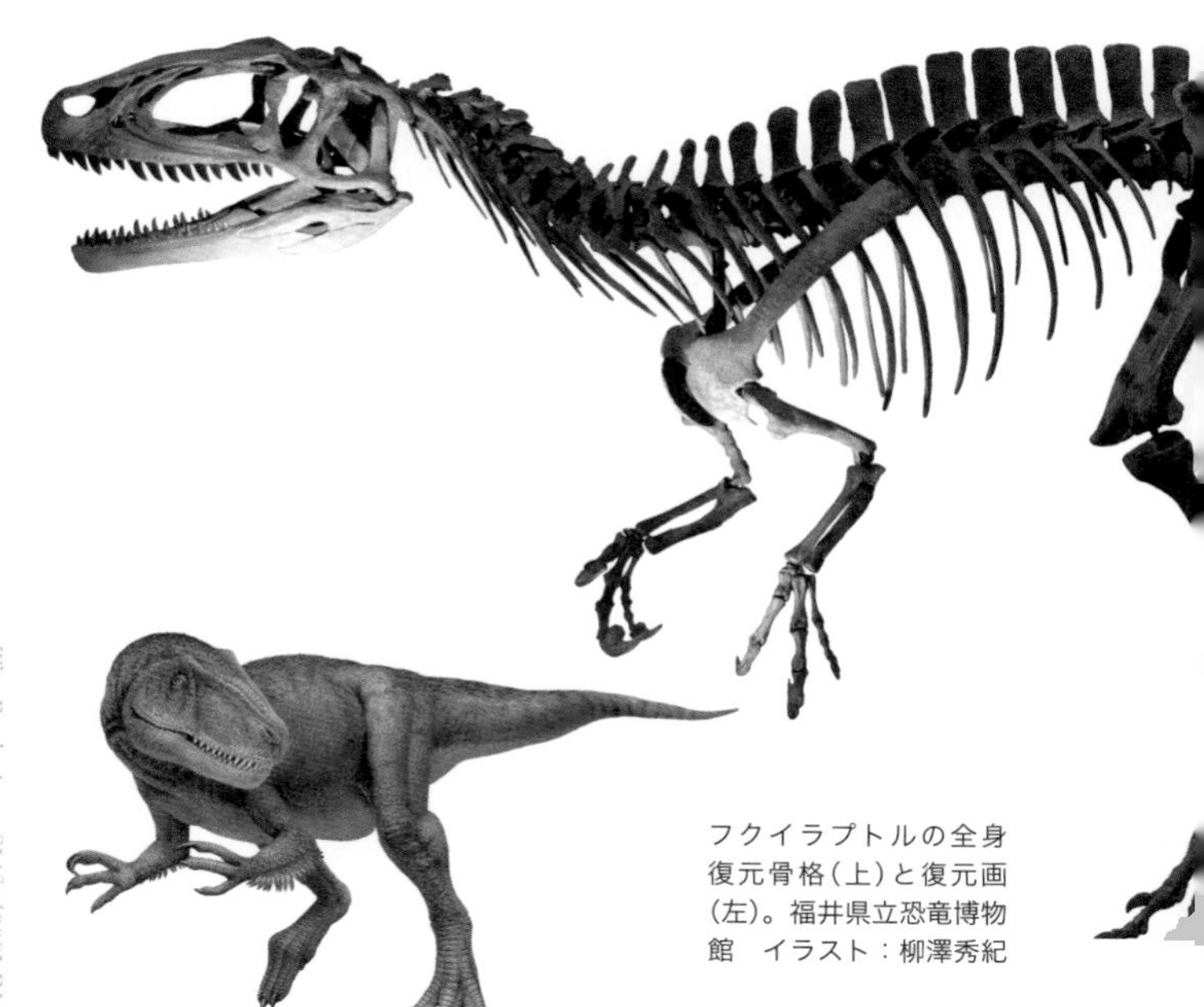

フクイラプトルの全身復元骨格（上）と復元画（左）。福井県立恐竜博物館　イラスト：柳澤秀紀

残っていた。「4・2メートル」という全長値は、そうした部位から推測された値だ。ちなみに、フクイラプトルは日本産で最初に全身復元骨格が組み立てられた恐竜類でもある（その全身復元骨格は、福井県立恐竜博物館で展示されている）。

フクイラプトルのポイントの一つは、「4・2メートル**以上**」という数値である。これまでにみてきた獣脚類と比べると、この値はけっして大きくはない。しかし化石の分析から、既知のフクイラプトルは未成熟だったとみられている。

つまり、これから大いに成長する**可能性が秘められている**のだ。基本的に、恐竜類に限らず、古生物の〝図鑑的なサイズ〟は、成熟した個体にもとづいて記されていることが多い。フクイラプトルに関しても、今後の発見で成熟した個体が発見されれば、4・2メートルを大きく上回る可能性は高い。

【〝2番目〟の鳥類】

「フクイ(福井)」の名を冠する恐竜類の中でとくに注目したいのは、2019年に報告された「**フクイプテリクス**(*Fukuipteryx*)」だ。「翼」を意味する「*pteryx*」が示唆するように、この恐竜類は鳥類に分類される。

第2章で紹介したアルカエオプテリクスの特徴を再び書き出してみよう。アルカエオプテリクスの全長は約50センチメートル。口には、小さいながらも鋭い歯が並び、前あしの先端には鋭い鉤爪がある。そして、尾の骨(尾椎(びつい))は個々の形状がはっきりと認められ、そして長い。

一方のフクイプテリクスは、全長が15センチメートルほど(ただし、報告された個体は、未成熟の亜成体であるという)。多くの特徴はアルカエオプテリクスと共有しながらも、いくつかの特徴が進化的な鳥類のそれだった。その一つが、「尾」だ。

アルカエオプテリクスの尾は「個々の尾椎の形状がはっきりと認められる」だった。

しかし、フクイプテリクスの尾は、現生鳥類の尾のように、「個々の尾椎が癒合して、短い棒

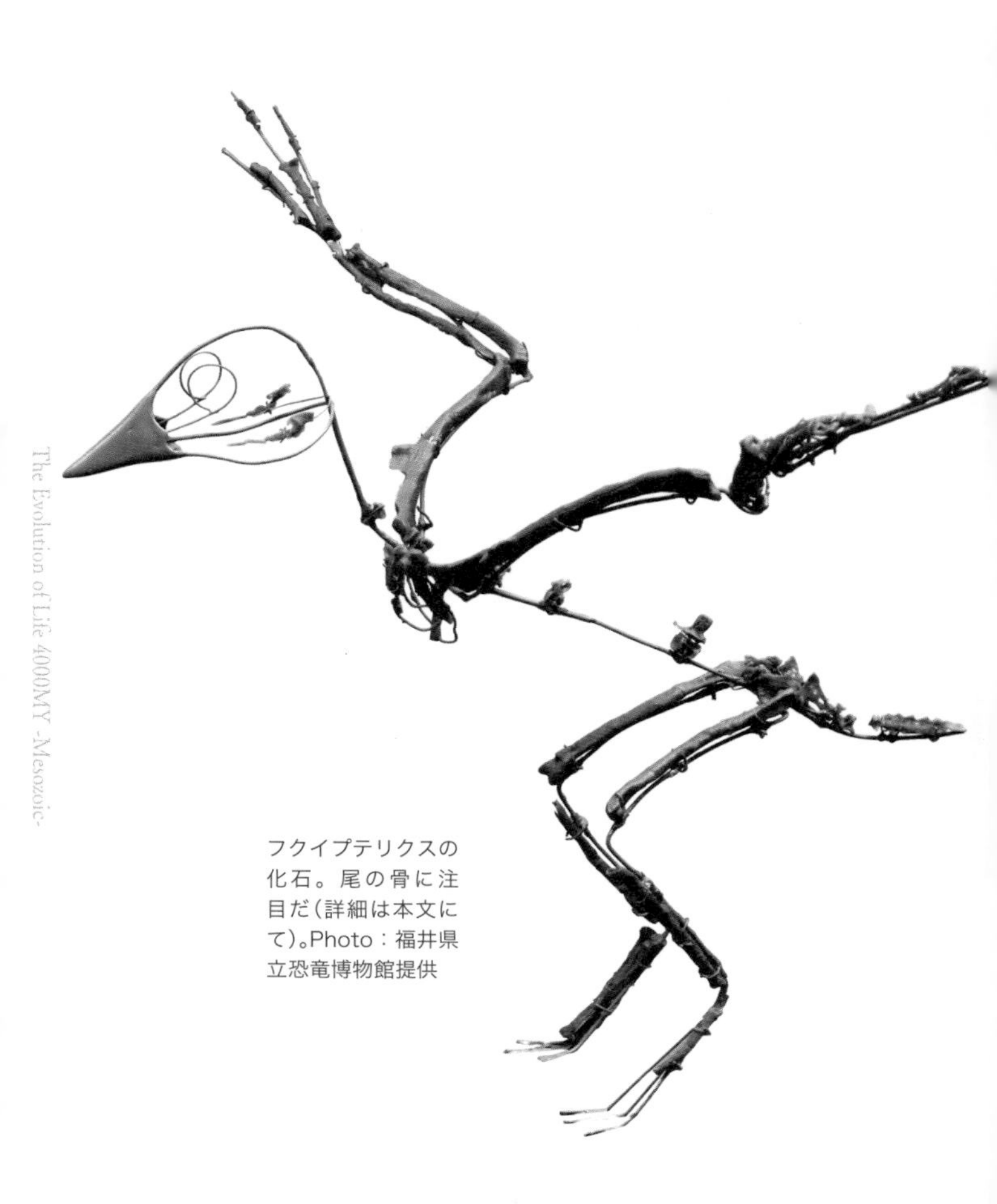

フクイプテリクスの化石。尾の骨に注目だ（詳細は本文にて）。Photo：福井県立恐竜博物館提供

フクイプテリクス。“始祖鳥の次の鳥類”に位置づけられている。
イラスト：柳澤秀紀

状」になっていたのだ。
　フクイプテリクスを報告した福井県立恐竜博物館の今井拓哉たちは、フクイプテリクスをアルカエオプテリクスと、既知の白亜紀の鳥類の“間”に位置づけた。**アルカエオプテリクスに次ぐ原始的な特徴を備えているからだ。**

【保存率8割！世界でも最高峰の大型恐竜化石】

　手取層群ばかりが「日本の恐竜化石産地」というわけではない。近年では、日本各地の地層から、恐竜化石発見の報告が相次いでいる。
　とくに2010年代に日本の恐竜ファンの注目を一身に集め、世界の研究者からもその重要性を指摘された恐竜が、北海道の「むかわ竜」こと「**カムイサウルス**（*Kamuysaurus*）」である。

カムイサウルスは、全長8メートルの植物食恐竜だ。四足歩行で、白亜紀世界で大いに栄えた「ハドロサウルス類」というグループに属している。「むかわ竜」という通称は化石が発見された自治体（むかわ町）にちなむもので、「*Kamuysaurus*」という学名は北海道の先住民族であるアイヌの神に由来する。

カムイサウルスが重要とされる理由は、主に二つの点による。

一つ目は、その化石の保存の良さだ。体積でみたときに、全身の8割を超える骨が保存されていたのである。

基本的に、小型であればあるほど化石として残りやすく、大型であればあるほど全身が化石に残りにくくなる。実際、30メートルを超すような超大型恐竜の中には、わずか数個の部分化石にもとづいて種名が決まっているものも少なくない。

カムイサウルスは、**全長8メートルという大型恐竜でありながら、8割超という保存率を誇っている。これは、既知の日本産の大型恐竜化石の保存率としては圧倒的に高い**。カムイサウルスよりも圧倒的に小さなフクイヴェナトルの保存率とほぼ同等である。

もちろん、全身の多くの部位が残っていれば残っているほど、研究は進む。カムイサウルス

カムイサウルス。海岸沿いに暮らしていたとみられている。イラスト：服部雅人

も、全長値のほか、4〜5・3トンという体重、近縁種との位置関係などが解析されている。2019年にカムイサウルスを報告した北海道大学総合博物館の小林快次たちは、頭骨を中心にカムイサウルス固有の特徴を3点、珍しい特徴を13点、見いだすことに成功している。また、骨に残る年輪の解析から、カムイサウルスを9歳以上の成体であると特定し、また、頭部にはトサカがあった可能性を指摘している。

二つ目は、その化石が「海の地層」から発見されたという点である。カムイサウルスに限らず、恐

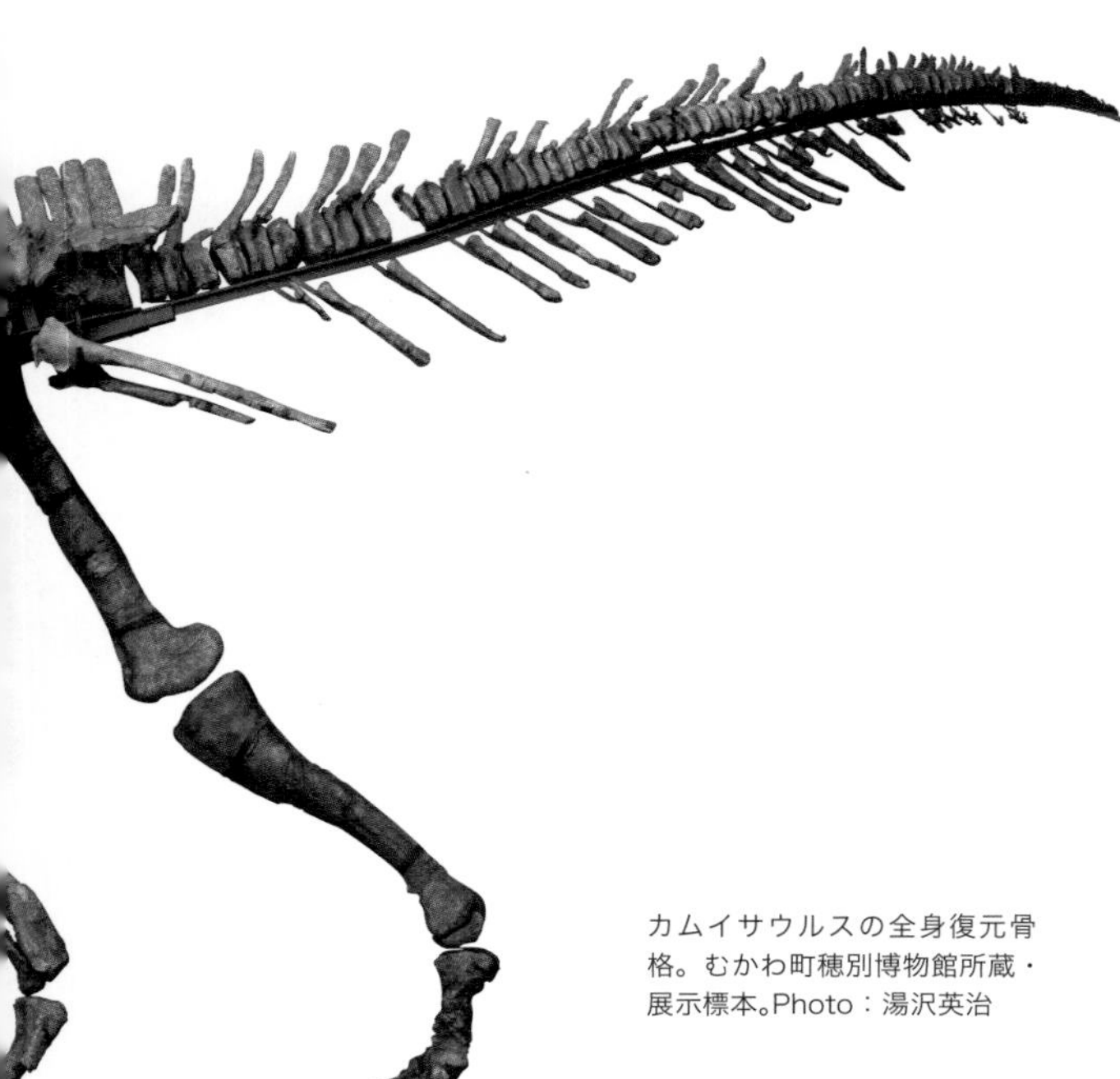

カムイサウルスの全身復元骨格。むかわ町穂別博物館所蔵・展示標本。Photo：湯沢英治

竜類は陸上で暮らしていた。そのため、恐竜類の化石は、陸でできた地層から発見されることがほとんどだ。ところがカムイサウルスの場合、何らかの理由でその遺骸は沖へと流されて、遠洋でできた地層に閉じ込められることになった。

一般に、恐竜に限らず古生物の生きていた期間は、「〇〇〇年前~〇〇〇年前」と表記することが多い。この場合、「〇〇〇年前~〇〇〇年前」は、「種が存続していた期間」を指すこともあるが、事実上の誤差範囲を示唆していることも多い。つまり、「〇〇〇年前

〜○○○年前の*いつか*に生きていたけれども、厳密な時期までは不明」というわけである。

この生きていた時期を絞り込むために研究者はさまざまな手法を駆使するわけだ。そして、そうした手法の手がかりは、陸でできた地層よりも、海でできた地層の方が圧倒的に多い。専門的な書き方をすれば、海でできた地層は、年代分解能が高い傾向にある。

海でできた地層から発見された化石は、生きていた時期をより細かく絞り込むことができるのだ。

そして、古生物の、とくに進化を考える際には、「いつ」はとりわけ大事な情報となる。近縁種との進化の順番や、他地域への移動など、さまざまな議論の根底に「いつ」は使われる。

こうした背景のもと、**カムイサウルスの「いつ」の精度は、高い。その時期は、白亜紀を細分化する12の時代の中で最も新しいマーストリヒチアンの初頭(約7200万年前)と特定された**。小林たちは約7200万年前よりも昔に、カムイサウルスの仲間はアメリカからアラスカを通って極東の海岸地域へとやってきたとみる。

化石の保存率も年代分解能も、さまざまな研究で今後の〝一つの基準〟として使われる可能性がある。カムイサウルスはそんな〝有望な恐竜〟なのだ。なお、またも拙著の紹介でいささか気が引けるが、カムイサウルスの発見と発掘に関しては、誠文堂新光社から上梓した『ザ・パーフェクト』をご覧いただきたい。

【〝日本地域〟に長く居ついた長爪恐竜のグループ】

2022年に小林たちが報告した「パラリテリジノサウルス（*Paralitherizinosaurus*）」も紹介しておきたい。

パラリテリジノサウルスは、爪（末節骨）などの一部の化石しか発見されていない獣脚類である。その部分化石から推測される全長は3メートル前後とみられている。

パラリテリジノサウルスは、「テリジノサウルス類」の一員だ。

このグループは白亜紀後期のアジアで栄え、代表的な存在である「テリジノサウルス（*Therizinosaurus*）」の全長は10メートルに達した。小さな頭と長い首、でっぷりとした胴体の二足歩行性の恐竜であり、手の爪が長いことを最大の特徴とする。2022年に公開された映画『ジュラシック・ワールド／新たなる支配者』で、〝思わぬ活躍〟をした恐竜でもある。

パラリテリジノサウルスの場合、既知の化石が部分的であるため、その全貌はよくわかっていない。しかし、その部分化石の分析から、テリジノサウルス類の中でも進化的な存在であることがわかっている。そして、進化的な存在であるパラリテリジノサウルスの指先は、手を握ってもほとんど曲がらなかったという。

テリジノサウルス類は進化とともに、肉食性から植物食性へと食性を変えた獣脚類の一グループとして知られている。小林たちは、パラリテリジノサウルスが曲がらない指先を器用に使い、植物の枝などを手繰り寄せて、枝の先の葉を食べていたのではないか、とみる。

　日本では、パラリテリジノサウルス以外にも、テリジノサウルス類の化石がいくつか発見されている。その中で最も古いものは白亜紀前期の半ば（約1億2000万年前）の化石である。一方、パラリテリジノサウルスの化石は、既知の日本産テリジノサウルス類の中では最も新しく、白亜紀後期の半ば（約8000万年前）のものとされている。その期間は、約4000万年間に達するわけだ。**どうやらテリジノサウルス類は、長期間にわたって〝日本地域〟に居つき、栄えていたらしい。**

パラリテリジノサウルス。テリジノサウルスの仲間は、日本ではよくみられる恐竜だったのかもしれない。イラスト：柳澤秀紀

パラリテリジノサウルスの指の骨。中川町エコミュージアムセンター所蔵・展示標本。Photo：小林快次提供

【3本ツノと大きなフリルをもつ】

アジアから北アメリカへと移ろう。

当時、北アメリカ大陸の中西部の大部分は、南北に細長い海の底に沈んでいた。そのため、北アメリカ大陸は事実上東西に分断されており、東の陸地は「アパラチア」、西の陸地は「ララミディア」と呼ばれている。ララミディアと

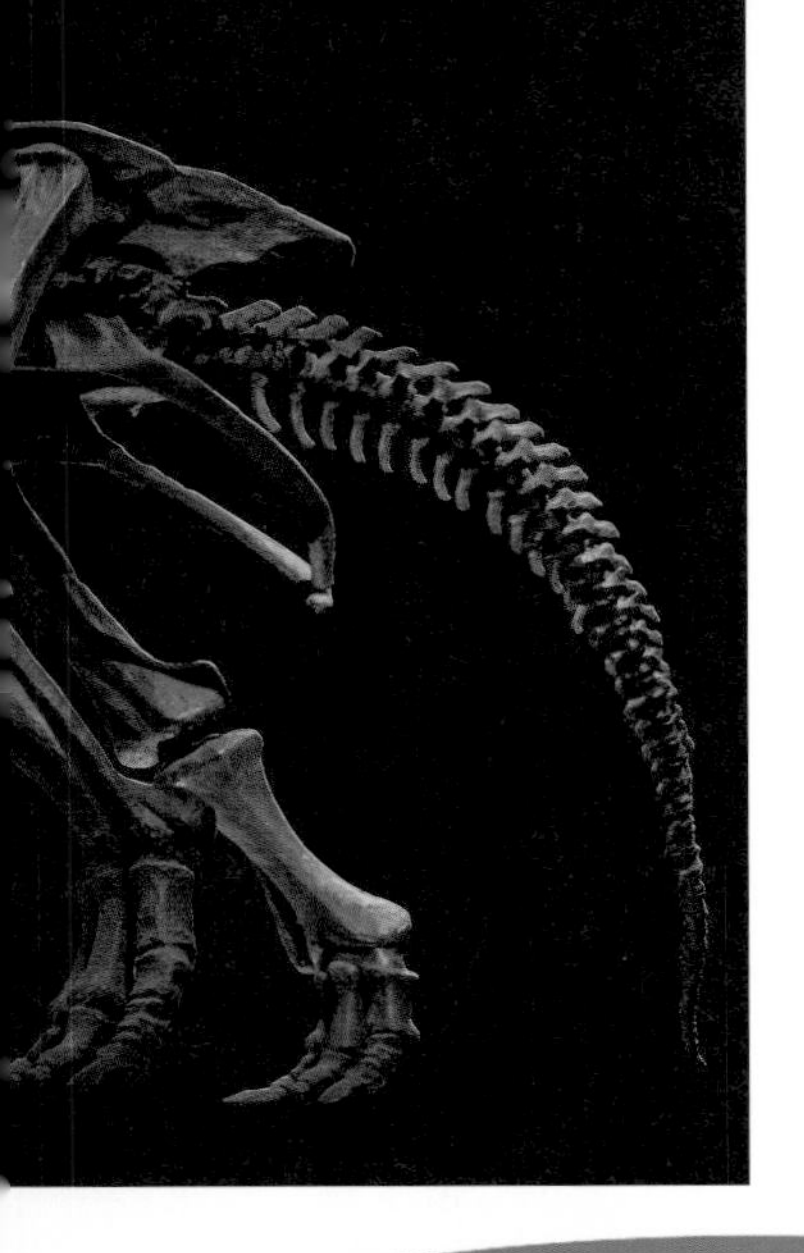

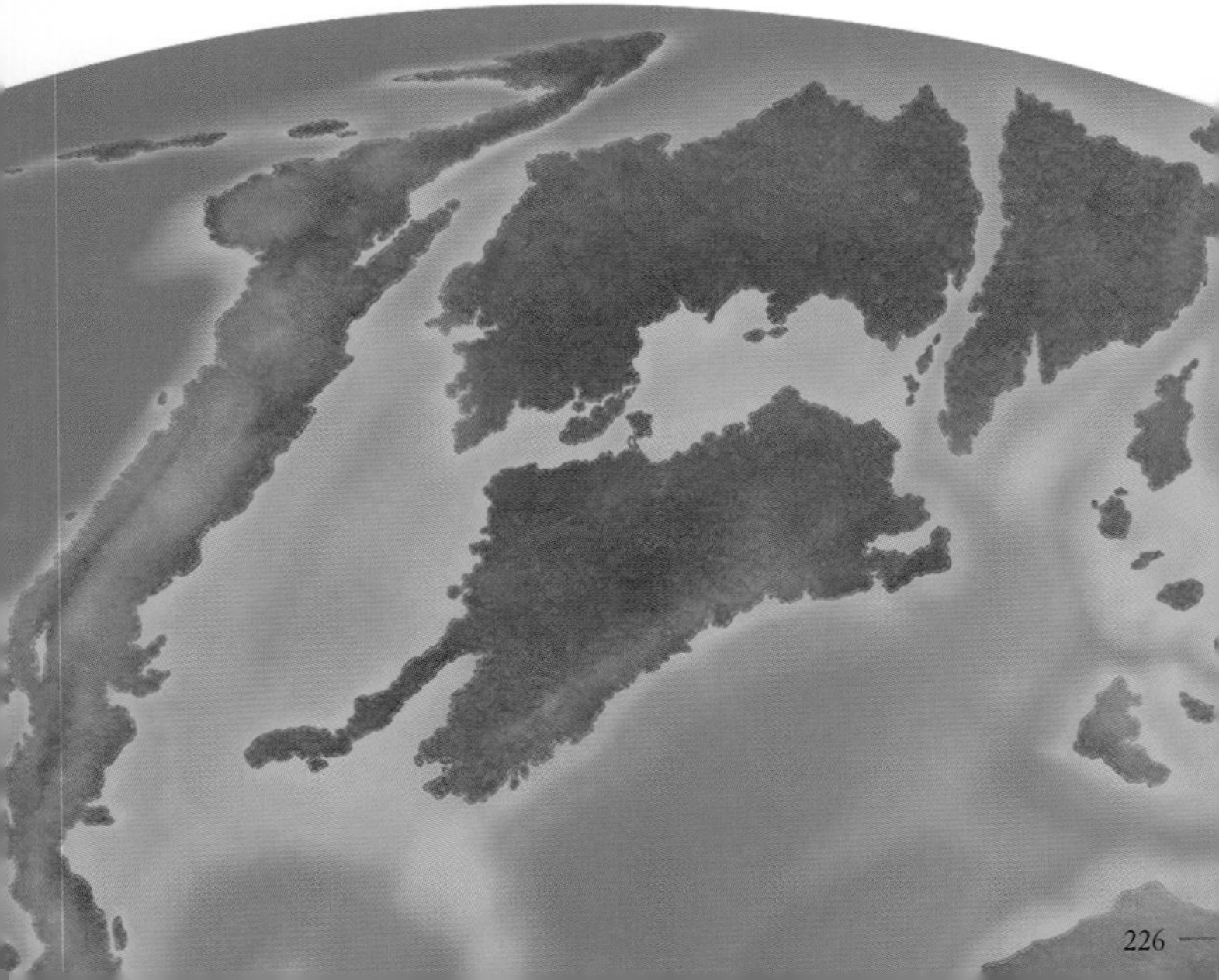

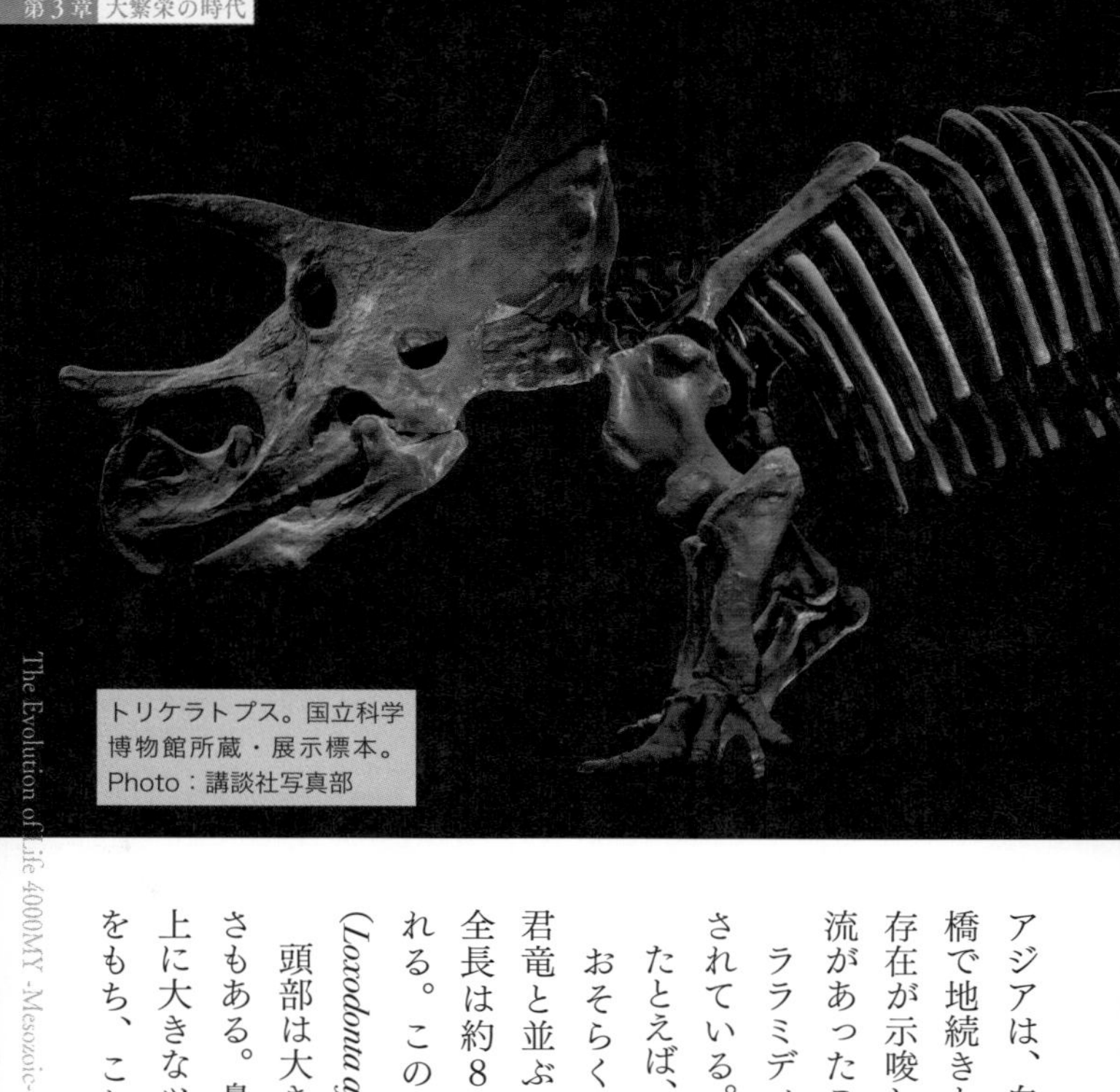

トリケラトプス。国立科学博物館所蔵・展示標本。Photo：講談社写真部

アジアは、白亜紀後期になってベーリング陸橋で地続きとなっており、カムイサウルスの存在が示唆しているように、当時、相互に交流があったことがわかっている。

ララミディアからは多数の恐竜化石が報告されている。

たとえば、「**トリケラトプス**(*Triceratops*)」だ。

おそらくすべての恐竜類の中で、かの暴君竜と並ぶ高い知名度をもつ恐竜だろう。全長は約8メートル、体重は約9トンとされる。このサイズは、現生のアフリカゾウ(*Loxodonta africana*)とほぼ同等だ。

頭部は大きく、前後に長い上に、幅も、高さもある。鼻の上に小さなツノが1本、眼の上に大きなツノが1本ずつ。合計3本のツノをもち、これが「*Triceratops*(3本のツノのあ

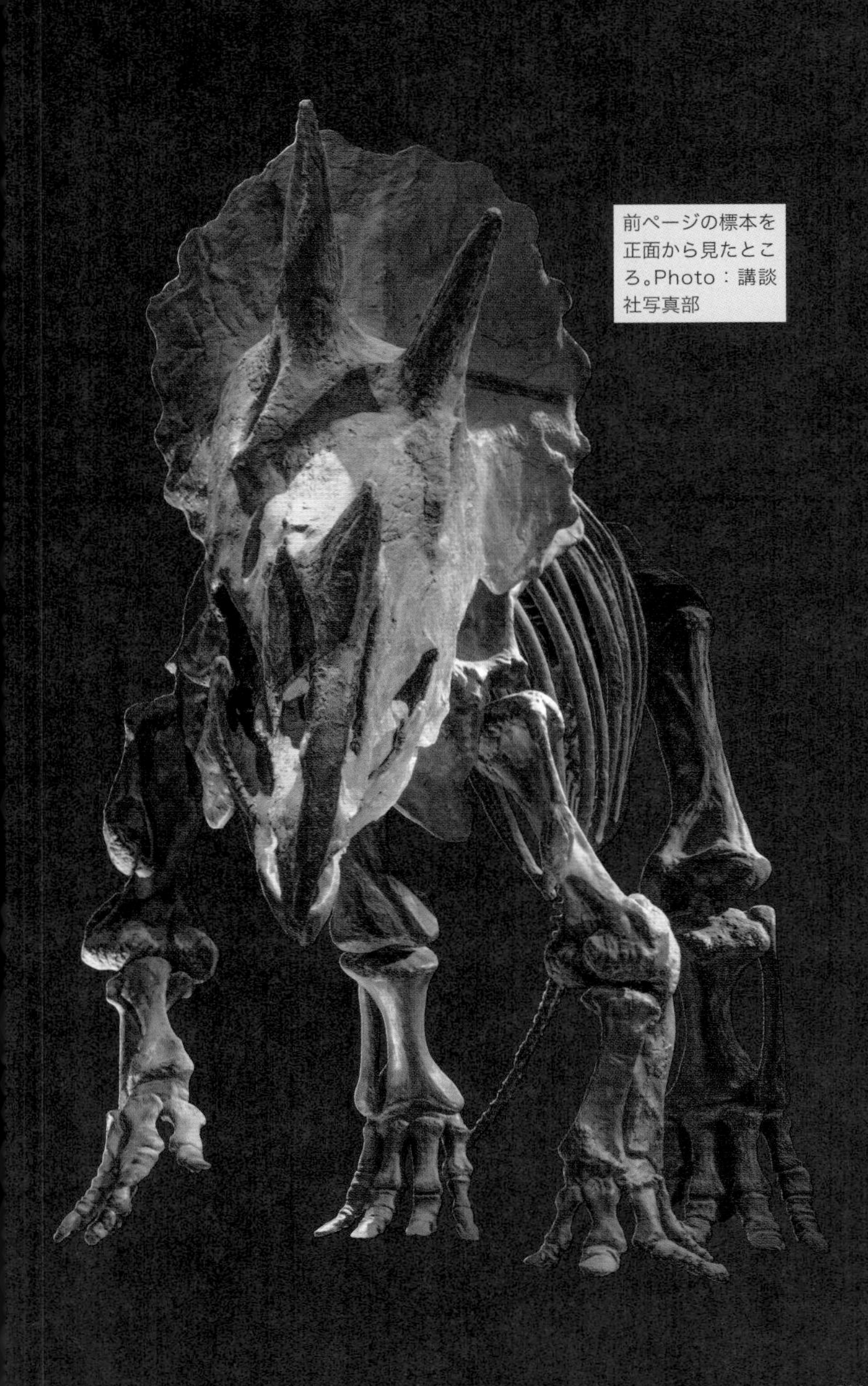

前ページの標本を正面から見たところ。Photo：講談社写真部

る顔)」の名前の由来となっている。後頭部には骨の板が広がり、フリルを形成する。胴体は太く、四肢もがっしりとしている。

このフリルは、身を守るための〝鎧(よろい)〟だったとみられている。2009年にレイモンド・M・アルフ古生物学博物館(アメリカ)のアンドリュー・A・ファークたちが発表した研究によると、トリケラトプスのフリルには傷が多いという。この傷は、防御に使われた故とされる。日本の鎧兜(よろいかぶと)にみられる「錣(しころ)」のように、後頭部と首元を守っていたのかもしれない。

トリケラトプスは、その成長過程の各段階が化石によって推測できる数少ない恐竜類の一つでもある。2006年、モンタナ州立大学(アメリカ)のジョン・R・ホーナーと、カリフォルニア大学(アメリカ)のマーク・B・グッドウィンは、トリケラトプスの幼体、亜成体などの標本をまとめた論文を発表した。この論文によると、ツノもフリルも成長にともなって大きくなる。ツノはその過程で伸長方向を変え、フリルはその縁が丸みを帯びるという。

トリケラトプスに代表される角竜類は、とくにララミディアで成功を収め、さまざまなツノやフリルをもつ種が生まれた。

トリケラトプスたちは、ララミディアで大いに繁栄した。イラスト：Raúl Martín

【奇跡の鎧竜たち】

カナダから化石が発見された「ボレアロペルタ（*Borealopelta*）」は、「奇跡」と呼ばれる鎧竜類である。

鎧竜類は、白亜紀に栄えた植物食恐竜の一グループで、「曲竜類」とも呼ばれる。幅のある胴体で、背中に骨片を並べて「鎧」をつくり、短い4本のあしを使って歩く、低重心の恐竜たちである。

ボレアロペルタが「奇跡」と評されるのは、命名に使われた標本、「TMP 2011.033.0001」による。「TMP 2011.033.0001」は、全長5・5メートルにおよぶとされるボレアロペルタの前半身が、立体的に、そして、まるで眠っているかのような状態で残っていたのだ。背中の骨片の配置がはっきりとわかるほどのこの保存状態は、稀有といえるほど素晴らしい。

2017年にボレアロペルタを報告したロイヤル・ティレル古生物学博物館（カナダ）のカレブ・M・ブラウンたちは、ボレアロペルタの背に赤茶色を示す色素の痕跡を確認した。ブラウンたちは、腹側には同様の痕跡が確認されなかったことから、背の色を濃く、腹の色を薄くして風景に溶け込む、「カウンターシェーディング」をボレアロペルタが〝採用〟していた可能性を指摘している。

保存状態の良い「TMP 2011.033.0001」の内部には、胃の内容物も残っていた。いわゆる「最後の晩餐」である。ブラウンたちが、2020年に発表した分析によると、その内容物はシダ植物が多かったという。しかも、そのシダ植物は1種だけであり、また、少量ながら炭化した木片も含まれていた。ブラウンたちは、このボレアロペルタ「TMP 2011.033.0001」が、森林火災直後の地域にやってきて、生えたばかりのシダ植物を、選り好みしながら食べていたと推測している。

そしてじつは、2017年に報告された〝奇跡の鎧竜〟は、ボレアロペルタだけではなかった。ボレアロペルタの論文に数ヵ月先行する形で、ロイヤル・オンタリオ博物館(カナダ)のビクトリア・M・アーバーと、デビッド・C・エヴァンスによって、「ズール(*Zuul*)」が報告されていたのだ。

2017年の時点で報告されたのは、ズールの頭骨と尾である。**前後40センチメートル弱のズールの頭骨はほれぼれとするような保存状態で、小さな凹凸もよくわかる。尾は長さ3メートル弱。先端に大きな骨のこぶがあるほか、左右には三角形の突起が並んでいた。**

ボレアロペルタは、鎧竜類の中でも「ノドサウルス類」というグループに属する。ボレアロペルタの「TMP 2011.033.0001」には尾が確認されていないけれども、そもそもノドサウルス類の鎧竜は、尾の先にこぶはない。

一方、ズールは「アンキロサウルス類」に分類されている。こちらは、尾の先にこぶがある鎧竜たちで構成されている。アンキロサウルス類とノドサウルス類。2017年は、鎧竜類をつくる二大グループにおいて、研究史に残る大きな報告があった年なのだ。

ズールのこの個体には、「ROM 75860」という標本番号があたえられ、その後の研究が続けられている。2022年には、ロイヤル・ブリティッシュ・コロンビア博物館のヴィクトリア・M・アーバーたちによって、腰に近い位置にある鎧(骨片)の一部が欠け、その後、治癒された痕

「奇跡の恐竜」と呼ばれるボレアロペルタの化石。その精緻さ、ご堪能いただきたい。左上は復元画。Photo：Robert Clark撮影／Royal Tyrrell Museum提供

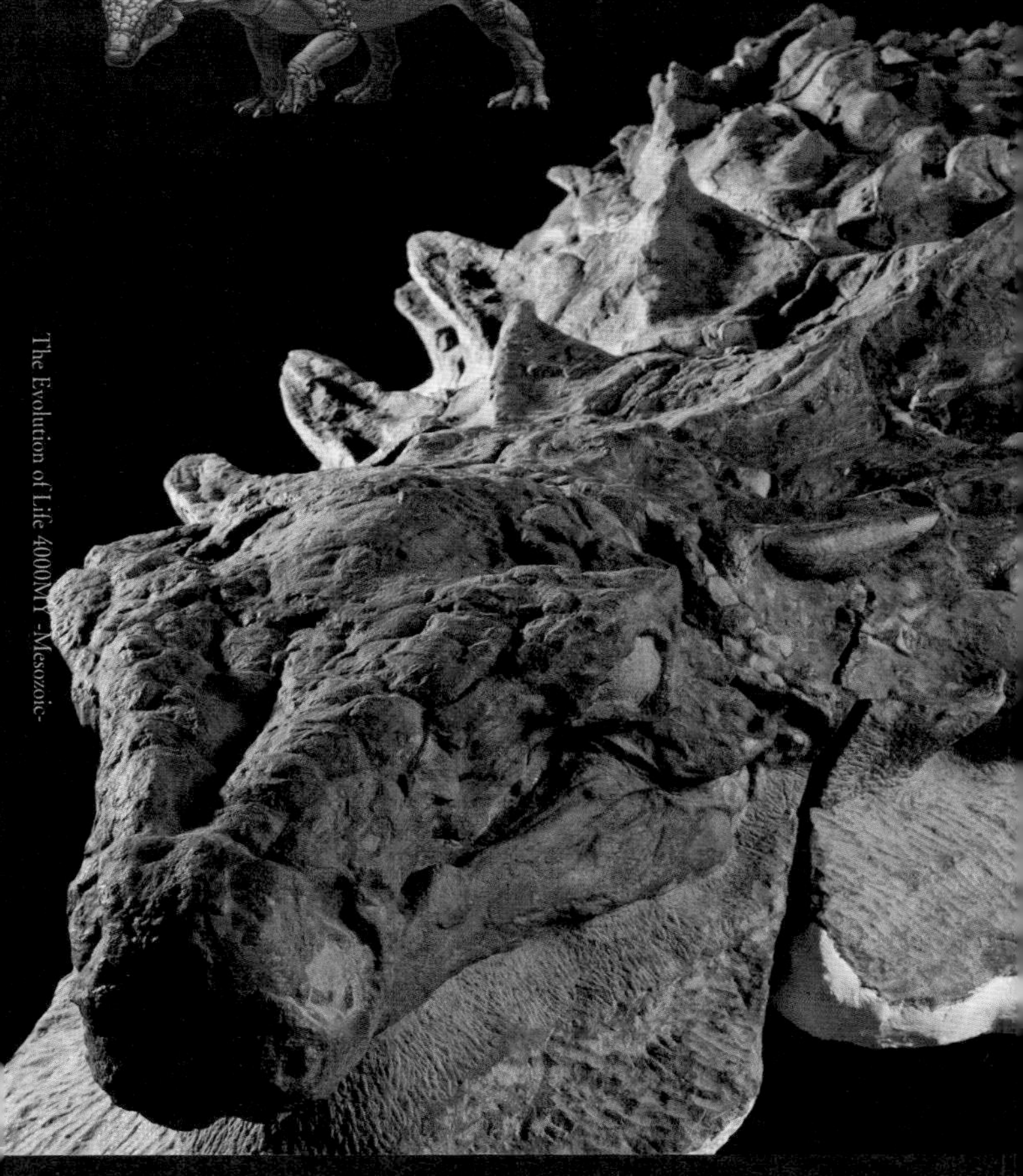

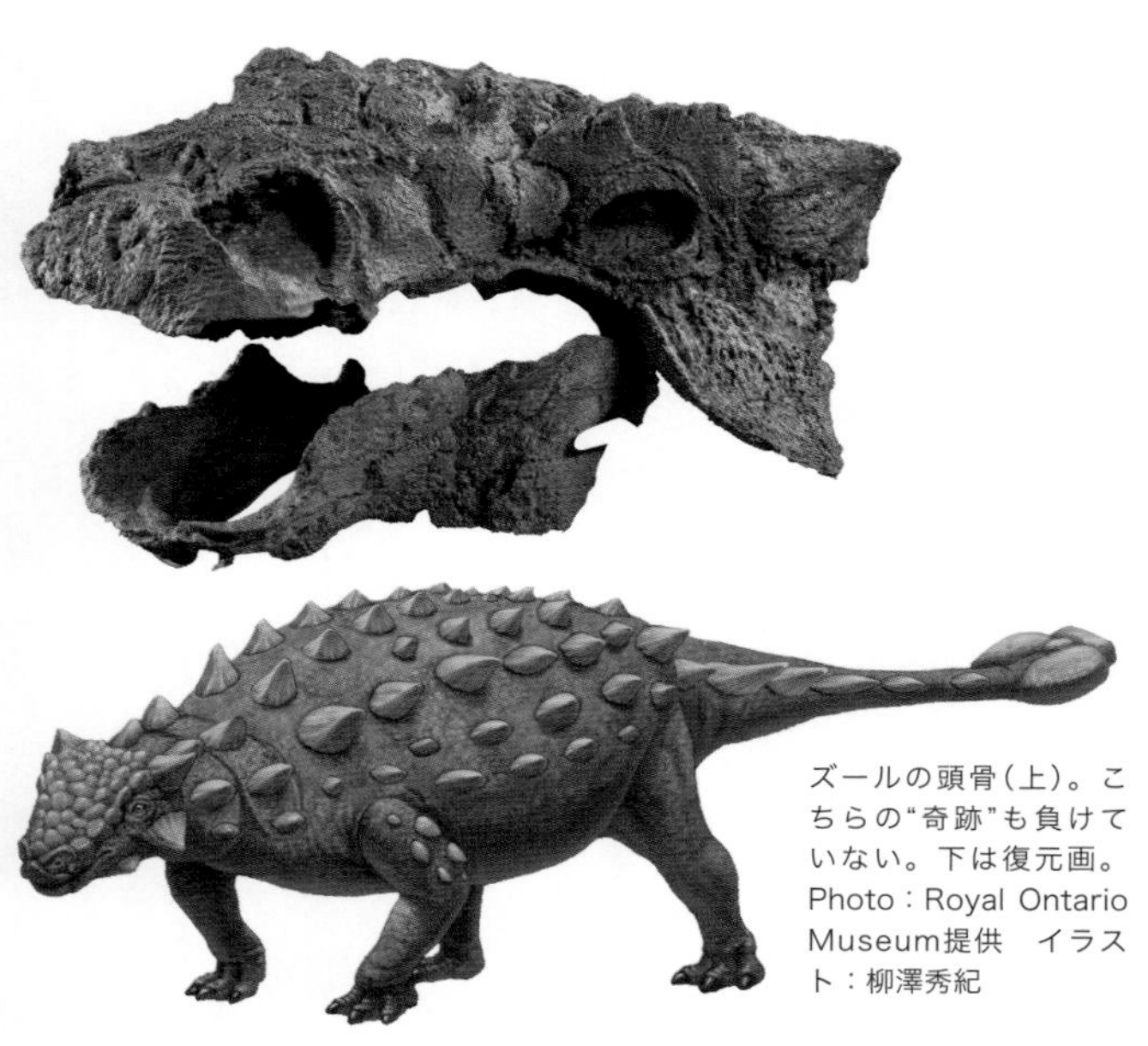

ズールの頭骨（上）。こちらの“奇跡”も負けていない。下は復元画。Photo：Royal Ontario Museum提供　イラスト：柳澤秀紀

跡があることが指摘された。なにしろ、体高の低い鎧竜類の話である。この位置を大型の肉食恐竜が襲ったとは考えにくい。アーバーたちは、ほぼ同じ大きさの鎧竜類——同じズールの別個体の尾の先端のこぶによる攻撃の痕跡ではないか、としている。たとえば、雌をめぐる雄の争いがあったのかもしれないという。まるで現生の哺乳類のような〝種内闘争〟が、こぶを使っておこなわれていたというのだ。

ボレアロペルタもズールも素晴らしい標本であるだけに、今後の分析が期待される。この2標本を突破口として、鎧竜類に関する新たな知見が増えていくことになるだろう。

ズールの尾。尾の先端にこぶがあり、尾の両側にも突起が並んでいることがよくわかる。Photo：Royal Ontario Museum提供

【恐竜は、翼で愛を語る？】

カナダとアメリカから化石が発見されている「オルニトミムス（*Ornithomimus*）」は、近縁種とともに「ダチョウ恐竜」とも呼ばれる獣脚類だ。

この愛称（俗称？）が示すように、その姿は現生のダチョウ（*Struthio camelus*）とよく似ていて、頭は小さく、首は長く、あしも長い。4メートルほどにまで成長し、二足歩行をおこなう。恐竜類屈指の快速とされる。

オルニトミムスは、翼を求愛行動、もしくは、繁殖行動に使っていたとみられ

ている。

2012年、カルガリー大学(カナダ)のダーラ・K・ゼレニツキーたちは、保存状態の良い幼体と成体の化石を詳細に分析した研究を発表した。

ゼレニツキーたちの研究によると、幼体には翼のあった痕跡がなく、成体には翼のあった痕跡があったという。

いくら翼をもっていても、オルニトミムスが飛行できないことは、その姿から明らかだ。なにしろ、ダチョウとよく似ているのである(念のために書いておくと、ダチョウは「飛べない鳥」である)。

では、翼を何に使っていたのだろう?

オルニトミムスは、「快速」の恐竜だ。走行時に、自身のバランスを取ることに使っていたのだろうか?

ゼレニツキーたちの分析によれば、幼体であっても、それなりの速さで走ることができたという。幼体には翼がない。つまり、高速走行のバランサーとして、翼はかならずしも必要ではないことになる。

幼体に翼がない。これが大きなポイントとなった。幼体になく、成体(性成熟した個体)にある。幼体と成体の大きなちがいは、繁殖できるかどうか、ということだ。

オルニトミムス。幼いころは、翼をもっていなかった。下は全身復元骨格。Photo：アフロ
イラスト：柳澤秀紀

そのため、ゼレニツキーたちは、インドクジャク（*Pavo cristatus*）の尾羽のように、異性への自己アピールに翼をもちいていたか、あるいは、卵を抱くために翼をもちいていたか、もしくは、その両方にもちいていた可能性を指摘した。

また、オルニトミムスの属するオルニトミモサウルス類は、翼が確認されている恐竜類としては、最も〝原始的なグループ〟とされている。生きていた時代は白亜紀後期だけれども、からだの特徴は、ジュラ紀のアルカエオプテリクスよりも〝原始的〟なのだ。

そんな**〝原始的な獣脚類の翼〟が、求愛・繁殖用だったというのであれば、もともと翼は飛行のためではなかった可能性が高い。愛のために使われた翼が、のちに飛行用に〝転用〟されたのかもしれない。**

【水鳥のような恐竜】

ダチョウに似た恐竜がいれば、アヒルを彷彿（ほうふつ）とさせる恐竜もいた。

再びアジアに視点を戻すと、小さな頭、長くしなやかな首、そして長い尾をもつ二足歩行性の獣脚類の化石がモンゴルから発見されている。こうして文字だけを追いかけていると違和感を感じにくいかもしれないが、獣脚類で「長くしなやかな首」という特徴は珍しい。全長は約70センチメートルと小型だ。

「**ハルシュカラプトル**(*Halszkaraptor*)」と名づけられたこの獣脚類は、吻部にも特徴があった。鼻先に水圧を感知できる神経系が入っていたとみられる空洞が確認されたのだ。これは、現生のワニ類や水鳥などがもつ特徴だ。

また、その手を見ると、最も外側の指がいちばん長い。他の獣脚類の多くは、〝中指〟がいちばん長いことを考えると、これもまた独特である。これは、ひれや水かきをもつ手にみられるとされる。

ハルシュカラプトルを2017年に報告したジョバンニ・カペリーニ地質・古生物学博物館(イタリア)のアンドレア・カウたちは、**ハルシュカラプトル**が**水陸両棲**で、まさしく**アヒルのような半水棲だった**と**指摘**している。長い首は、水中の獲物を獲る際に役立ったという。

2022年には、モンゴルで発見された「ナトヴェナトル(*Natovenator*)」が報告された。全長50センチメートル弱のナトヴェナトルは、からだが細くて流線型であり、水の抵抗

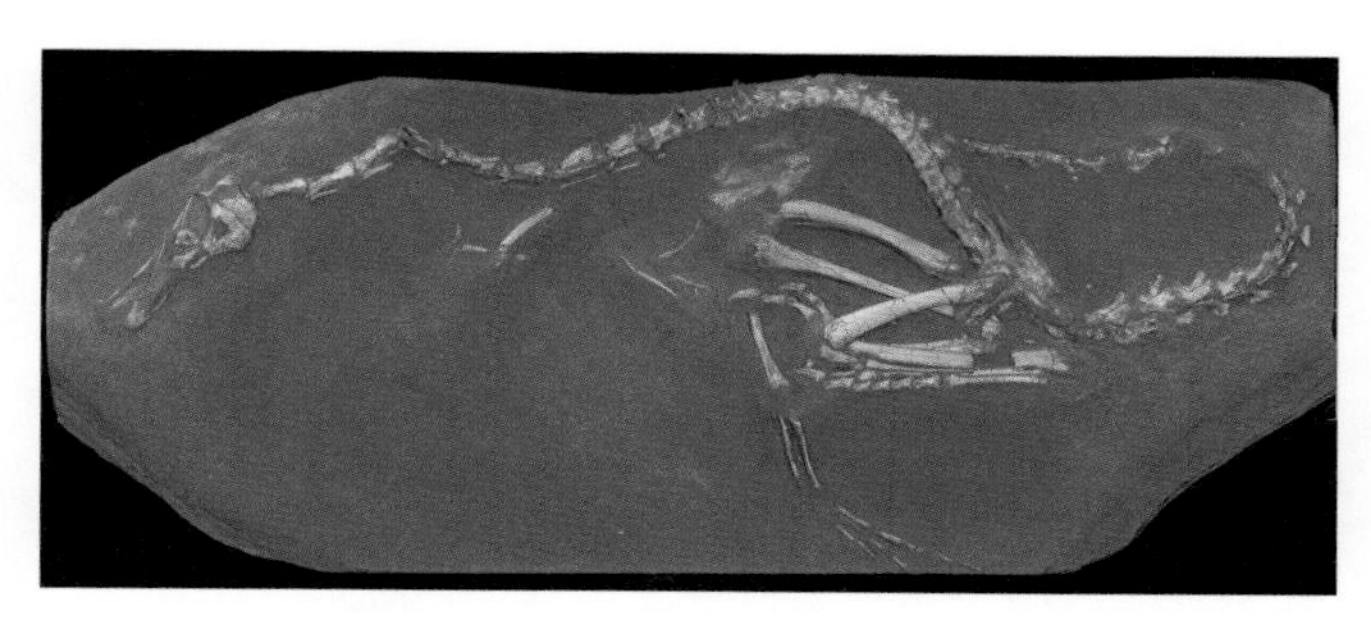

ハルシュカラプトルの化石。詳細、本文にて。
Photo：European Synchrotron Radiation Facility

ハルシュカラプトルの復元画。イラスト：服部雅人

を抑えるような姿だった。報告したソウル大学（韓国）のイ・ソンジンたちによると、骨格の随所にも水中適応が確認できるという。

現生鳥類には、ペンギン類をはじめとする〝泳ぐ鳥類〟がいる。鳥類以外の恐竜類にも、同じように水中を活動の舞台とした種がいくつも存在していたのかもしれない。


【首を守る竜脚類】


「巨大恐竜」の代名詞ともいえる竜脚類は、白亜紀にもその命脈を保ち、繁栄を続けていた。全長30メートル超の〝最大級〟の種も出現している。

白亜紀のアルゼンチンに生きていた、独特な姿をもつ2種類の竜脚類に注目したい。

一つは、全長13メートルの「**アマルガサウルス**（*Amargasaurus*）」だ。竜脚類としては〝中型種〟といえるこの恐竜にとって、サイズは重要ではない。特徴は「背中」だ。首をつくる各頸椎や胴椎の前半の背側の2本の突起が、細く長く伸びていたのだ。つまり、首の後ろに、細いトゲが2列になって並んでいた。

この突起は何のためのものだったのか？

この問いに対する手がかりは、２０１９年にもたらされた。科学技術研究評議会（アルゼンチン）のパブロ・A・ガリーナたちが、アマルガサウルスの近縁種として、新たに「**バジャダサウル**

アマルガサウルスの復元画(上)と全身復元骨格(下)。首から背中にかけて、上に伸びる細い突起が並んでいる。Photo:群馬県立自然史博物館提供　イラスト:柳澤秀紀

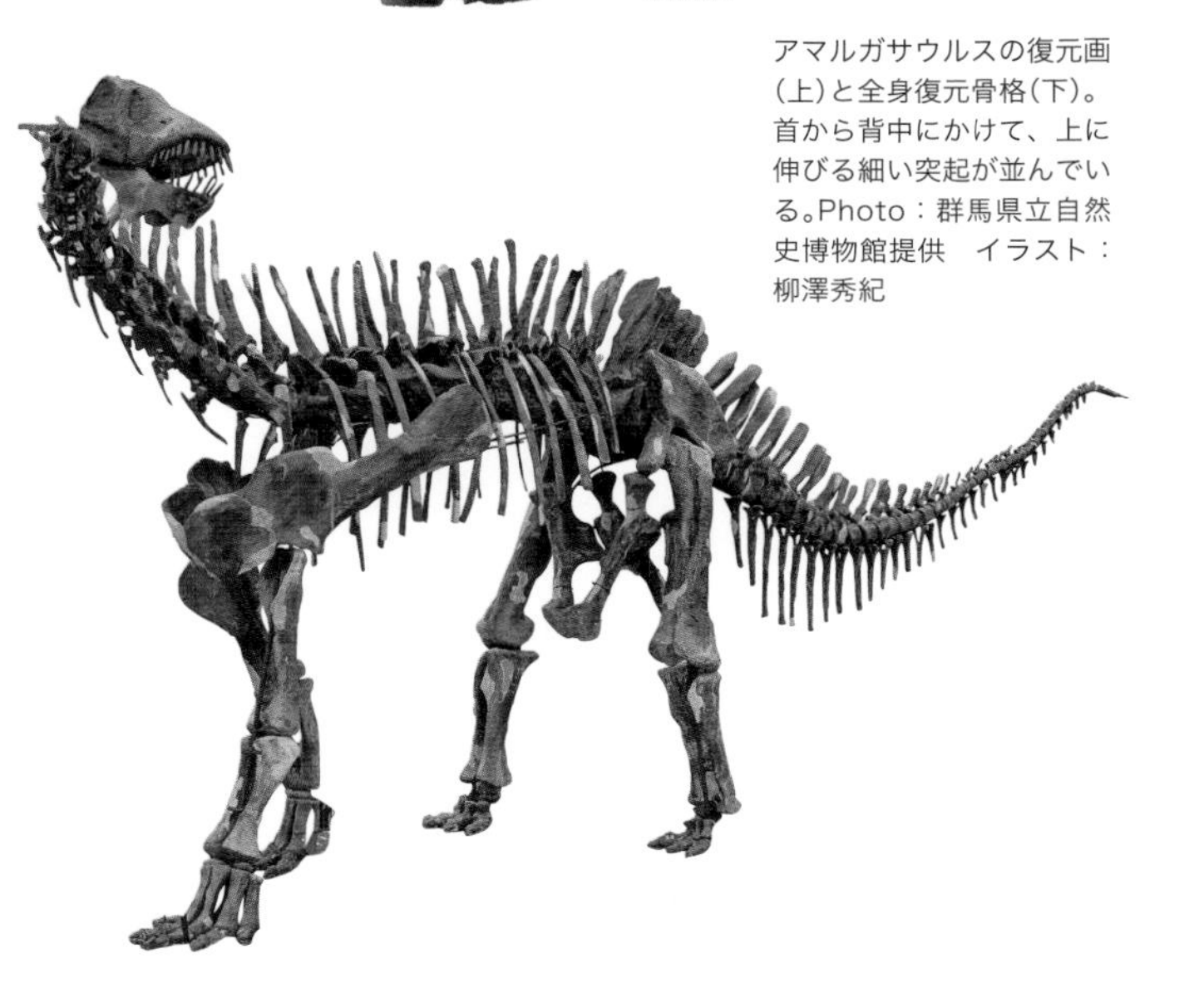

ス（*Bajadasaurus*）」を報告したのである。

バジャダサウルスの化石は、頭骨と頸椎の一部しか発見されていない。しかし、その頸椎からは、アマルガサウルスのものとよく似た突起が伸びていた。

ただし、その突起の先端は、緩く弧を描いて、前方を向いていた。ガリーナたちは、**前方を向いているバジャダサウルスの突起は〝消極的な防御用（*passive defense*）〟だった**とし、近縁のアマルガサ

ウルスも含めて、突起に適度な負荷がかかると、突起の先端だけが折れ、頸椎自体は守られる構造になっているという。
　つまり、「こっちにくるとケガをするぞ」という〝はったり用〟であり、それでも襲われた場合でも、大事には至らぬようなつくりとなっていた可能性があるのだ。

バジャダサウルスの頭部と頸部の復元骨格。Photo：AFP=時事

前向きに曲がる突起は、はったりに使われたかもしれない。イラスト：月本佳代美

最大級の獣脚類をめぐるアツい議論

【どんな姿で、どこで生きていたのか】

「スピノサウルス（*Spinosaurus*）」という獣脚類が、白亜紀半ばの北アフリカに暮らしていた。
全長14〜17メートル。獣脚類としては、最大級のサイズである。頭部は前後に長く、そして細い。口には、円錐形の歯が並ぶ。最大の特徴は背中の〝帆〟だ。脊椎の一部（棘突起）が、平たく長く上方へ伸び、並んで「帆」をつくっていた。生きていたときは、この平たい棘突起を覆うように皮膜が張られていたとみられている。

２０１０年代半ばから、スピノサウルスの復元と生態をめぐる議論が展開されている。

もともと、スピノサウルスは、ドイツ人古生物学者のエルンスト・シュトローマーによって、１９１５年に報告された。このときシュトローマーは、二足歩行で背を立てた、いわゆる「ゴジラ立ち」の姿勢でスピノサウルスを復元した。当時の復元の主流である。

シュトローマーがエジプトで発見し、この報告に用いた化石は、現在までに知られているスピノサウルスの化石で、最もよくスピノサウルスの特徴を備えていた。

しかしその化石は、１９４４年に戦災で失われた。化石を保管していた博物館が空襲を受け、博物館もろともに、スピノサウルスの化石も灰燼に帰したのである。

戦後、北アフリカでいくつかのスピノサウルスの化石が新たに発見された。しかし、いずれの化石も、シュトローマーの化石ほどにスピノサウルスの特徴をとらえたものではなかった。

20世紀も終わりが近づくと、獣脚類の復元が「ゴジラ立ち」から変更されるようになった。からだを水平に倒し、尾をまっすぐ伸ばし、2本のあしですっくと立つ。そんな姿が獣脚類の復元の主流となり、スピノサウルスの復元も同様に修正された。2009年には、シュトローマーの残した論文や写真なども参考に、初めて全身復元骨格が制作された。この全身復元骨格は、幕張メッセで開催された恐竜展で公開された。

この時点までに、スピノサウルスは「魚食性の大型獣脚類」という見方が確立していた。円錐形の歯は、現生の魚食性のワニのものとよく似ているし、細い吻部は水の抵抗を少なくすることができる。翼竜類や他の恐竜類を襲った証拠とされる化石も報告されているけれども、主食は魚であったとみられている。実際、近縁種には胃の内容物として、魚の鱗が確認されている。水際や浅瀬に立ち、鼻先を水中に突っ込んで、魚を獲っていたらしい。のちの研究では、その吻部の先端には、ワニがもつような〝圧力センサー〟があり、魚の泳ぎを捉えやすくなっていたともされる。

スピノサウルスが魚食性であったという見方は、現在でも揺らいでいない。

スピノサウルスの復元は、近年、刻々と変化している。このイラストは、2020年に発表された研究成果にもとづくもの。
イラスト：柳澤秀紀

しかし、その他の部分で、研究者たちは議論を闘わせている。

発端は、2014年にシカゴ大学（アメリカ）のニザール・イブラヒムたちが発表した論文だ。

イブラヒムたちは、部分化石や、近縁の恐竜の化石などのデータをコンピューターに取り込んで補正し、コンピューター内で全身を組み立てたのだ。

その結果、獣脚類としては珍しいほどに後ろあしの短い姿が復元された。あまりにも短いため、他の獣脚類のような二足歩行ではなく、四足歩行をしていたものと解釈された。

さらに後ろ足の指が幅広であること、指の間には、おそらく水かきがあったであろうこと、そして、四肢の骨が他の獣脚類と比較し

スピノサウルスの全身復元骨格。尾の上下に伸びる赤い突起は、2020年に報告された。これにより、尾びれをもっていた可能性が指摘されるようになった。詳細、本文にて。
Photo：Mike Hettwer提供

て緻密で重いことも指摘された。こうした特徴は、**スピノサウルスの生活の主体が、水中**だったことを**示唆**するものと**判断**された。水陸両棲でありながらも、水中にからだの大部分を沈めていたのではないか、ということである。基本的に、恐竜類は陸棲であると考えられているため、これはかなり珍しい。

この2014年の復元に際し、「浮力」の視点から疑問を投げかけたのは、ロイヤル・ティレル古生物学博物館（カナダ）のドナルド・M・ヘンダーソンである。2018年、ヘンダーソンは、水中におけるスピノサウルスの浮力や安定性などを計算し、そのからだは水中では不安定だったと指摘したのだ。

つまり**スピノサウルスは、泳ぎがヘタだっ**たと**指摘**されたのだ。そんな**遊泳能力**では、

水中生活を満足に営むことなどできはしない。

ヘンダーソンは、スピノサウルスは浅瀬か、あるいは、水辺に棲んでいた可能性は高いものの、基本的には陸棲だったのではないか、と指摘した。

2020年、デトロイト・マーシー大学(アメリカ)に籍を移したイブラヒムは、イタリア古生物協会のシモーネ・マガヌコたちとともに、スピノサウルスのものとされる「尾の化石」を新たに報告した。その化石では、尾をつくる個々の尾椎の棘突起が、細く長く伸びていた。この長い棘突起をみて、スピノサウルスの尾は、まさに水中動物の尾びれのように高さがあるように復元されることになった。イブラヒムたちは、**スピノサウルスが、この尾(ひれ)を使って水中を自由に動くことができたと分析した。**

この年、異なる視点から、イブラヒムたちの仮説を支持する論文が発表された。それは、ポーツマス大学(イギリス)のトーマス・ビーバーたちによるもので、「スピノサウルスの歯の化石が発見された地層」の解析結果だった。

基本的に、歯の化石は、骨の化石よりも数が多く、発見もされやすい。スピノサウルスの骨の化石はかなり希少だけれども、歯化石は膨大な量が発見されている。ビーバーたちは、モロッコに分布する河川でできた地層から、多数のスピノサウルスの歯が発見されていることに注目した。誤解を避けるために書いておくと、「河川でできた地層から化石がみつかる=(イコール)その化石の主が河川に棲んでいた」ということではない。陸上で暮らしている動物の死骸が、河川に流れることはよくあることだ。だから、「スピノサウルスの歯化石が河川でみつかる」こと自体は、スピノサウルスの生活圏を特定する材料とはならない。

ビーバーたちが注目したのは、その割合である。じつは、この地層からは、スピノサウルス以外の恐竜類の歯化石も発見された。しかし、スピノサウルス以外の恐竜類の歯化石は、スピノサウルスの歯化石に比べると圧倒的に少なかったのだ。

ビーバーたちは、**スピノサウルスが河川で暮らしていたからこそ、他種よりも歯化石が多いのではないか、と指摘した。**なお、この研究のメンバーには、イブラヒムも含まれている。

2021年、クイーン・メアリー・ロンドン大学(イギリス)のディヴィッド・W・ホーンと、メリーランド大学(アメリカ)のトーマス・R・ホルツ・ジュニアが、新たな論文を発表する。ホーンとホルツは、スピノサウルスの化石を再分析し、イブラヒムたちが主張するような「水中生活」が可能かどうかを検討した。

その結果は、「あまり水中生活が得意ではなかった」というものだった。ヘンダーソンの分析結果と同じである。そして、2020年にイブラヒムたちが発表した「尾」に関しては、「泳ぐことには役立ったかもしれない。しかし、獲物を追いかける速度を出すことはできなかったのではないか」と指摘した。むしろ、**スピノサウルスの高さのある尾は、「遊泳用」ではなく、「仲間への何**

らかの**〝目印〟**ではないか、**ともまとめている。**ホーンとホルツの分析では、スピノサウルスの生活圏は、「水中」というよりも「水辺」とされた。

一方、「水中説」を支持する新たな研究が2021年に発表された。ロストック大学(ドイツ)のヤン・ギムザと、行動生理学研究所(ドイツ)のウルリケ・ギムザは、スピノサウルスの頭部にある小さなトサカに注目した。ちょっとした飾りにみえるその小さなトサカは、じつは水中において水の攪乱(かくらん)を最小限におさえる効果があるという。それは、とくに視界の利かない濁った水中においてこそ、役割を果たす。獲物にそっと近寄ることが可能になるのだ。2人のギムザは、「スピノサウルスが半陸上生活だったのかどうかを問う時期にきている」という言葉で論文を結んでいる。**スピノサウルスが完全なる水棲だったのかもしれないというわけだ。**

議論は続く。

2022年には、かつてイブラヒムたちの〝スピノサウルス四足歩行説〟の論文に名前を連ねた、シカゴ大学のポール・C・セレノが筆頭著者となり、「*Spinosaurus* is not an aquatic dinosaur(スピノサウルスは水棲恐竜ではない)」という論文を発表している。

セレノたちは、骨格、筋肉、体内の空気、重心、密度、水中に潜ったときの浮力などを計算した新たなモデルを制作し、スピノサウルスの生態を検証した。その結果、後ろあしだけでも体重を支えることができることから、陸上においては二足歩行が可能であること、水中に深く潜るこ

伝統的な復元

二足歩行で陸棲。ただし、水辺に生息していたとされた。この復元が完全に否定されているわけではない。

2014年に発表された復元

四足歩行で、半水半陸。水中生活を主体としているとされた。

2020年に発表された復元

尾びれをもち、水中生活が基本であるとされた。

イラスト：柳澤秀紀

とができないこと、また、水面にからだの一部を出した状態では秒速１メートルも出せないことが指摘された。新たに「内陸のスピノサウルス」の化石も報告している。

こうした情報をまとめて、セレノたちは、**スピノサウルスを内陸と水際を二足歩行で行き来する「陸棲の恐竜」としている**。そして、水際で待ち伏せ型の狩りをしていたとの見方を述べた。尾は遊泳用というよりは、ディスプレイだった可能性に言及し、推定全長値は14メートルとやや下方修正されている。

一方、同じ２０２２年に、フィールド自然史博物館（アメリカ）のマッテオ・ファッブリたちは、骨密度に注目した論文を発表。スピノサウルスの骨は、水中で獲物を探し回ることができる構造だったと指摘している。この研究のメンバーにも、イブラヒムは名前を連ねている。

かくのごとく、イブラヒムたちが新復元を発表して以降、そろそろ10年になろうという現在でも、研究者たちの議論が続いている。新発見と新手法、さまざまな視点による解析は、今後も続いていくと確信するのは、そう難しいことではない。スピノサウルスの研究は、今後も注目の的でありつづけそうである。

王者への道、そして、王者

【始まりは、大型犬サイズ】

満を待して、〝恐竜界の覇王〟にまつわる話を始めよう。

そう、「**ティラノサウルス**(*Tyrannosaurus*)」とその仲間たちだ。

さて、恐竜類に限らず、すべての古生物の中でも圧倒的な知名度と人気を誇るティラノサウルスは、白亜紀末(約6700万年前〜約6600万年前)のララミディアに君臨した獣脚類である。その全長は13メートルに達するという大型種だ。獣脚類として「最大」ではないにしろ「最大級」であり、その巨大な顎が生み出す破壊力は、古今の陸上動物を見渡しても圧倒的だ。

ティラノサウルスは、その近縁種とともに「ティラノサウルス類」というグループを構成している。いささかややこしいのは、一言に「ティラノサウルス類」と書いても、階層分類でいうところの「ティラノサウルス科(Tyrannosauroidae)」を指す場合と、その上位分類群である「ティラノサウルス上科(Tyrannosauroidea)」を指す場合がある点である。

そこで本項では、ここから先は、エジンバラ大学(イギリス)のスティーブン・L・ブルサッテと、カーセッジ大学(アメリカ)のトーマス・D・カーが2016年に発表した論文を参考にしつつ「上科」と「科」に分けて、文を続けていくとしたい。

ティラノサウルス上科の歴史は古く、ジュラ紀の半ばにアジアやヨーロッパに登場した。しかし、この最初期のティラノサウルス上科の獣脚類は、ティラノサウルスとは〝直接的にはつながらない系統〟に位置しているとされる。つまり、ティラノサウルス上科のメンバーではあるが、ティラノサウルス科のメンバーではない。

ティラノサウルス上科を構成するグループの一つとして、ティラノサウルスへとつながるティラノサウルス科が出現した時期も、ジュラ紀である。ただし、そのジュラ紀のティラノサウルス科のメンバーは、すでに〝わずかに進化的〟であり、この科の原始的な特徴は残していないとされる。

ブルサッテとカーの論文で、**〝ティラノサウルス科の原始的な種〟として位置づけられているのは、「ディロン**(*Dilong*)**」だ。**中国に分布する白亜紀前期半ばの地層から化石が発見されている。

……と、ここで、〝進化的〟と〝原始的〟という言い回しについて、少し触れておかなければいけないだろう。「ジュラ紀の恐竜よりも、白亜紀の恐竜の方が原始的」という、一見すると矛盾した記述は、化石記録の〝不完全性〟による。もちろん、ジュラ紀にも〝原始的なティラノサウルス科〟の獣脚類はいたはずだが、その化石は発見されていない。白亜紀のディロンは、そんな〝原始的なティラノサウルス科〟の特徴をもったまま、白亜紀を生きていた獣脚類、ということになる。

これまでに生きていたすべての生物の化石が残っているわけではなく、発見されているわけでも

ディロンの頭骨（上段）と復元画（下段）。Photo：小林快次提供　イラスト：柳澤秀紀

ない。その〝不完全性〟により、こうした矛盾しているようにみえる歴史は、古生物ではしばしばみられるものとなっている。

閑話休題、ディロンだ。

この恐竜は、全長1・6メートルほどの小型の恐竜である。推定される体重は、わずか6キログラム。このサイズは、第1章で紹介した最初期の恐竜たちとほぼ同等だ。筆者の家でともに暮らす大型犬のラブラドール・レトリバーよりは長いけれども、体重は4分の1弱という軽量である。小型犬（のやや大きい品種）の我が家のシェットランド・シープドッグより少し軽い程度しかない。

片手でも簡単に抱えることができる。

ティラノサウルスと比較したとき、ディロンは全長に占める首の割合が大きく、頭部の割合は小さく、前あしは長い。ティラノサウルスの手の指は2本であることに対し、ディロンの指は3本あった。羽毛の痕跡が化石で確認されている。おそらく全身を羽毛で覆っていたとみられている。翼の有無についてはわかっていない。

ディロンの脳構造を分析したパヴォル・ヨゼフ・シャファリク大学(スロバキア)のマルティン・クンドラートたちの2018年の研究によると、ディロンの脳は敏捷(びんしょう)な動きをする動物のものに近かったらしい。**小型で、軽量で、俊敏な狩人**。**それが、ティラノサウルス科の"始まり"**だったのかもしれない。


【羽毛で覆われた大型種】


ディロンと同じ時代、同じ地域に、全長9メートルのティラノサウルス上科の獣脚類が生息していた。その名を「ユティラヌス(*Yutyrannus*)」という。

ユティラヌスは、二つの点で注目に値する。

一つは、**ユティラヌスには、ティラノサウルス上科の"オールドタイプ"と"ニュータイプ"の双方の特徴があるという点**である。ティラノサウルス上科において、ディロンに代表されるような

〝オールドタイプ〟は、全長に占める頭部の割合が小さく、手の指が3本ある。一方、ティラノサウルスのような〝ニュータイプ〟は、全長に占める頭部の割合が大きく、手の指は2本しかない。
ユティラヌスは、全長に占める頭部の割合が大きく、手の指が3本あった。つまり、頭部は〝ニュータイプ〟あるいは、〝ニュータイプ〟にやや近く、手の指は〝オールドタイプ〟だったのだ。
こうした特徴から、２０１２年にユティラヌスを報告した中国科学院のシン・シュウたちは、ユティラヌスを〝オールドタイプ〟から〝ニュータイプ〟の途上にあるティラノサウルス上科と位置づけた。

もっとも、ブルサッテとカーの２０１６年の論文では、ユティラヌスはティラノサウルス上科ではあるが、ティラノサウルス科とは別のグループに位置づけている。ブルサッテとカーの論文が正しければ、ユティラヌスの〝進化の先〟に〝ニュータイプ〟は存在しないことになる。

注目点の二つ目は、羽毛である。**ユティラヌスは、その全身を羽毛で覆っていた。**羽毛が化石として残っているのである。

もともと、羽毛の主な役割として、「保温」があるとみられている。体温が逃げないように、羽毛でからだを覆う、というわけだ。一方、からだの大きい動物ほど、熱は逃げにくい。これは、風呂の湯がなかなか冷めにくいことと同じ原理だ。同じ温度の湯でも、コーヒーカップの湯はすぐに冷めるが、風呂の湯は長時間にわたって温度が保たれる。

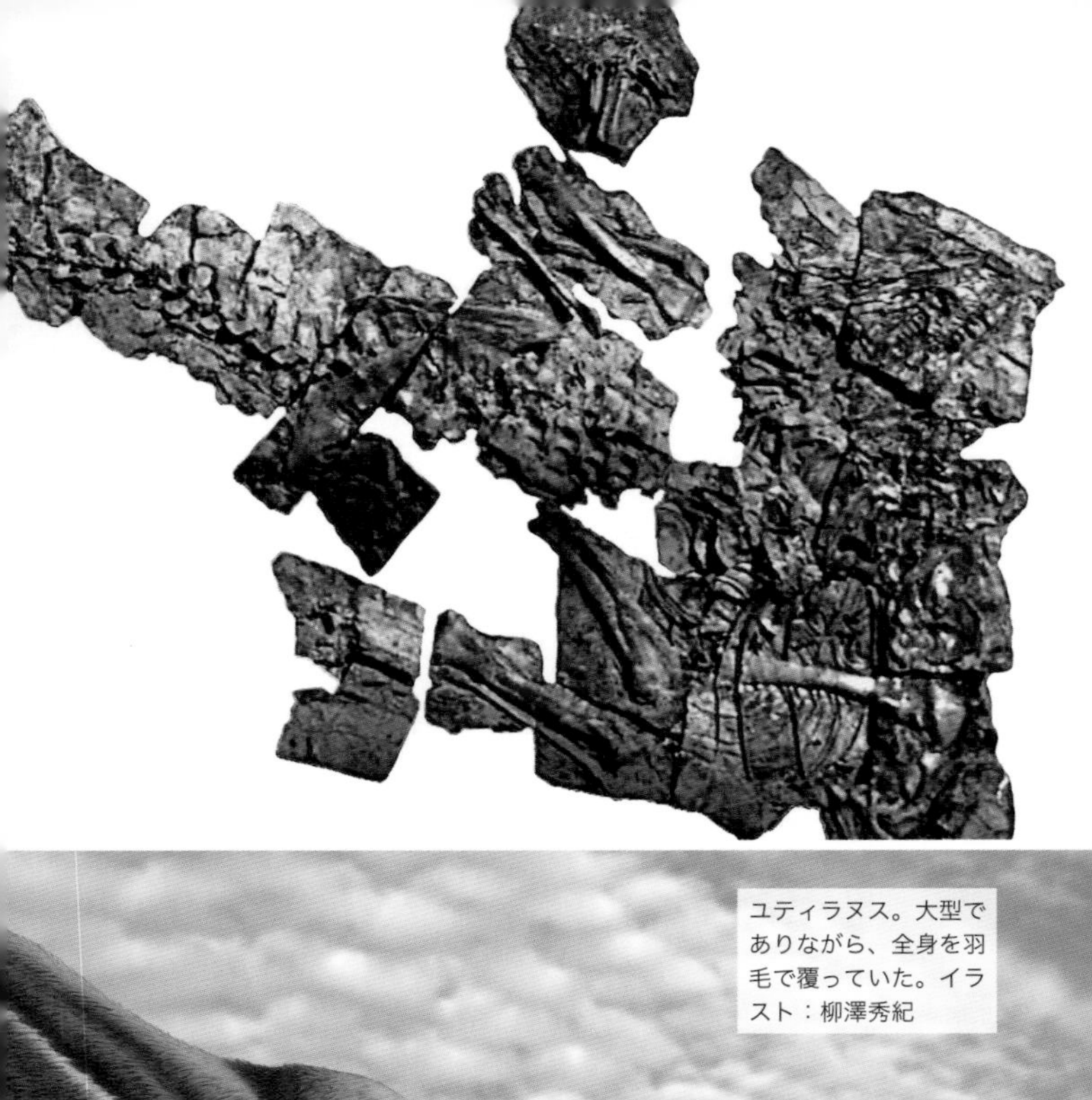

ユティラヌス。大型でありながら、全身を羽毛で覆っていた。イラスト：柳澤秀紀

ユティラヌスの化石。左右を向いた2個体分。Photo：Xing Xu提供

上の写真とは別個体のユティラヌスの四肢に確認された羽毛の痕跡の一つ。Photo : Xing Xu提供

この「保温目的」があるために、羽毛は小型種だけの特徴とみられていた……にもかかわらず、全長9メートルのユティラヌスは羽毛に覆われていたのである。

シュウたちは、ユティラヌスの生きていた地域に注目している。シュウたちによると、当時、この地域の年間平均気温は10℃ほどだったとのことだ。これは、現代日本の青森市の年間平均気温とほぼ同じである。つまり、夏でもそれなりに涼しい。そんな地域では、大型種であっても羽毛が必要だったというわけである。

【アジアの王者】

白亜紀も終盤になると、ティラノサウルス科の〝ニュータイプ〟が、アジアとララミディアに登場するようになる。ララミディアの〝ニュータイプ〟の代表は、もちろん、ティラノサウルスである。そして、アジアのティラノサウルス類の代表として、「**タルボサウルス**(*Tarbosaurus*)」を挙げることができる。

先にアジアから紹介したい。

タルボサウルスは、全長約9・5メートルという大型種で、大きくて頑丈な頭骨、手の指が2本だけの獣脚類である。一見して、ティラノサウルスとよく似ており、「アジアのティラノサウルス・レックス」とも呼ばれることがある。ただし、実際に比較すると、ティラノサウルスよりは一回り小型だ。

2007年、ロシア医療科学アカデミーに所属するS・V・サヴェリフと、ロシア科学アカデミーのV・R・アリファノフが発表した論文では、タルボサウルスの脳構造が分析されている。この論文によると、**タルボサウルスは、視覚よりも嗅覚と聴覚が発達していたらしい。**

また、2012年にパイプストーン・クリーク・ダイナソー・イニシアティブ(カナダ)のフィル・R・ベルたちが発表した研究では、デイノケイルスの腹肋骨(ふくろっこつ)にタルボサウルスのものとみられる噛(か)み跡が確認されている。

デイノケイルス……ご記憶だろうか。**【20世紀最大の謎】**の項で紹介した〃帆をもつ大型獣脚類〃だ(205ページ参照)。

ベルたちによると、その傷は複数のタルボサウルス

タルボサウルスがデイノケイルスを襲う。そんな光景が、白亜紀のアジアでは日常だったのかもしれない。
イラスト：柳澤秀紀

スがデイノケイルスの死骸を食べる際につけた可能性があるという。1頭のタルボサウルスがデイノケイルスの死骸を漁ったのか、複数のタルボサウルスが同時にデイノケイルスを襲い、仲良く食事をしていたのか、細部はわかっていない。

タルボサウルスはアジアにおけるティラノサウルス科の〝終着点〟であり、〝その先のティラノサウルス科〟が出現する前に彼らは滅びを迎えた。

【ララミディアの王者】

アジアで進化を遂げたティラノサウルス科の一部は、やがてララミディアに渡り、そして、ララミディアで大きな繁栄を遂げる。

その繁栄の末に出現したのが、「ティラノサ

タルボサウルスの頭骨。ティラノサウルスとよく似ている。Photo：アフロ

ウルス」だ。……文章中に「ティラノサウルス」の文字が多くなってきたので、ここから先は種としてのティラノサウルスを指す場合、その種名である「**ティラノサウルス・レックス**（*Tyrannosaurus rex*）」を略した「T・レックス」をもちいていこう。

T・レックスは、タルボサウルスと並んで、ティラノサウルス科で最も〝進化的〟とされる。その全長は、12メートルとも13メートルとも言われ、その体重は6トンとも8トンともされている。史上最大級の獣脚類であり、史上最大級の〝陸の狩人〟だ。幅のあるがっしりとした大きな頭部、口には削られていない鰹節（かつおぶし）を彷彿させるような大きな歯が並ぶ。全体的にどっしりとしたからだをもつ一方で、不自然なまでに前あしが小さいことでも知られている。

T・レックスは、ただ単純に「大きい」だけではない。

2012年にリバプール大学（イギリス）のK・T・ベイツと、マンチェスター大学（イギリス）のP・L・ファーキンガムが計算した結果、T・レックスの顎が生み出す「噛む力」は、前歯付近でも3万ニュートンを超え、奥歯付近では約5万7000ニュートンに達したという。平均では約3万5000ニュートンと算出された。比較のために同じ方法で算出された現生のアリゲーター（*Alligator*）の噛む力は、4000ニュートンにおよばず、ジュラ紀の王者たるアロサウルス（157ページ参照）の噛む力も6000ニュートンにおよばない。**T・レックスの噛む力が、いかに〝強大〟だったのかがわかる**というものだ。

ティラノサウルス。このイラストのように、群れを組んでいたかどうかはわかっていない。イラスト：Raúl Martín

ちなみに、この値は成体のT・レックスに関してのもの。2021年にウィスコンシン大学オシュコシュ校(アメリカ)のジョセフ・E・パターソンたちが発表した研究では、亜成体のT・レックスの噛む力は、約5600ニュートンと算出された。成体のそれには遠くおよばない。同じ食事をとることは難しいだろう。T・レックスは、成長にともなって獲物を変えていたのかもしれない。噛む力の研究は他にも発表されているので、詳しい比較はしだいに明らかになっていくだろう。

2009年にカルガリー大学(カナダ)のダーラ・ゼレニツキーたちが発表した研究ではT・レックスの脳構造が分析され、**T・レックスが優れた嗅覚をもっていたこ**

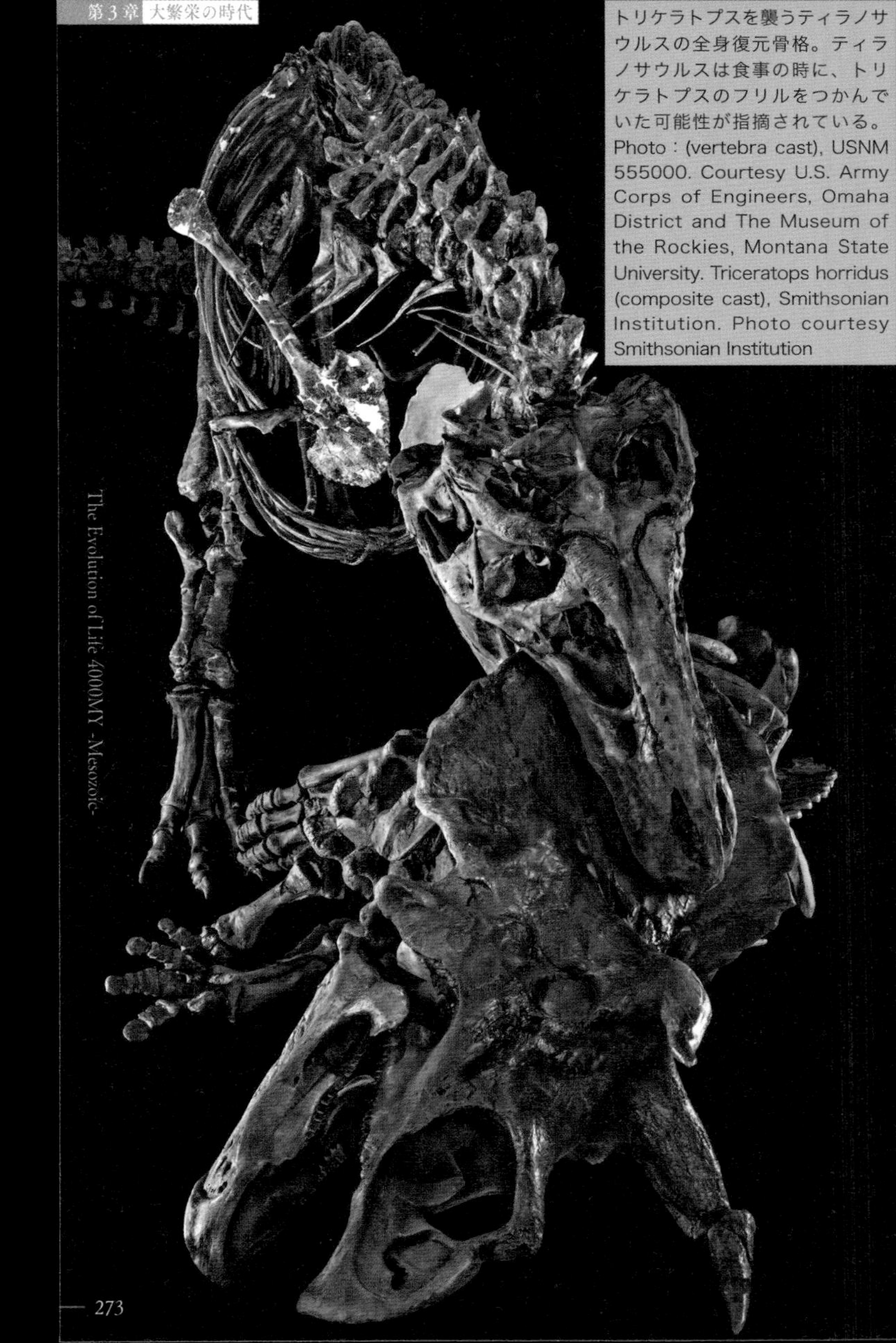

トリケラトプスを襲うティラノサウルスの全身復元骨格。ティラノサウルスは食事の時に、トリケラトプスのフリルをつかんでいた可能性が指摘されている。
Photo : (vertebra cast), USNM 555000. Courtesy U.S. Army Corps of Engineers, Omaha District and The Museum of the Rockies, Montana State University. Triceratops horridus (composite cast), Smithsonian Institution. Photo courtesy Smithsonian Institution

とが**指摘されている**。2019年に、ユニバーシティ・カレッジ・ダブリン(アイルランド)のグラハム・M・ヒューズとジョン・A・フィナレッリは、T・レックスの脳構造と、現生鳥類などの脳構造や遺伝子のデータをあわせて解析し、T・レックスの嗅覚受容体に関する遺伝子の数を645個と算出している。ヒューズとフィナレッリの分析対象となった28の恐竜類の中では、この値は他種を圧倒する。

2021年には、福井県立大学の河部壮一郎と服部創紀が、T・レックスの下顎の血管や神経を解析した研究を発表している。この研究によると、**T・レックスの下顎の神経はかなり高密度であり、下顎が触覚センサーとしての役割を果たしていた可能性が高く**、捕食、巣作りや育児、種内コミュニケーションなど、細やかな動きをともなう行動に適応していたのかもしれないという。

かくのごとく、T・レックスは研究者たちにも人気であり、毎年のように新研究が発表されている。注目しつづけなければならない恐竜といえるだろう。

さて、「T・レックス」という略称を使ってきたように、ティラノサウルス属には、「レックス」という1種しか存在しない、ということがこれまでの〝定説〟だった。しかし、2022年になって、アメリカのグレゴリー・S・ポールたちが「レックス以外の種も存在した」という論文を発表している。この論文によると、歯と大腿骨などにちがいがあり、レックス以外に〝少し細い種〟と〝少しがっしりした種〟が確認できるという。ポールたちは、前者に「女王」という意味の種小名を与えて、「ティラノサウルス・レジーナ(*Tyrannosaurus regina*)」とし、後者には「皇帝」という意味の種小名を与えて「ティラノサウルス・インペラトール(*Tyrannosaurus imperator*)」とした。ちなみに、従来からの「レックス(*rex*)」は「王」という意味だ。

ポールはかねてよりティラノサウルス属には複数種が存在すると主張してきた人物で、今回、学術論文としてその主張が〝公式に〟発表されたことになる。

ただし、この論文には、カーセッジ大学(アメリカ)のトーマス・D・カーたちによって、すぐに反論が発表されている。その論文は、「このくらいのちがいは、一つの種の中でみることができるものだ」というもの。カーたちは、レジーナもインペラトールも、レックスという種の中の〝小さな差〟にすぎないと指摘した。ポールたちの言うように、「ティラノサウルス属は3種いた」と認められるかどうかは、今後の研究と議論の展開次第といえよう。ポールもすぐさま反論を発表している。科学の議論かくありき。この意味でも、やはり、注目しつづけなければならない恐竜なのだ。

【王者の収斂進化】

タルボサウルスやT・レックスなどにみることができる「大きなからだ・大きな頭部・小さな前あし」という姿。それは、ティラノサウルス類が進化の果てに獲得したものだった。白亜紀末に彼らが滅びなかったら、より極端化した可能性もあるかもしれないが（そんな「イフ」の話は、技術評論社より上梓した拙著『ｉｆの地球生命史』にまとめているので、ご興味のある方はどうぞ）、実際のところは、〝適度なアンバランス感〟のある彼らの姿が〝終着点〟となっている。

ただし、「大きなからだ・大きな頭部・小さな前あし」の組み合わせは、

メラクセス。ティラノサウルスのようにみえるかもしれないが、前あしには３本の指がある（ティラノサウルスは2本）。
イラスト：柳澤秀紀

ティラノサウルス科の専売特許というわけではなかったらしい。

たとえば、２０２２年、ＣＯＮＩＣＥＴ（アルゼンチン）のファン・Ｉ・カナレたちが報告したアルゼンチン産の「**メラクセス**（*Meraxes*）」も、同様の特徴をもっていた。

メラクセスは、全長約11メートル。タルボサウルス以上、Ｔ・レックス未満というサイズだ。発見された標本は上顎骨や前あしが良い状態で残っており、「大きな頭部・小さな前あし」という特徴がよくわかる。加えて、足に鋭い鉤爪をもっていた。この鉤爪は、タルボサウルスやＴ・レックスにはない特徴である。

メラクセスの頭骨復元。その長さは127cm
に達した。Photo：AFP=時事

ここで注目したいポイントは、メラクセスの所属である。メラクセスは、「カルカロドントサウルス類」と呼ばれる獣脚類グループに属している。このグループは、南アメリカ大陸やアフリカ大陸で繁栄し、多数の大型種を擁している。

同じ獣脚類であっても、ティラノサウルス類とカルカロドントサウルス類は近縁ではない。カルカロドントサウルス類は、むしろジュラ紀の王者であったアロサウルス（157ページ）の〝流れ〟を組むグループである。

カナレたちは、**大型獣脚類の中で「腕が短くなる」という収斂進化**があったと指摘している。「収斂進化」とは、異なる分類群であっても、進化の結果として姿が似るというものだ。ある意味で「大きな頭部・小さな前あし」は、必然だったのかもしれない。その可能性がある、ということである。大きな頭部を得ることと前あしが小さくなることは、トレードオフの関係だったのかもしれない。ただし、「小さな前あし」に関して、その役割はまだ謎が多い。

なお、メラクセスが生きていた時代は、白亜紀後期の初頭にあたる。タルボサウルスやT・レックスよりも2000万年以上早く、「大きなからだ・大きな頭部・小さな前あし」という〝流行〟を先取りしていた……ことになるのだが、カルカロドントサウルス類はその後、さほど期間をおかずに滅んでいる。進化と滅びの関係……じつに興味深い。

強者は恐竜だけにあらず

【水際世界の覇者】

中生代は、「恐竜の時代」と表現されることが多い。

確かにそれは誤りではない。……誤りではないのだが、正確でもない。あえて言うならば、中生代は「爬虫類の時代」であり、恐竜類以外の爬虫類も、さまざまな生態系で上位層に君臨していた。

たとえば、陸圏と水圏の境界域――水際世界だ。

白亜紀になって、ワニ形類が水際世界の生態系の頂点に昇り詰めていた。

象徴的なワニ形類を2種、紹介しておきたい。

一つは、白亜紀半ばのアフリカ大陸北部に出現した「**サルコスクス・インペラトール**(*Sarcosuchus imperator*)」である。「サルコスクス」の名前(属名)をもつ種はいくつかあり、そのなかで「インペラトール」は最大種となる。

その大きさたるや、頭骨だけで長さ約1・6メートル。全身の化石は発見されていないものの、**サルコスクスの全長は12メートルに達したとも計算されている。T・レックス級の巨体だ。**頭部の7割は、細長い吻部が占める。その吻部に並ぶ歯は、

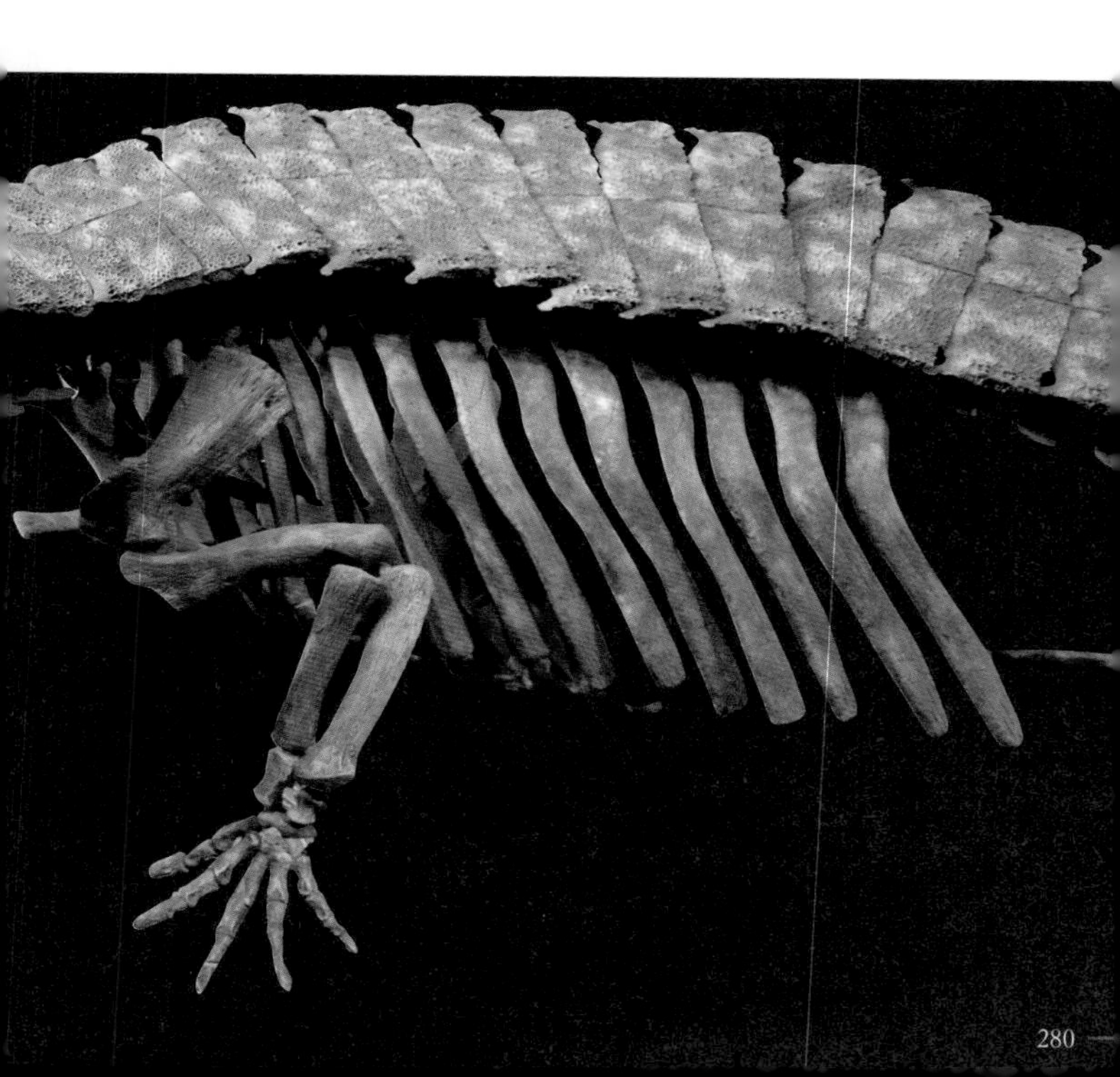

太くて長い。そして、吻部の先端がいくらか膨らんでいて、鼻孔がある。背中の鱗板骨は、原始的なワニ形類と同じ、2列だけだった。

もう一つのワニ形類は、白亜紀後期の北アメリカ大陸に出現した「デイノスクス・リオグランデンシス（*Deinosuchus riograndensis*）」である。こちらも複数種いるデイノスクス属の中で、最大種だ。

デイノスクス・リオグランデンシスの大きさは、頭骨の長さが約1・8メートルとサルコスクスよりもやや長い。ただし、全長は同程度で、約12メートルと推測されている。

デイノスクスは、ワニ形類の中に

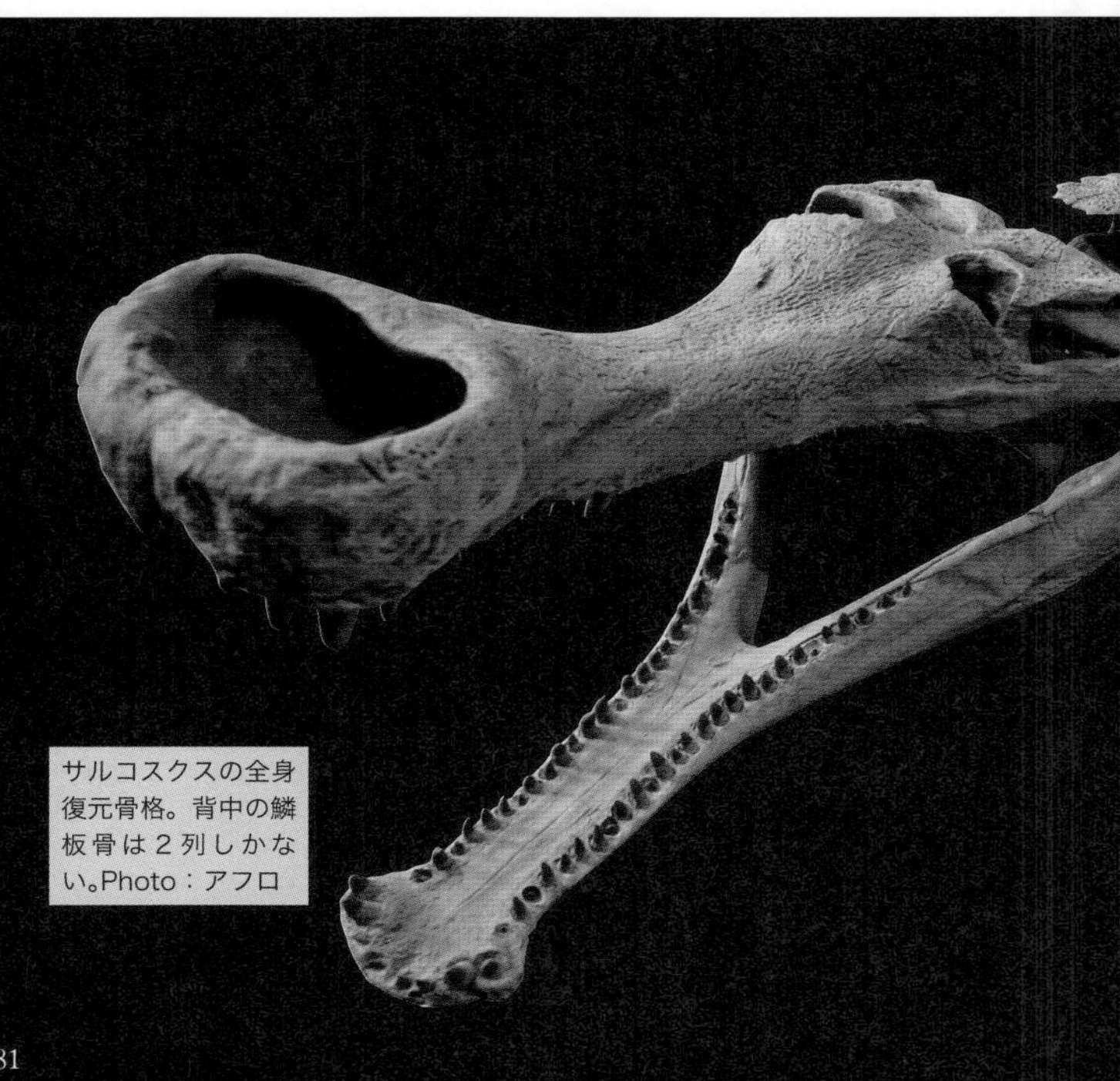

サルコスクスの全身復元骨格。背中の鱗板骨は2列しかない。Photo：アフロ

恐竜を襲うサルコスクス。“水際世界”では、ワニ形類が優勢だった。イラスト：Raúl Martín

登場した「ワニ類」の一員だ。そう、白亜紀後期に至り、ついにワニ形類に現生のグループが登場したのだ。デイノスクスは、ワニ類の中のアリゲーター類に分類されている。見た目も、アリゲーターとよく似ている。

2014年、ウルグアイ物理学研究所のルデマール・エルネスト・ブランコたちは、サルコスクスはデスロールをすることができなかったが、デイノ**スクスはデスロールが可能だった**と指

恐竜を襲うデイノスクス。大型種どうしの戦いがあったのかもしれない。イラスト：Raúl Martín

デイノスクスの全身復元骨格。Photo：アフロ

摘している。

「デスロール」とは、現生のワニ類で観察される〝必殺技〟である。獲物をがっしりとくわえ、自分のからだを勢いよく回転させ、獲物の肉を引きちぎるのだ。

想像してみてほしい。全長約12メートル、頭骨約1・8メートルのデイノスクス・リオグランデンシスが繰り出すデスロールを。

絶望以外に何か残るだろうか……。

【史上最大級の翼】

白亜紀の空では、「大きな頭と短い尾の翼竜たち」が大いに繁栄をみせた。

その象徴が、アメリカから化石が発見されている「ケツァルコアトルス（*Quetzalcoatlus*）」だ。翼開長は10メートルに達するともされ、現代の軽飛行機に匹敵するような大きさをもつ大型種である。大きな頭骨は細長く、小さなトサカはあるものの、それ以外に目立つ特徴はない。上下の顎ともに歯を有さず、骨を見ると大きな孔が開いていて、見た目ほどに重い頭部ではなさそうだ。

翼竜類の中でも、「アズダルコ類」と呼ばれるグループは大型種を多数擁することで知られている（アズダルコ類のすべてが大型であるわけではない）。ケツァルコアトルス級のサイズをもつ種類も複数報告されているが、ケツァルコアトルスを含め、全身化石が残っているわけではない。そのため、サイズの推定にも幅があり、いずれの種が「最大」であ

るかは悩ましい。その意味では、ケツァルコアトルスを含め、そうした大型種は「最大級の一つ」といえるだろう。

次巻の新生代編で紹介することになるだろう〝最大級の鳥類〟は、これほどの大型ではない。その意味では、ケツァルコアトルスを含む大型翼竜は、「史上最大級の翼の持ち主」と表現しても良さそ

ケツァルコアトルスは、地上の狩人だったかもしれない。
イラスト：柳澤秀紀

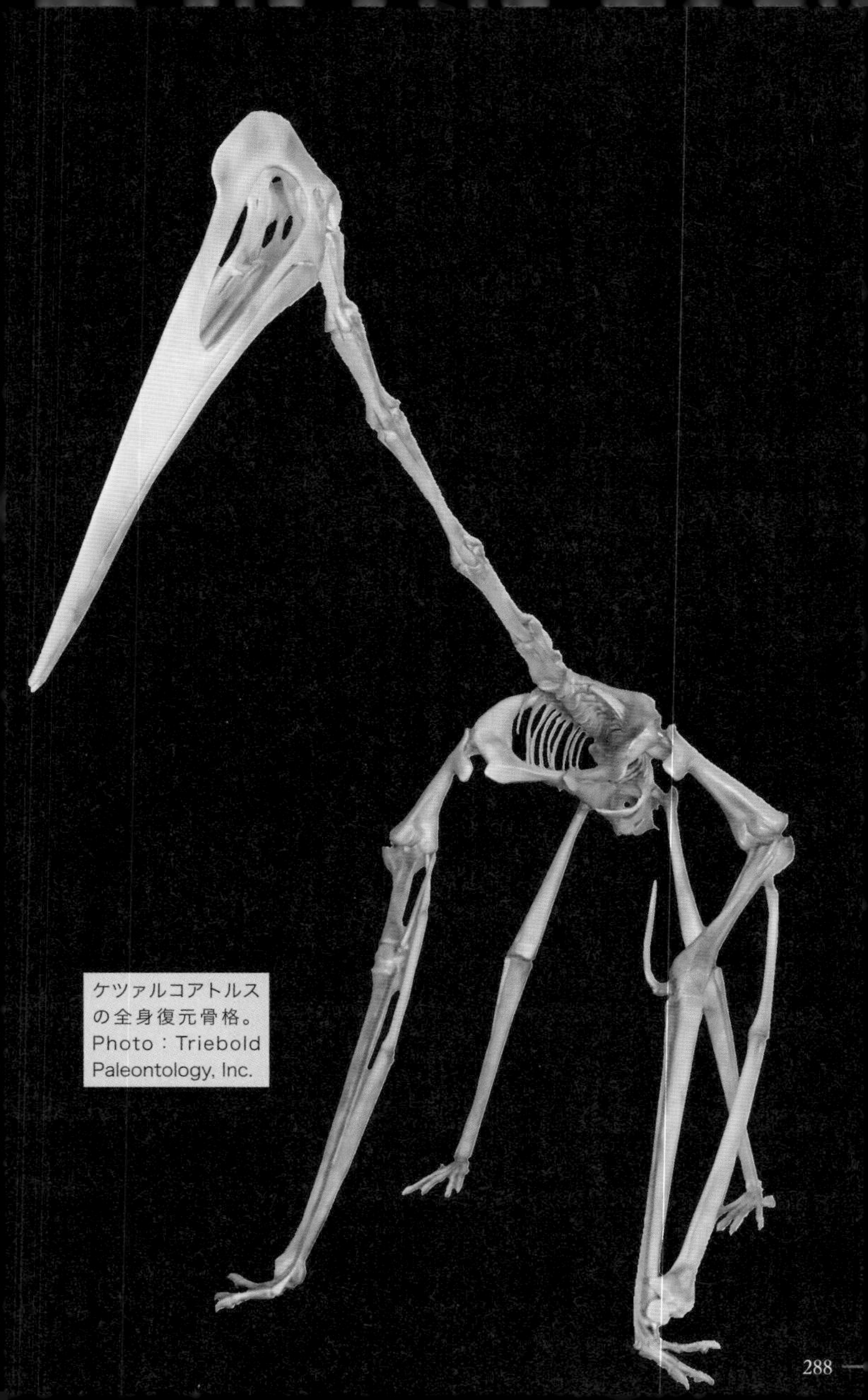

ケツァルコアトルスの全身復元骨格。Photo：Triebold Paleontology, Inc.

うだ。

もっとも、彼らが「史上最大級の飛行動物」であるかどうかは、議論のあるところだ。なにしろ、大きすぎるのである。

そのため、かねてより「それでも飛行できた」とみる見方と、「飛行できずに地上を歩いていた」という説があり、議論が重ねられている。

近年では、2022年に名古屋大学大学院の後藤佑介たちが、航空力学にもとづいて、現生鳥類との比較をおこない、大型翼竜の飛行能力を検証した結果を発表している。後藤たちの計算によると、ケツァルコアトルスのような大型翼竜は、地面や海面から自然と発生する上昇気流を利用した滑空飛行――サーマルソアリングと、海上の風速勾配を利用した滑空飛行――ダイナミックソアリングのどちらも苦手だったという。後藤たちは、**ケツァルコアトルスはほとんど飛ばずに、陸上生活をしていた可能性が高い**、としている。

こうした「飛行できずに地上を歩いていた」という見方では、ケツァルコアトルスは小動物を襲う捕食者として想定されている。ポーツマス大学(イギリス)のマーク・P・ウィットンが著した『PTEROSAURS』(2013年刊行)では、アズダルコ類が地上生態系の「中型の捕食者」だった可能性に言及している。

【恐竜を襲う哺乳類】

この時代、多様化する哺乳類の中に、恐竜を捕食するものも出現した。

その名前を「**レペノマムス**(*Repenomamus*)」という。

レペノマムスは、白亜紀前期の中国北西部に生息していた哺乳類で、がっしりと頑丈な顎と鋭い歯をもつ。

特筆すべきは、そのサイズだ。

レペノマムスの名(属名)をもつ種は、2種報告されている。その2種のうち、大型の「**レペノマムス・ギガンティクス**(*Repenomamus giganticus*)」の頭胴長は、じつに80センチメートルに達した。体重は、12〜14キログラムと推測されている。

頭胴長80センチメートルといえば、現代のシェットランド・シープドッグを上回る。体重14キログラムといえば、シェルティの1.5倍強だ。かなりがっしりとした体格といえるだろう。

レペノマムス・ギガンティクスの獲物は未発見だけれども、同属の小型種である「**レペノマムス・ロブストゥス**(*Repenomamus robustus*)」の胃があったとみられる場所からは、植物食恐竜の幼体の化石が発見されている。その幼体の化石は、胴体を細断されている一方で、四肢はつながったままだった。そのため、レペノマムス・ロブストゥスは、その幼体を襲い、噛み切り、一飲みにしていたとみられている。豪快な食事法である。

恐竜を狩っていた哺乳類——レペノマムス。
イラスト：柳澤秀紀

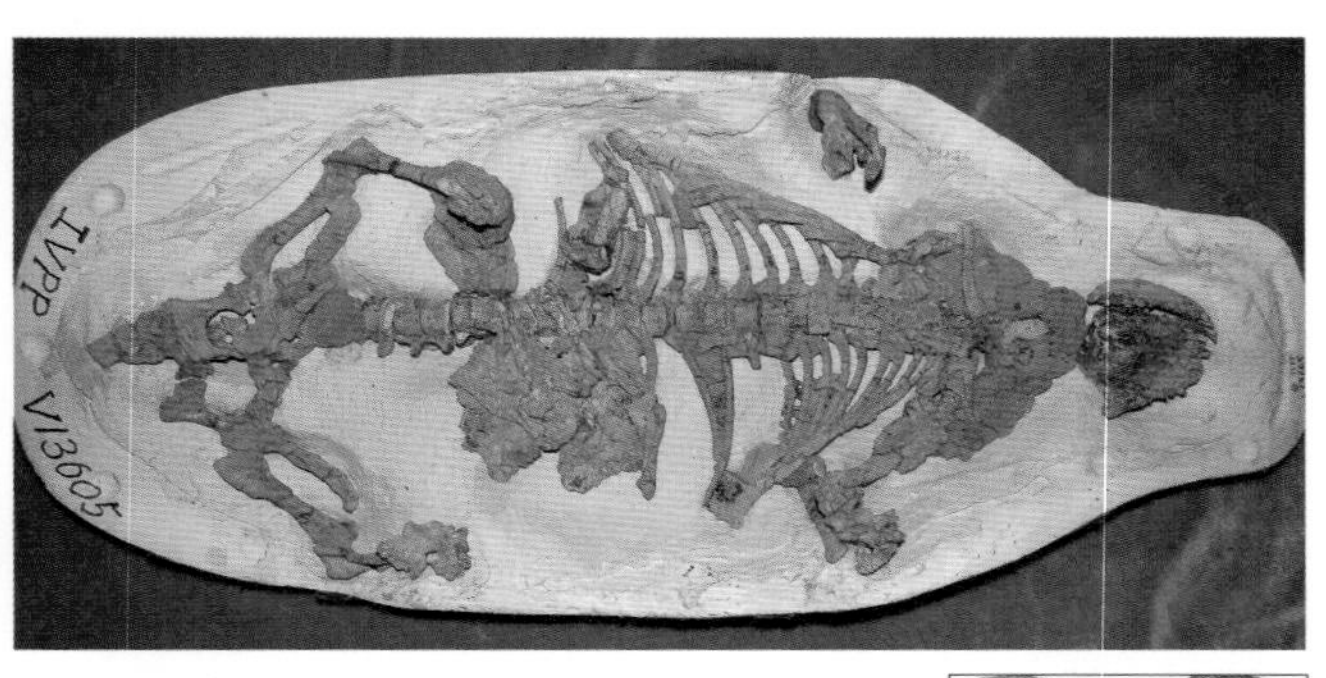

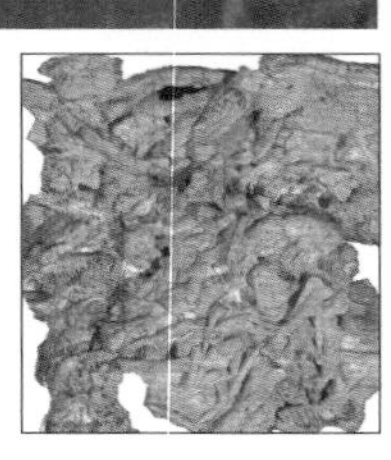

レペノマムスの化石(左)と、その腹部に確認されたプシッタコサウルスの化石(右)。Photo：IVPP提供

小型種であるロブストゥスでさえ、恐竜を食べていたのだ。いわんや、大型種のギガンティクスをや、である。

こうした大型の哺乳類は、他にも確認されている。

たとえば、白亜紀後期のマダガスカルに生息していた「**アダラテリウム**(*Adalatheium*)」である。

アダラテリウムは、頭胴長約36センチメートル、体重約3キログラムと、一見するとさほど大きく感じないかもしれない。

しかしこのサイズは、長さにおいて現生のイタチ(*Mustela itatsi*)の大きな個体とほぼ同じであり、体重においてはイタチの大きな個体の5倍近い。がっしりとしたからだつきで、現生のアナグマを彷彿とさせる姿をしてお

アダラテリウムの復元画（上）と全身復元骨格（下）。がっしりとした哺乳類である。Photo：Dinosaur Resource Center, Woodland Park, Colorado イラスト：柳澤秀紀

り、発達した切歯と、エサを粉砕する臼歯を備えていた。風貌は、なかなかどうして、可愛らしくもあり、恐ろしくもある。

なお、「頭胴長約36センチメートル、体重約3キログラム」という推測値は、「UA9030」と標本番号がつけられた〝最良の標本〟にもとづくもの。2020年に、この哺乳類を報告したデンバー自然科学博物館(アメリカ)のデビッド・W・クラウスたちによると、「UA9030」は亜成体とみられるとのことで、ひょっとしたらもっと大型だった可能性もある。

恐竜類が支配する世界で、哺乳類も少しずつ生態系の階段を上り始めていた。白亜紀は、そんな時代だったといえるかもしれない。

ただし、レペノマムスの仲間も、アダラテリウムの仲間も、その子孫は現在まで残っていない。

海の住人たち

【繁栄する〝名脇役〟】

海に目を転じよう。

アンモノイド類の唯一の生き残りであるアンモナイト類は、ジュラ紀に続いて白亜紀でも繁栄をみせる。世界各地の海へと広がり、それぞれの海で固有の進化も遂げていく。

本書では、日本のアンモナイト類をいくつか紹介しておこう。

まず、「これぞ、アンモナイト！」という風貌の「**アナゴードリセラス**(*Anagaudryceras*)」である。

アナゴードリセラスは、長径20センチメートル前後の螺旋形の殻をもつ。殻自体の断面は楕円(だえん)形だ。外側に行くほど殻は顕著に太くなり、規則的な凸構造(肋)が力強く発達する。おそらく古生物に興味がない人でも、アナゴードリセラスの化石を見れば、「アンモナイトだよね」とわかるにちがいない(と思いたい)。なお、愛好家の間では、「アナゴ」の愛称で知られる(なんだか美味(おい)しそうだが、食べたことがある人はだれもいないはずだ)。

次に、「**ユーボストリコセラス**(*Eubostrychoceras*)」だ。殻自体はけっして太くないものの、隙間をあけた立体的な螺旋形を描くという特徴がある。それ

アナゴードリセラス。北海道産。三笠市立博物館所蔵・展示標本。Photo：オフィス ジオパレオント

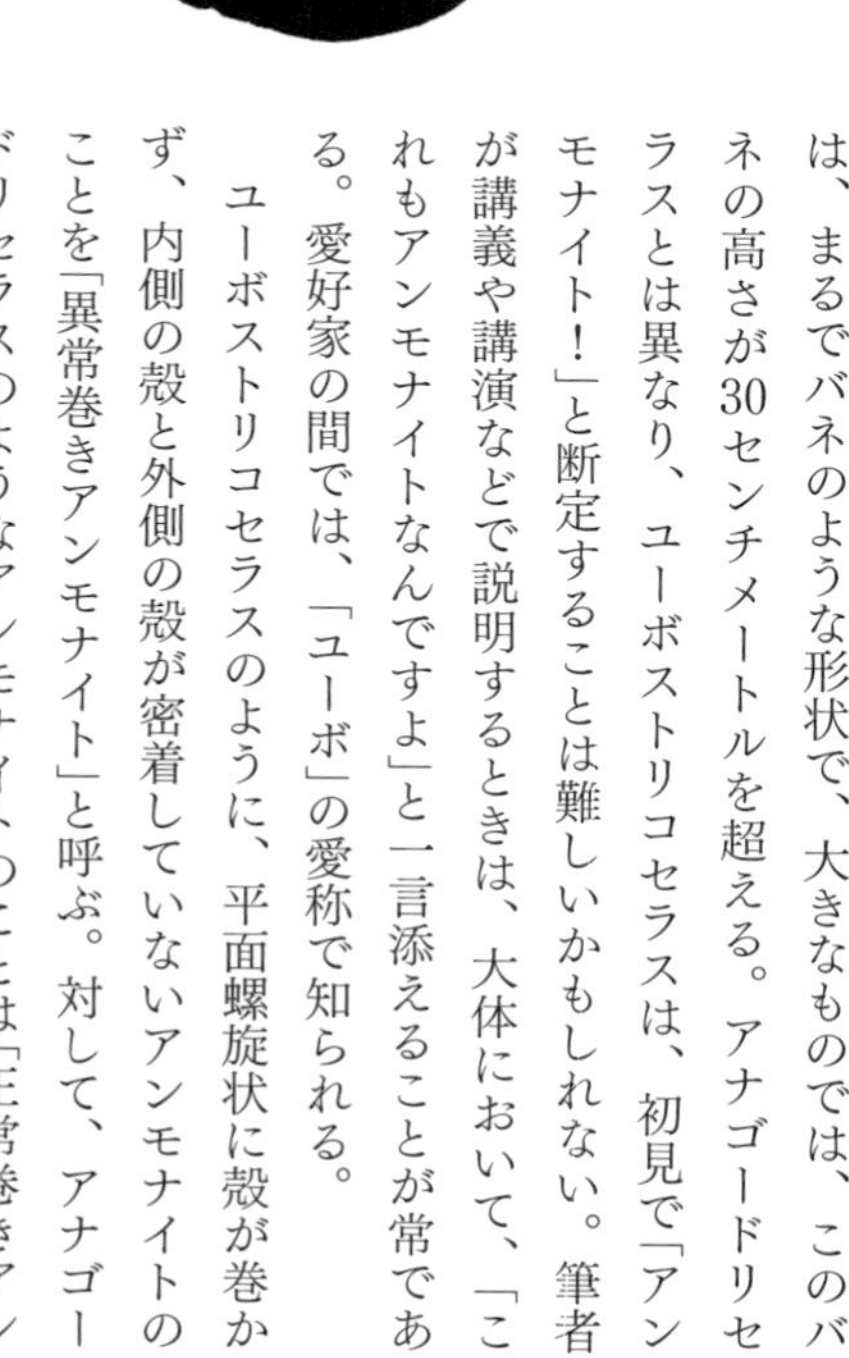

ユーボストリコセラス。北海道産。三笠市立博物館所蔵・展示標本。Photo：オフィスジオパレオント

は、まるでバネのような形状で、大きなものでは、このバネの高さが30センチメートルを超える。アナゴードリセラスとは異なり、ユーボストリコセラスは、初見で「アンモナイト！」と断定することは難しいかもしれない。筆者が講義や講演などで説明するときは、大体において、「これもアンモナイトなんですよ」と一言添えることが常である。愛好家の間では、「ユーボ」の愛称で知られる。

ユーボストリコセラスのように、平面螺旋状に殻が巻かず、内側の殻と外側の殻が密着していないアンモナイトのことを「異常巻きアンモナイト」と呼ぶ。対して、アナゴードリセラスのようなアンモナイトのことは「正常巻きアンモナイト」と呼ばれる。**この場合の「異常」とは、あくまでも殻の巻き方を指したもので、遺伝的・進化的・病的な「異常」を指したものではないことに注意が必要だ。**ましてや、この「異常」が絶滅の原因になったわけでもない。むしろ、生物が死んで化石になる確率がけっして高くないことを考えると、「化石が残る」ことは、繁栄した「成功者」の証拠とさえいえるだろう。さらにいえば、多くの異常巻きアンモナイトの化石は、けっして「希少」ではなく、多産するのだ。

さて、ユーボストリコセラスは、アンモナイト類の中でも「アンキロセラス類」というグループに属している。アンキロセラス類は、ジュラ紀後期に登場し、白亜紀になってさまざまな異常巻きアンモナイト類を生み出した。

そんな異常巻きアンモナイトたちの「極め付き」ともいえる存在が、「**ニッポニテス**（***Nipponites***）」である。愛好家の間では、「ニッポ」とも呼ばれる。

ニッポニテスの殻の巻き方は、「怪奇」そのものだ。「ヘビが複雑にとぐろを巻いたような」と形容することもあるが、よく考えると、ヘビはここまで複雑なとぐろを巻かない。その殻は、アルファベットの「U」の字

ニッポニテス。北海道産。三笠市立博物館所蔵・展示標本。Photo：オフィス ジオパレオント

のような急ターンを立体的に繰り返している。全体の大きさは、ヒトの掌に乗る程度だ。

百聞は一見に如かず、である。本書でも前ページに三笠市立博物館の標本写真を掲載しているが、インターネットにアクセスできるのであれば、「異常巻きアンモナイト3D化石図鑑」のサイト(http://www.palaeo-soc-japan.jp/3d-ammonoids/)をご覧いただきたい。このサイトは、日本古生物学会が制作・運営しており、ニッポニテスをはじめとする日本産異常巻きアンモナイトの「3D画像」を見ることができる。ぐりぐりと、いろいろな角度で、あるいは、外側の殻を〝透過〟して、内側の殻構造も見ることができる。

それにしても、これほど奇妙な姿で、ニッポニテスはいかに生きていたのだろうか?

ユタ大学(アメリカ)のデヴィッド・J・ピーターマンたちが2020年に発表した研究がある。この研究では、ニッポニテスの3次元仮想モデルをつくり、その動きを検証している。

ピーターマンたちの解析の結果、**ニッポニテスはその成長過程において、どの段階でも〝それなりの遊泳性能〟を有していた**という。ただし、基本的には「低エネルギーのライフスタイル」であり、自分の餌となるプランクトンを探して、ゆっくりと動き、ゆっくりと旋回していたようだ。

ニッポニテスは、ユーボストリコセラスの子孫であるとみられている。

北海道では、同じ地域でニッポニテスとユーボストリコセラスの化石がみつかる。そして、ニッポニテスの方が少し新しく、ユーボストリコセラスのほうがやや古い。1980年代に、愛媛大学の岡本隆によって行われた分析では、ニッポニテスの殻の巻き方をシミュレートする数式の一部を変えると、中間型を経ずにユーボストリコセラスの殻の巻き方になることが示されている。「シミュレートする数式の一部を変える」ということは、事実上の〝ちょっとした突然変異〟だ。

この愛すべき異常巻きアンモナイトは、かつての日本の海で、ユーボストリコセラスから進化したのかもしれない。なお、「ニッポニテス」とは「日本(*Nippon*)」の「石(*-ites*)」という意味であり、文字通り、日本を代表する化石・古生物である。日本古生物学会のシンボルマークでもある。

アンモナイトファンの間では、「北のニッポ・西のプラヴィト」という言葉がある(誰が言い出したのかは不明だけれども、筆者は一度ならず聞いたことがある)。ニッポニテスと双璧をなす異常巻きアンモナイトの化石が西……淡路島などで発見されているのだ。

「**プラヴィトセラス**(*Pravitoceras*)」は、ニッポニテスとはちがった視点で「怪奇」のアンモナイトである。大部分は、まるで正常巻きアンモナイトのように平面に殻が巻いているものの、最外周は、アルファベットの「S」字のように伸び、途中

プラヴィトセラス。兵庫県産。Photo：北九州市立いのちのたび博物館提供

で内側から離れて弧を描くのだ。よくみると、正常巻きアンモナイトのようにみえる部分も、その中心は小さな塔のように立体的に巻かれている。全体の長径は30センチメートル近くになるものもある。

白亜紀の日本の海にいた異常巻きアンモナイトたち。彼らは、大型の脊椎動物たちに比べると少し地味かもしれない。しかし、彼らもまた〝名脇役〟として、世界の構築に一役買っていた。

ちなみに、ユーボストリコセラスとニッポニテスのように、プラヴィトセラスにも祖先・子孫の関係にあるとされるアンモナイトもいる。かつての日本やその近海は、異常巻きアンモナイトたちが、進化を重ねる舞台だったのかもしれない。

【ダイオウイカ級】

いわゆる「ダイオウイカ」と呼ばれるイカ類は、「**アーキテウティス・ドゥクス**(*Architeuthis dux*)」という学名が与えられた現生種だ。そのサイズは、外套長(胴部の長さ)と頭部、そして触腕の長さを加算した「全長」で、14・5メートルに達するという。

白亜紀の海にも、このダイオウイカに迫るサイズ

の巨大イカがいたかもしれない。日本の北海道から、イカ類の顎（いわゆる「カラストンビ」）の化石が発見されているのだ。それは、下顎の化石で、サイズは6センチメートル強。この化石から推測される全長は、10～12メートルになるという。アーキテウティス・ドゥクスにはおよばないものの、それに近いサイズである。

この白亜紀の巨大イカには、「**ハボロテウティス**（*Haboroteuthis*）」の名前が与えられている。「ハボロ（*Haboro*）」は、化石の産地である北海道羽幌町を指し、「ハボロダイオウイカ」の和名もある。

イカだけではない。コウモリダコ類にも巨大なヤツがいたようだ。ハボロ

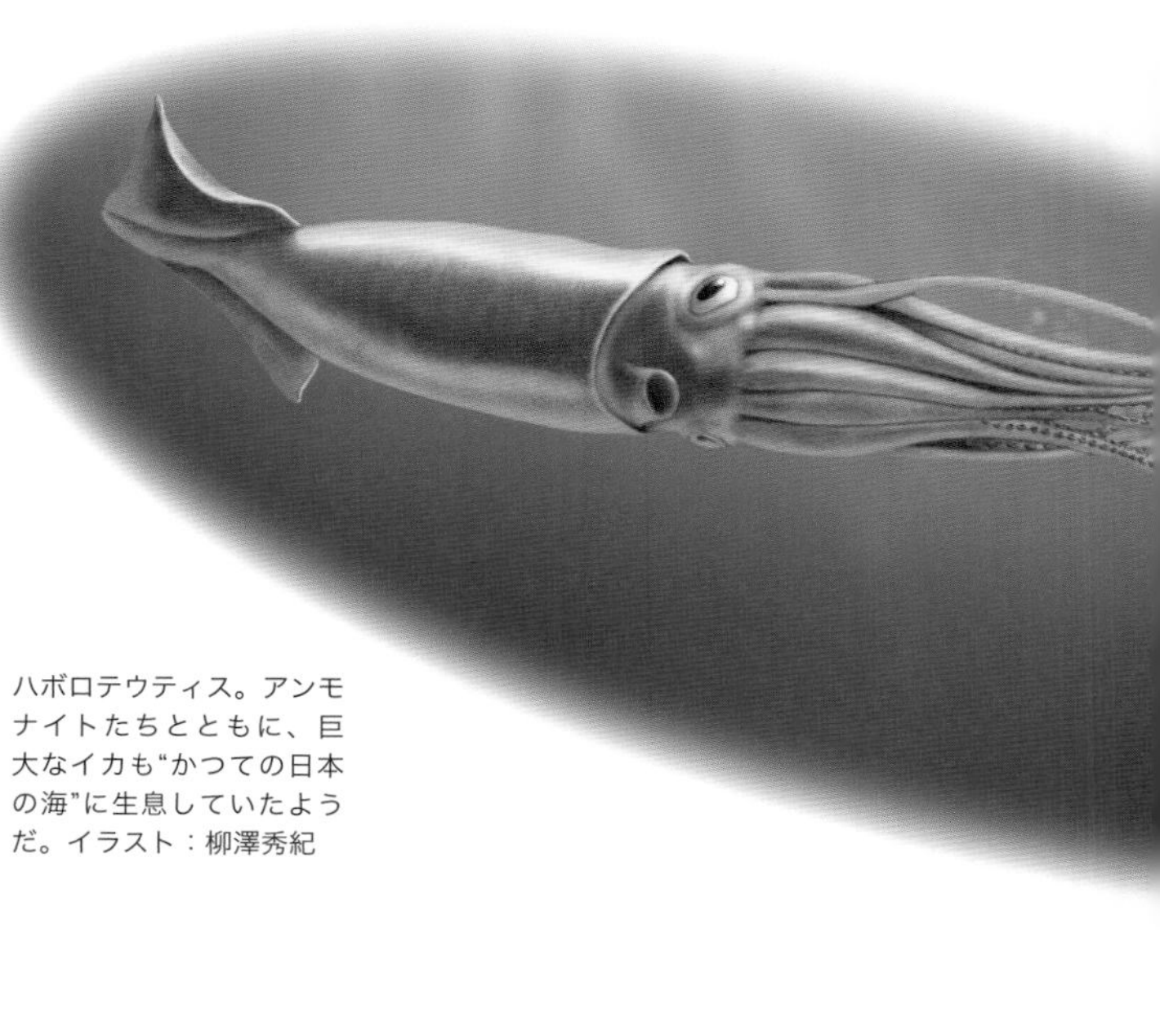

ハボロテウティス。アンモナイトたちとともに、巨大なイカも“かつての日本の海”に生息していたようだ。イラスト：柳澤秀紀

テウティスと同じ地層から、コウモリダコ類の「**ナナイモテウティス・ヒキダイ**(*Nanaimoteuthis hikidai*)」の顎の化石が発見されている。こちらも下顎の化石で、サイズは約9センチメートル。この化石から推測される全長は、2.4メートルと算出されている。現生唯一のコウモリダコ類である「**ヴァンパイロテウティス・インファナリス**(*Vampyroteuthis infernalis*)」の大きさが全長数十センチメートルであることを考えると、破格の大きさである。

アンモナイト類も、イカ類も、コウモリダコ類も、いずれも「頭足類」である。当時の海における頭足類の隆盛がよくわかるというものだ。

ハボロテウティスと同じ地層から化石が発見されたコウモリダコ類には、「ナナイモテウティス・ヒキダイ(*Nanaimoteuthis hikidai*)の名前が与えられた。イラスト：柳澤秀紀

【二枚貝の〝変わりもの〟たち】

白亜紀の海底にいた、2タイプの〝特徴的な二枚貝類〟を紹介しておきたい。

一つは、「厚歯(あつば)二枚貝類」と呼ばれるグループである。厚歯二枚貝類は、その〝風体〟がじつに二枚貝らしくない。

このグループの典型例の一つは、「**ラディオリテス**(*Radiolites*)」だろう。化石は世界各地から発見されている。

私たちのよく知る二枚貝類といえば、左殻と右殻の形状は、鏡のように対称的なつくりとなっている。アサリ然(しか)り、シジミ然り、ホタテ然り、だ。しかし、ラディオリテスの場合、右殻がまるで湯飲み茶碗のように大きく、深く膨らんでいる。一方、左殻は薄い板のようだ。すなわち、「蓋付き湯飲み茶碗」(あるいは、ドイツの伝統的な蓋付きビアマグ)ともいえる形状をしていた。大きさは、殻の

ラディオリテス。こんな姿でも、二枚貝類である。イラスト：柳澤秀紀

直径が2〜6センチメートル。この〝蓋付き湯飲み茶碗型〟の右殻のかなりの部分を海底の堆積物に埋め、集団をつくっていたらしい。

この〝**蓋付き湯飲み茶碗型**〟の**厚歯二枚貝類は**、**しばしば大規模な礁をつくっていた**。**白亜紀当時**、**とくに熱帯の浅海には**、**サンゴではなく**、**厚歯二枚貝類の礁が形成されていたのである**。

もう一つは、「イノセラムス類」と呼ばれるグループだ。ジュラ紀に出現したグループではあるが、白亜紀になって大繁栄した。現生のウグイスガイ（*Pteria brevialata*）と同じ「ウグイスガイ類」に属する一群で、殻の

イノセラムス。多様な種をもつこのグループは、示準化石として重宝されている。Photo：むかわ町穂別博物館提供

形状はグループ内でも変化に富む。殻は薄いけれども大型の種も少なくなく、殻高が1メートルに達するものもいた。

イノセラムス類は、分布の広い種が多い一方で、個々の〝種の寿命〟が短いという特徴がある。そのため、ある特定の種の化石を発見すれば、その化石を含んでいた地層の時代をかなり絞り込むことができる。こうした地層の時代を決めることができる化石を、「示準化石」と呼ぶ。自分たちだけではなく、他の古生物たちの生きていた時代の特定にも役立つという、とても便利な化石だ。ちなみに完全な余談ではあるが、筆者の卒業論文のテーマもイノセラムス類の示準化石の性能を検証することだったし、テーマを変えた修士論文でも示準化石として大いに活用した。

イノセラムス類は多種多様で典型例を挙げることは難しいが、あえて1種を挙げるとすれば、日本で化石がみつかる「**イノセラムス・ホベツエンシス**(*Inoceramus hobetsuensis*)」がいる。肋が強く発達し、殻頂に向かう凹みがある。大きなものでは数十センチメートルになる。なお、「ホベツエンシス」の「ホベツ(*hobetsu*)」は、カムイサウルス(217ページ参照)の産地である北海道むかわ町穂別のことである。

じつは、白亜紀という時代は、さらに12に分けられている。イノセラムス・ホベツエンシスの化石がみつかった場合、その化石を含んでいた地層は、12の時代の中で古いほうから8番目にあたる「チューロニアン」と特定できる。この性能たるや。研究者に重宝される所以(ゆえん)である。

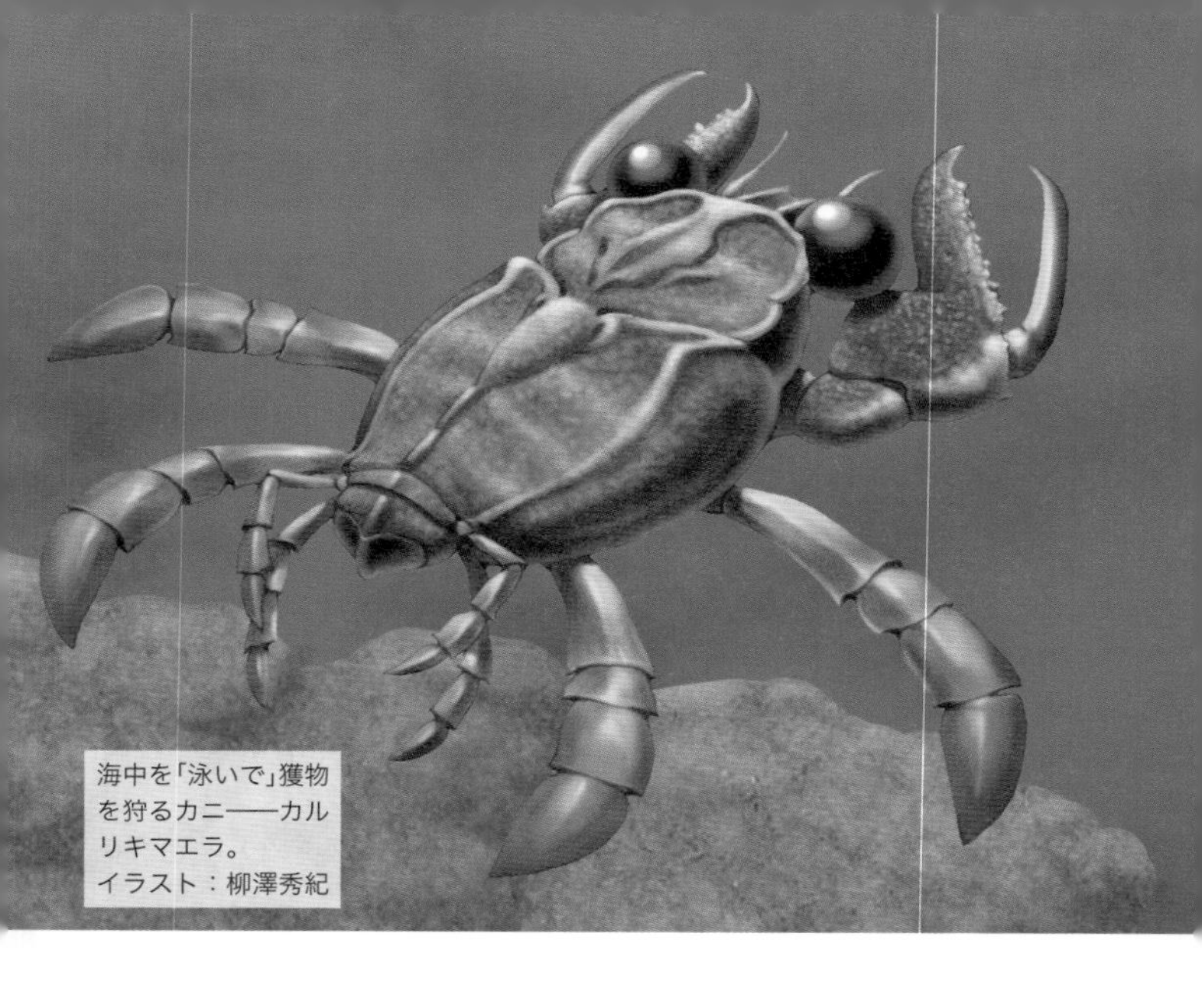
海中を「泳いで」獲物を狩るカニ──カルリキマエラ。
イラスト：柳澤秀紀

【ウミサソリ以来】

近年になって、白亜紀の海には遊泳能力に長けたカニ類がいたことがわかった。

2019年にアルバータ大学（カナダ）のJ・ルケたちが報告したそのカニ類の名前を「カルリキマエラ（*Callichimaera*）」という。

カルリキマエラの大きさは、背甲の幅が4〜10ミリメートル。ぎょろっとした大きな眼と、第2付属肢、第3付属肢の先端がオールのような形状になっているという特徴がある。ルケたちは、このオール型の付属肢から、カルリキマエラが活発に泳ぎ回る遊泳者であると指摘した。

カニ類は甲殻類に、甲殻類は節足動物に属している。

節足動物でオール型の付属肢をもつものと

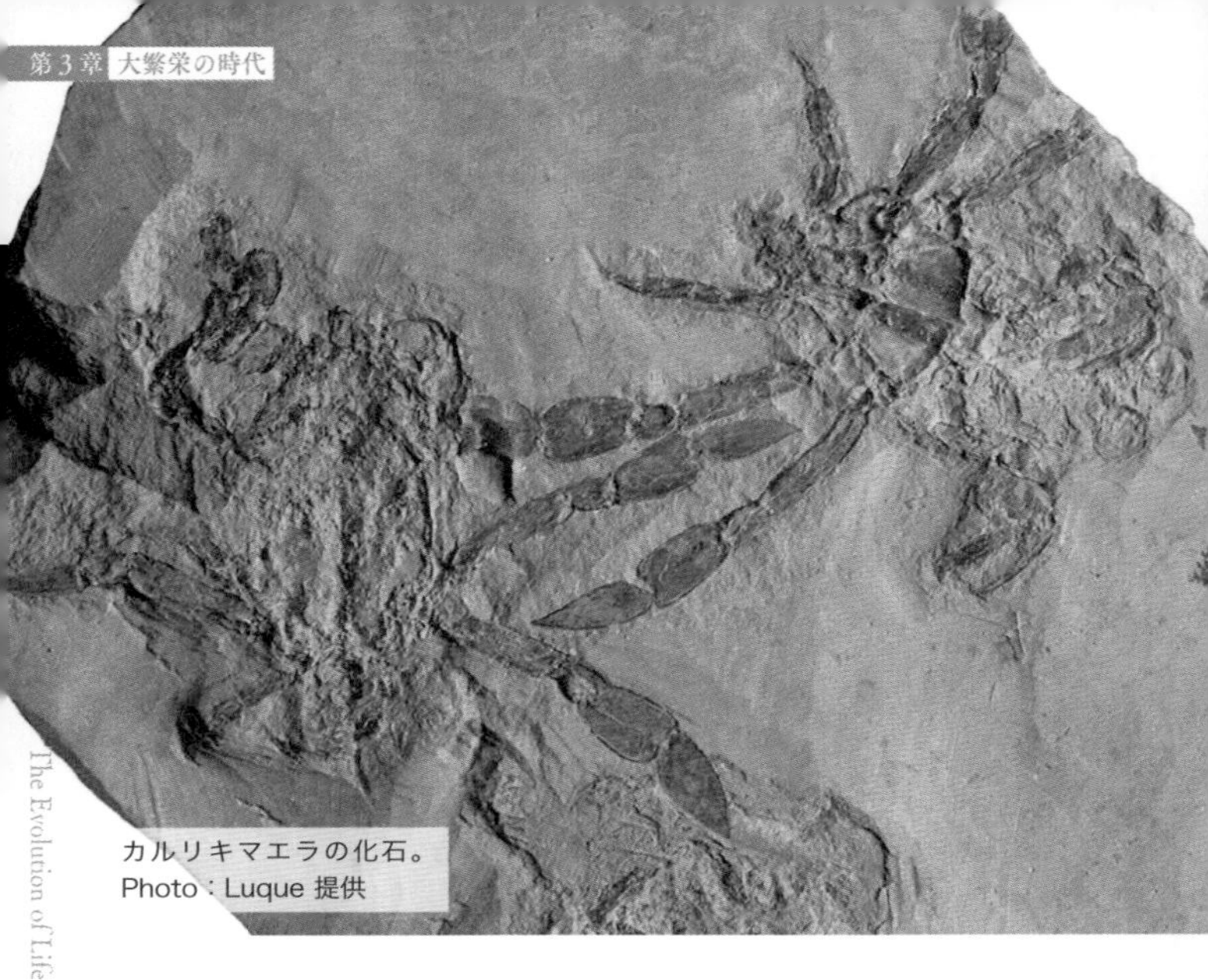

カルリキマエラの化石。
Photo：Luque 提供

いえば、古生代に繁栄したウミサソリ類を挙げることができる（本シリーズの古生代編をご覧になられたし！）。ルケたちによると、**カルリキマエラは、節足動物の歴史に登場したウミサソリ類以来の遊泳能力者である**という。じつに1億5000万年以上の歳月を経て、節足動物は再び高度な遊泳能力を獲得したのだ。

カルリキマエラの遊泳能力に関して、2022年にはイェール大学（アメリカ）のケルシー・M・ジェンキンスたちも論文を発表している。

ジェンキンスたちは、カルリキマエラの大きな眼——複眼に注目し、その分析をおこなった。その結果、カルリキマエラの複眼のつくりは、捕食性昆虫類のものに近く、光が届く明るい水深において獲物を捕捉することにとくに役立ったという。視覚に頼る狩人であったことが指摘されたのである。

日本を代表する長い首

【「クビナガリュウ」の〝きっかけ〟】

かつて、「日本から恐竜化石はみつからない」と言われていた昭和の頃。恐竜ではないにしろ、恐竜と同じ時代を生きた大型爬虫類の化石として、大きな注目を集めたクビナガリュウ類があった。

その化石は、1968年に高校生の鈴木直(ただし)によって福島県の大久川(おおひさ)に分布する双葉層群の地層から発見され、「フタバスズキリュウ」と呼ばれることになった。

今日でいう「**フタバサウルス・スズキイ**(*Futabasaurus suzukii*)」である。

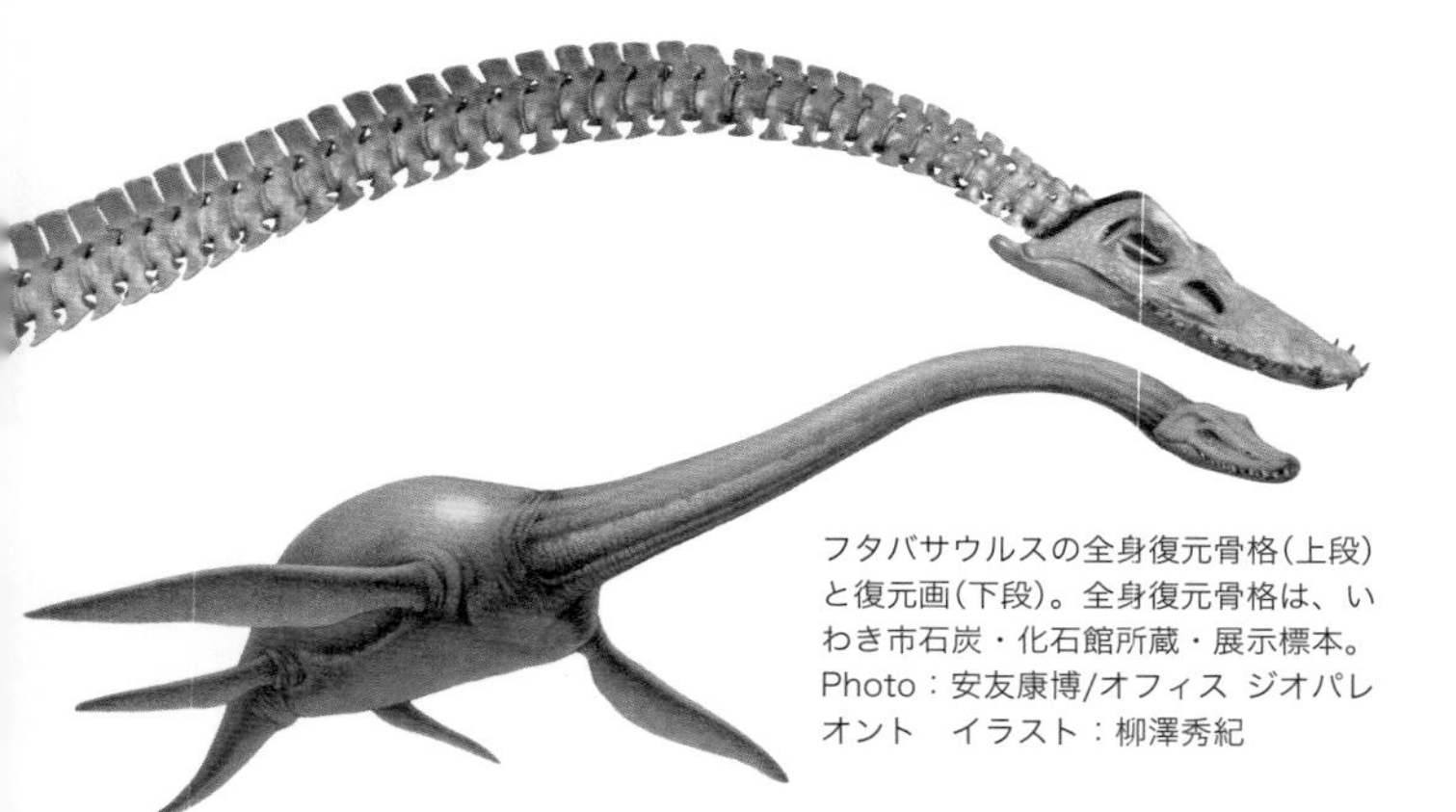

フタバサウルスの全身復元骨格(上段)と復元画(下段)。全身復元骨格は、いわき市石炭・化石館所蔵・展示標本。Photo：安友康博/オフィス ジオパレオント　イラスト：柳澤秀紀

フタバスズキリュウことフタバサウルス・スズキイは、一躍、日本を代表する古生物となった。ドラえもんの映画にも登場し、劇中では「ピー助」の名前で呼ばれた。さすが、〝国民的アニメ〟というべきか。これによって、「日本のクビナガリュウ類といえば、フタバスズキリュウ」という確固たる地位を確立したといえるだろう。なお、学名の「*Futabasaurus suzukii*」が名づけられたのは、2006年のこと。発見からじつに38年が経過していた。

日本では、他にも各地でクビナガリュウ類の化石が発見されている。そうした化石には、「ホベツアラキリュウ」「サツマウツノミヤリュウ」などの愛称、もしくは俗称がつけられている。しかし、国際的に通用する「学名」がつけられているのは、本書執筆時点では、フタバサウルス・スズキイだけである。

フタバサウルス・スズキイは、典型的なクビナガリュ

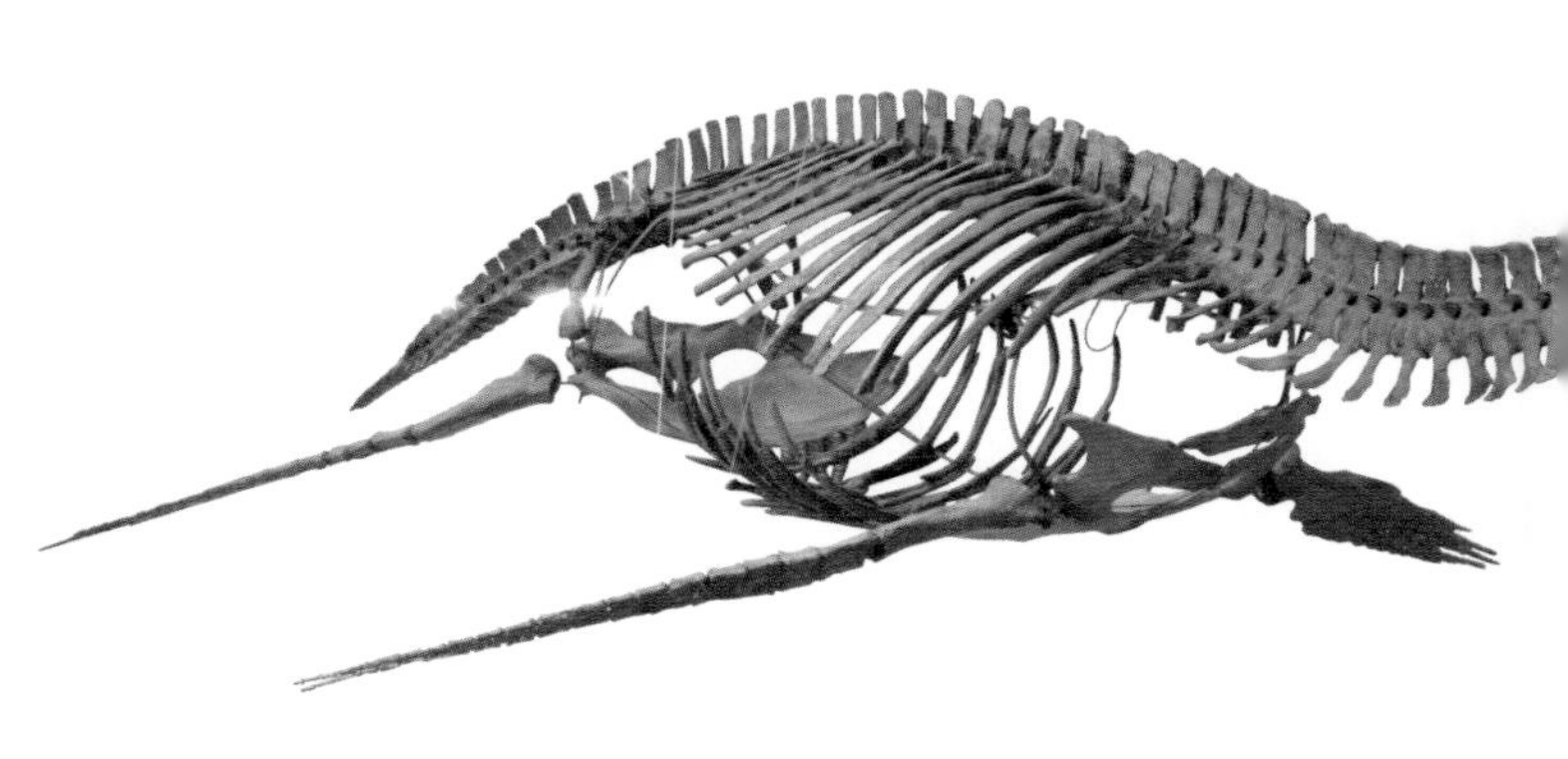

ウ類である。頭は小さく、首は長く、胴はつぶれた樽のような形状で、四肢は完全な鰭脚だ。全長は6・4〜9・2メートルと見積もられている(全長値に幅があるのは、一部欠損している部位があるため)。

フタバサウルス・スズキイの命名に至る研究者たちの物語に関しては、2冊の書籍が詳しい。1冊は、発掘から研究をおこなった長谷川善和(よしかず)による『フタバスズキリュウ発掘物語』(化学同人より2008年刊行)、もう1冊は命名した論文の筆頭著者である佐藤たまきによる『フタバスズキリュウ　もうひとつの物語』(ブックマン社より2018年刊行)だ。あわせて一読をお勧めしたい。

なお、『フタバスズキリュウ発掘物語』によると、クビナガリュウ類が「クビナガリュウ類」と呼ばれるようになったのは、フタバサウルス・スズキイがきっかけだ。第2章で述べたように、原語では「Plesiosauria(プレシオサウリア)」であり、ここに「長い首」という意味はない。そして、1960年代までは、「Plesiosauria」の訳語として、日本語で「蛇頸竜」や「長頸竜」という呼び名がよく使われていた。「蛇頸竜」や「長頸竜」にも、「長い首」のニュアンスは含められているけれども、ともに、さほど親しまれた分類名ではなかった。こうした事情に鑑みて、長谷川は「フタバスズキリュウ」の和名とともに、「クビナガリュウ類」という言葉もつくったという。現在では、「蛇頸竜類」や「長頸竜類」よりも、「クビナガリュウ類」の方が定着しているといえよう。

ヘビの登場

【後ろあしだけがあるヘビ】

白亜紀は、ヘビ類の進化をみることができる時代でもある。

ヘビといえば、「四肢がない」。頭部も胴部も細長く、四肢をもたず、からだをくねらせて移動する。しかし、その進化史を考えれば、もともとはトカゲのような姿をしていたとみられている。進化によって、四肢のない細長いからだを獲得したのだ。

アルゼンチンから化石が発見されている「ナジャシュ（*Najash*）」は、全長2メートルほどのヘビ類だ。

ナジャシュは、小さな後ろあしをもっていた。前あしはない。細いからだはヘビそのものである。つまり、後ろあしだけが〝異様〟なのだ。

ナジャシュの存在が示唆しているのは、ヘビ類の進化過程である。すなわち、ヘビ類は、その進化の初期で四肢を失う際、ま

ナジャシュ。小さな後ろあしがある。イラスト：柳澤秀紀

ナジャシュの化石。矢印の部分に、後ろあしの骨がある。Photo : Sebastian Apesteguia提供

ず、**前肢から失った可能性が高い**。そして、少なくとも後肢を失う前には、細長いからだを獲得していた可能性が高いのだ。さらに、ナジャシュの化石が陸地でできた地層から発見されたため、ヘビ類は陸上(おそらくは、穴を掘るなど)で初期進化を遂げた可能性も示唆されている。

【四肢のあるヘビ？】

2015年、ポーツマス大学(イギリス)のデイヴィッド・M・マーティルたちは、ブラジル産の全長20センチメートルほどの爬虫類の化石を報告した。この爬虫類は、ヘビのように細長いからだであり、そして、小さな四肢をもっていた。

マーティルたちは、この爬虫類をナジャシュよりも原始的なヘビ類と位置づけて、「**テトラポドフィス**(*Tetrapodophis*)」と名づけた。「4本あしのヘビ」という意味である。

テトラポドフィスが示すことは明らかにみえた。

ヘビ類の初期進化においては、まず、からだが細くなり、その後、前肢を失い、それから、後肢を失った可能性が高い。また、テトラポドフィスの骨格には、〝穴を掘ることに適したつくり〟が確認できた。そのため、テトラポドフィスの存在は、ナジャシュが示唆した「ヘビ類の陸上進化説」も補強するとみられた。

しかし2021年、アルバータ大学（カナダ）のマイケル・W・コドウェルたちが、「*Tetrapodophis amplectus* is not a snake（テトラポドフィスはヘビではない）」というタイトルの論文を発表した。

コドウェルたちは、テトラポドフィスの化石を詳細に分析し、そこに〝ヘビ類ではない特徴〟を見出したのだ。その分析によると、**テトラポドフィスはヘビ類に近縁であってもヘビ類ではなく、その〝進化の系譜〟にも乗らない**という。

ヘビ類は、より上位の分類群として、有鱗類（ゆうりん）というグループに属している。有鱗類には他にもいくつかのグループがあり、コドウェルたちはテトラポドフィスを「ドリコサウルス類」という絶滅グループに位置づけた。また、水棲適応した痕跡が確認できると指摘した。

コドウェルたちのこの論文により、現時点では、ヘビ類の最初期進化は振り出しに戻っている。今後の研究によって、マーティルたちや、他の研究者による反論が発表されるかもしれないし、コドウェルたちの指摘を補強する論文が発表される場合もある。この愛らしき小さな爬虫類の所属が落ち着くためには、まだ少し時間が必要かもしれない。ヘビ類の進化史をめぐる論争は、これからも熱を帯びていきそうだ。

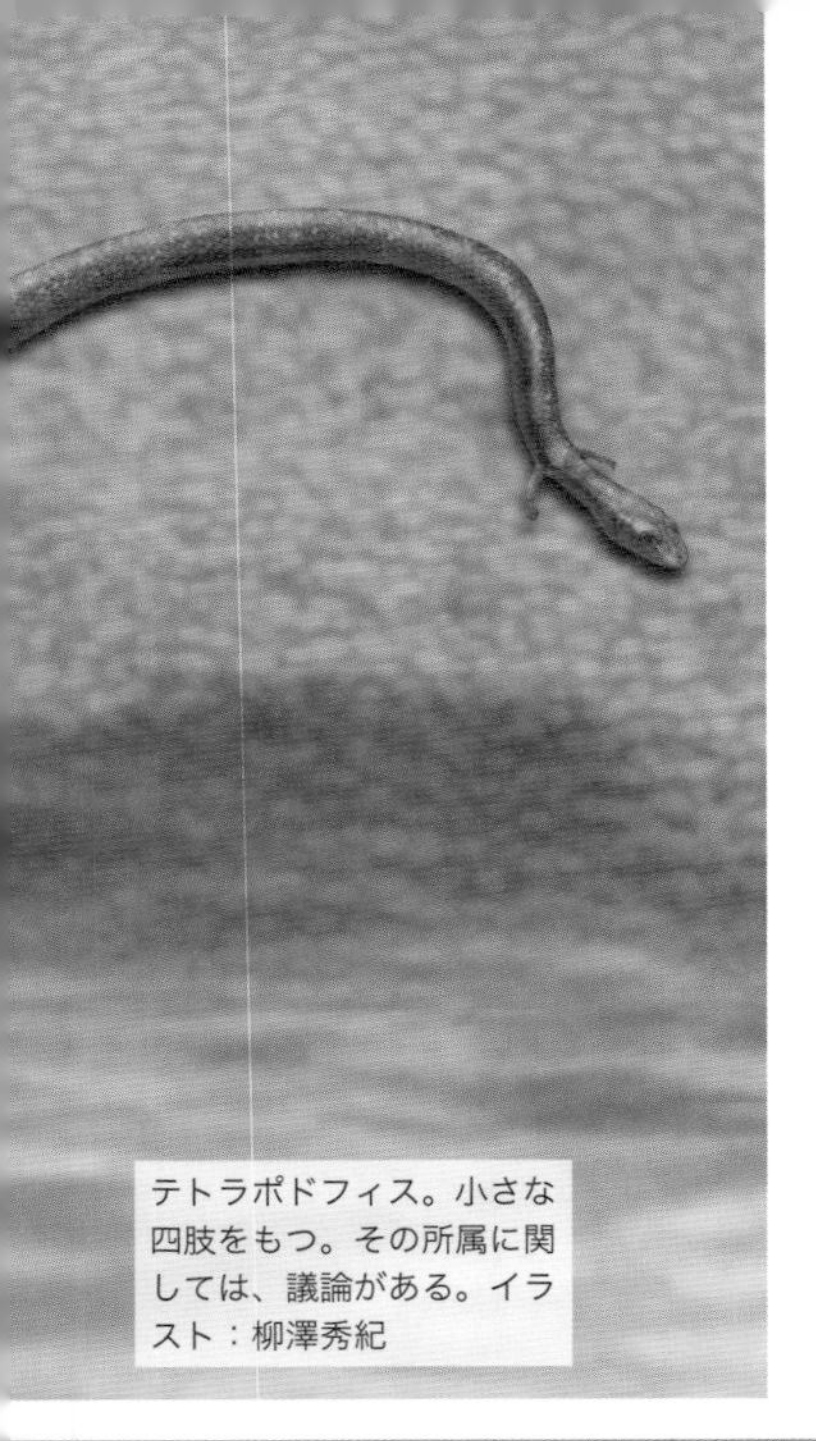

テトラポドフィス。小さな四肢をもつ。その所属に関しては、議論がある。イラスト：柳澤秀紀

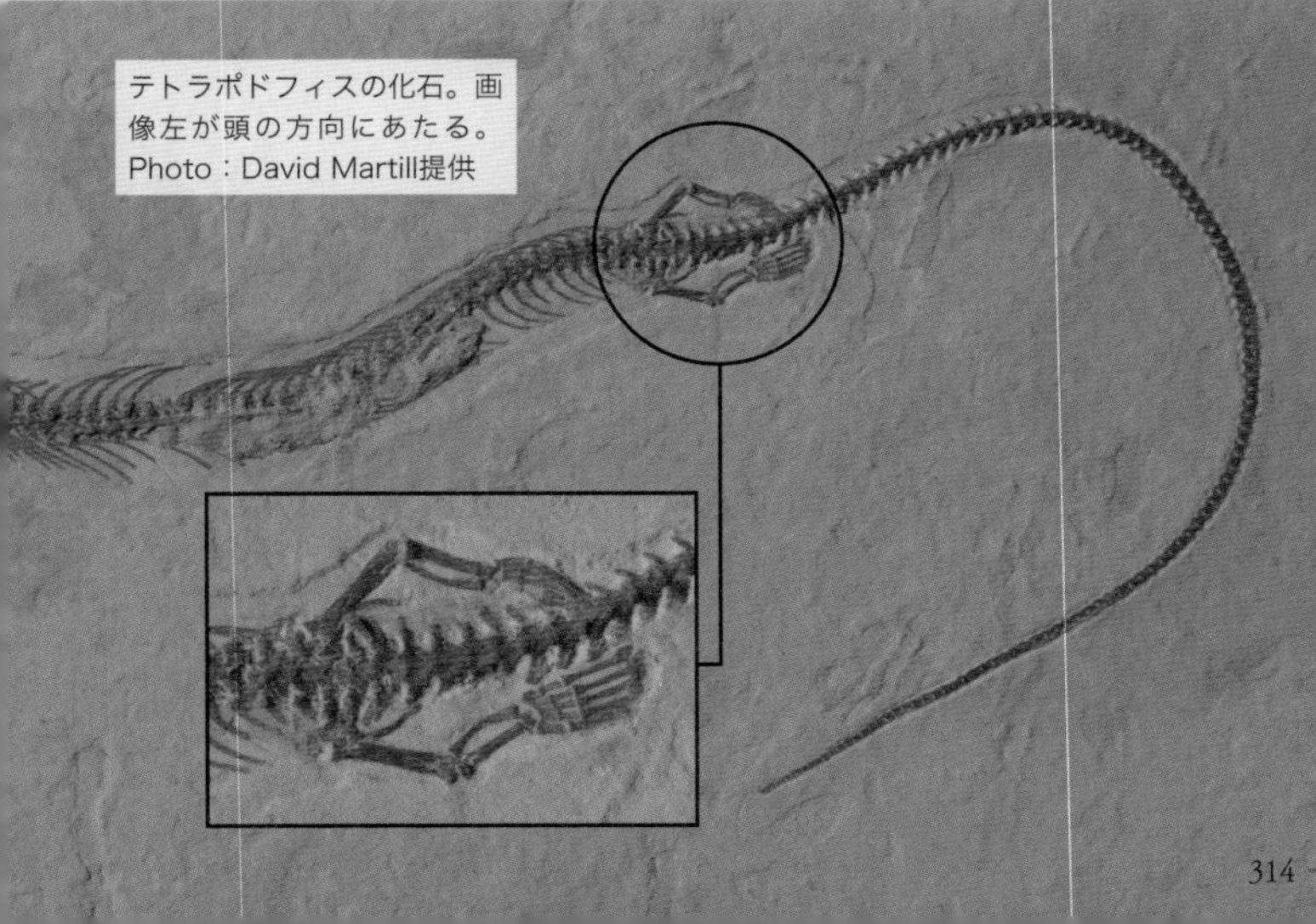

テトラポドフィスの化石。画像左が頭の方向にあたる。Photo：David Martill提供

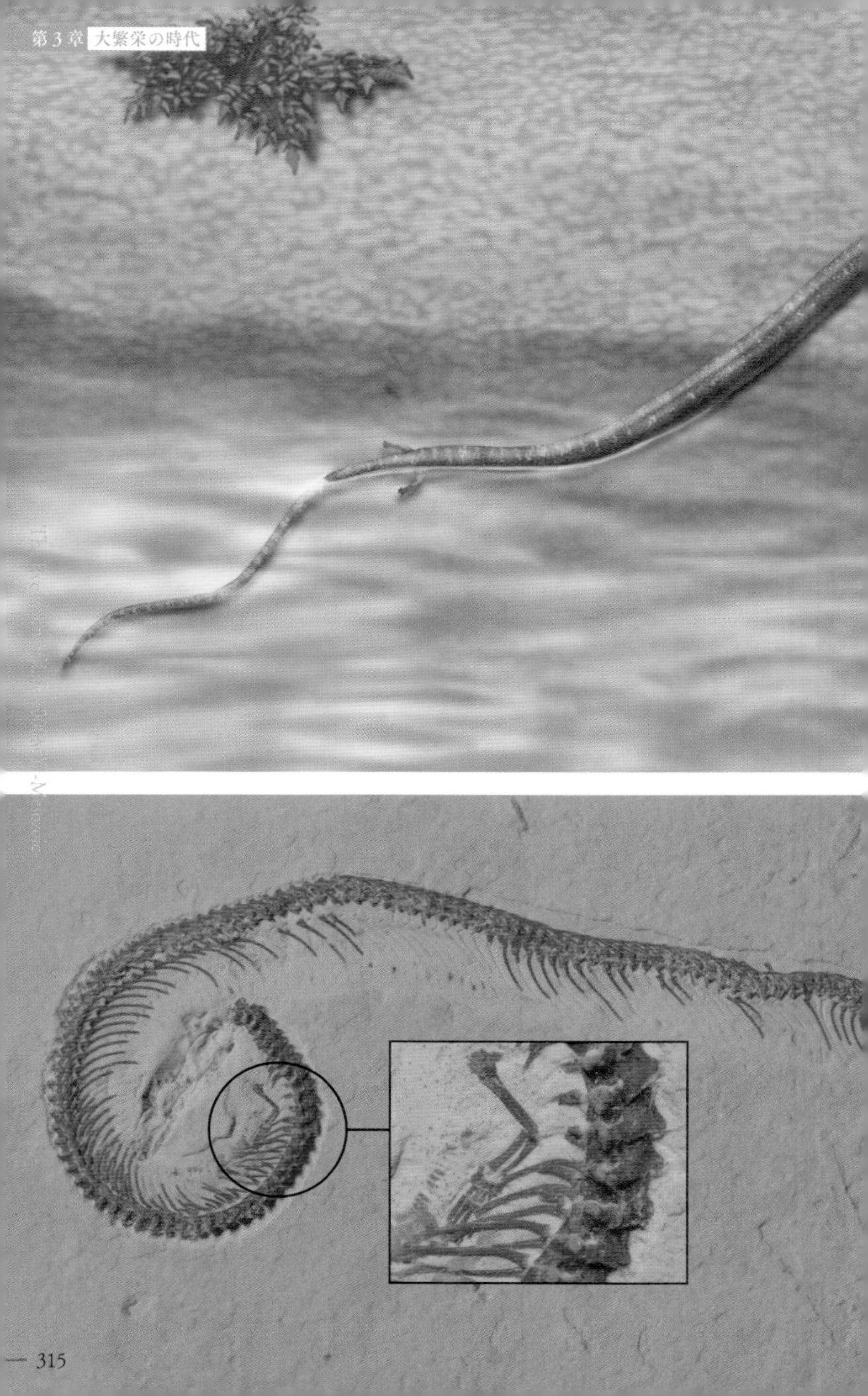

海の王者とその仲間たち

俗に、「中生代の三大海棲爬虫類」と呼ばれるグループがある。一つは中生代の開幕からほどなくして登場した「魚竜類」であり、一つはフタバサウルスが属している「クビナガリュウ類」だ。そして、「中生代の三大海棲爬虫類」の中で最後に登場し、「最強」あるいは「最恐」と呼ばれるほどの〝勢力〟を誇ったグループが、「モササウルス類」である。このグループは、白亜紀半ばに登場し、その後、瞬く間に多様化し、海洋生態系の階段を上っていった。テトラポドフィスが属するとされるドリコサウルス類に近縁でもある。

【マーストリヒトの大怪獣】

モササウルス類における象徴的な存在が、「モササウルス(*Mosasaurus*)」である。この名前(属名)をもつ種は複数報告されており、その中でも「モササウルス・ホフマニイ(*Mosasaurus hoffmannii*)」は、頭骨だけでもその長さは1.6メートル以上、全長が15メートルに達したと言われている。

15メートルという全長は、本書に登場した水棲生物の中では最大級だ。三畳紀の魚竜類、キンボスポンディルス・ヨウンゴルムが上回るのみである。

もっとも、キンボスポンディルス・ヨウンゴルムなどと比べれば、モササウルス・ホフマニイは全体的にがっしりとしているし、顎も頑丈で、太い歯が並ぶ。より“怖い顔つき”といえるかもしれない。

モササウルス・ホフマニイは、最初に報告されたモササウルス類でもある。18世紀にオランダのマーストリヒト近郊でその化石が発見され、当時、その化石を「マーストリヒトの大怪獣」と呼んでいた。その後、この化石はフランス軍によって略奪され、パリへと運ばれた。そして、パリの研究者を悩ませたのち、当初は、大型のワニ類と分類された逸話をもっている。

モササウルス・ホフマニイは、「最も新しいモササウルス類」でもある。「最後のモササウルス類」と言い換えた方がわかりやすいかもしれない。**白亜紀の海で大いに**

モササウルス・ホフマニイの全身復元骨格。
Photo：アフロ

クリダステスの全身復元骨格。ぜひ、317ページのモササウルス・ホフマニイの化石と比較されたい。Photo：The Academy of Natural Sciences of Drexel University

栄えたモササウルス類は、モササウルス・ホフマニイの絶滅とともに姿を消すのだ。なお、その時期は、陸上でも多くの生物が滅びることになった、白亜紀末の事件と一致する。

【王者の仲間といえども、大型というわけではない】

モササウルス類の"繁栄の肝"は、その多様性にある。からだのサイズや生態が多岐にわたっていたのだ。

アメリカなどから化石が発見されている「クリダステス（*Clidastes*）」を紹介しよう。

クリダステスは、モササウルス類の歴史においては初期の種類で、全長は最大でも5メートルにおよばす、多くは3メートルほどだったという。頭骨の大きさでみれば、そののちのモササウルス類と比べると、愛らしいほどの小型である。全体的にはほっそりとしており、顎に力強さはない。

もっとも、小型とはいえ、モササウルス類の特徴は備わって

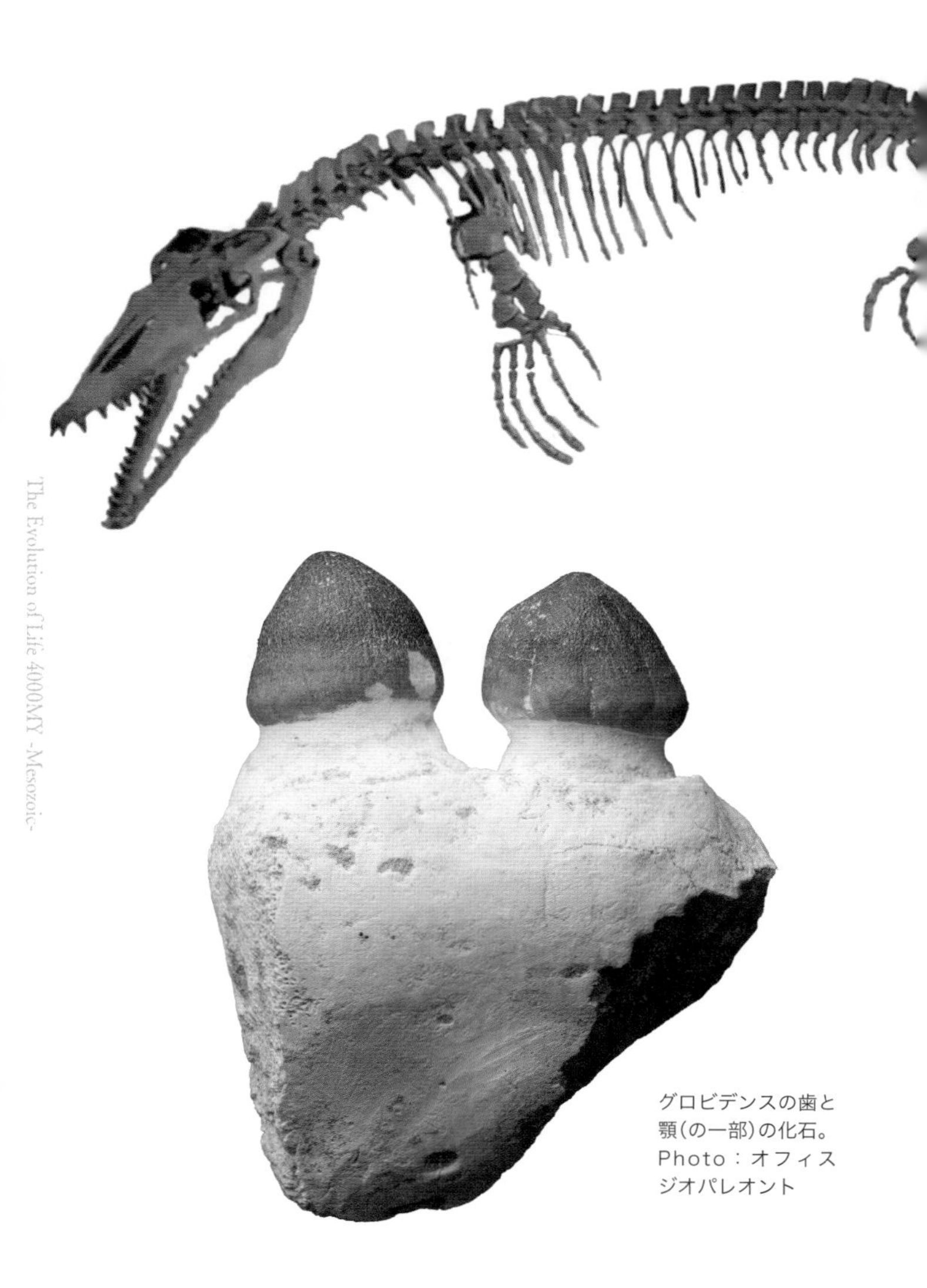

グロビデンスの歯と
顎(の一部)の化石。
Photo：オフィス
ジオパレオント

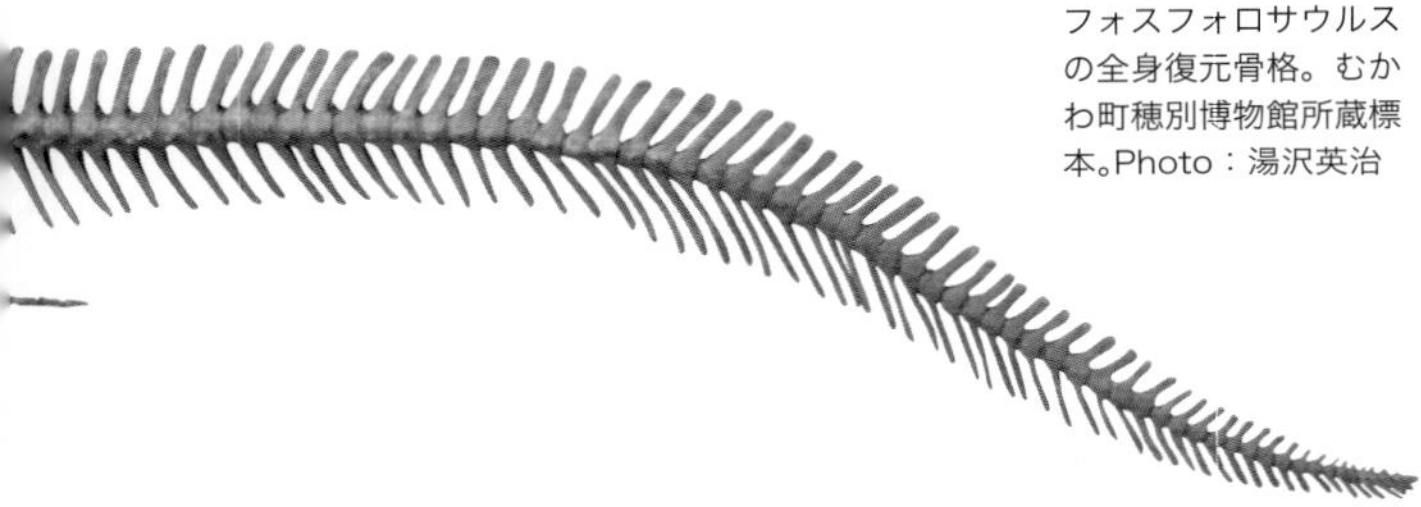

フォスフォロサウルスの全身復元骨格。むかわ町穂別博物館所蔵標本。Photo：湯沢英治

いる。すなわち、基本的にはオオトカゲを彷彿とさせるものの、四肢はひれであり、尾には尾びれがあった。

【貝食性と夜行性】

モササウルス類の中には、独特な形状の歯をもつものがいた。

小型のモササウルス類、「**グロビデンス**(*Globidens*)」の歯がそれだ。その歯には、鋭さがない。歯の先端が、まるで松茸の傘のようにつぶれている。その化石は、アメリカやモロッコなどから発見されている。

「グロビデンスの胃の内容物」という化石が、2007年にサウスダゴタ鉱業技術学校(アメリカ)のジェームズ・E・マーティンと、ジェームズ・E・フォックスによって報告されている。この報告によると、グロビデンスの胃の中には、粉砕された大型の二枚貝の殻(の化石)があったという。

つまり、**グロビデンスの松茸の傘のような歯は、貝殻を砕いて食べるためにもちいられたとみられている。**モササウルス類の食性の多様性を示す一例だ。

モササウルス類の化石は、日本からも発見されている。最も多くのモササウルス類の化石を産しているのは北海道で、しかもその中には「世界屈指」と呼ばれるほどの良質な化石もある。

むかわ町穂別から発見されている「**フォスフォロサウルス（*Phosphorosaurus*）**」が、それだ。複数種が報告されている中で、むかわ町穂別のフォスフォロサウルスには、「穂別」の語源にあたるアイヌ語の「ponpet-」（清流の意）と、ラテン語で「優雅な」を意味する「elegans」にちなんで「ポンペテレガンス（*ponpetelegans*）」の種小名が与えられた。

フォスフォロサウルス・ポンペテレガンスは、推定される全長が3メートルという小型種だ。最大の特徴は、良質な化石で判明した頭部の形状にある。後頭部の幅が広く、吻部が低いため、「両眼視」が可能となっていた。

一般に、「両眼視」といえば、狩人の特徴である。両眼の視界が重なることで、獲物までの距離感が摑みやすくなり、狩りがしやすくなる。

しかし、フォスフォロサウルス・ポンペテレガンスを報告したシンシナティ大学（アメリカ）の小西卓哉たちの2015年の研究によると、フォスフォロサウルス・ポンペテレガンスは、近縁種からみて、遊泳が苦手だったらしい。つまり、両眼視云々の前に、「獲物に迫る」ということができなかった可能性が高い。

そこで、小西たちは、**フォスフォロサウルス・ポンペテレガンスが夜行性だった**と指摘した。じつは、両眼視をもつ動物は、「距離感を把握しやすい」という特徴のほかにも、「暗闇でも視界が利きやすい」という特徴を備えていることがある。フォスフォロサウルス・ポンペテレガンスは、後者であったというわけだ。

昼に活動する大型種が寝静まった頃、フォスフォロサウルス・ポンペテレガンスがゆっくりと狩りをおこなっていたのかもしれない。こちらは、モササウルス類の生態の多様性を示す一例といえるだろう。

和歌山県で発見されたモササウルス類の頭部付近。和歌山県立博物館所蔵標本。Photo：オフィス ジオパレオント

【和歌山県のモササウルス】

日本のモササウルス類といえば、近年では、和歌山県で発見された保存率8割という良質な標本が注目されている。

この化石は、2006年に発見され、2010年から2011年にかけて組織的に発掘されたもので、推定全長が6メートルに達するとみられている。顎は小型のモササウルス類のように華奢なつくりで、そこには鋭い歯が並んでいた。また、眼窩が大きいという特徴も確認されている。

そして、四肢のひれが大きいという特徴もある。多くのモササウルス類では、ひれの大きさは頭骨よりも短い。しかし、この和歌山のモササウルス類では、前肢のひれが頭骨よりも長く、後肢のひれはさらに長いという。前肢のひ

クリダステス
フォスフォロサウルス

モササウルス類。実際には生きていた時代も海域も異なるので、こうした"大集合"を見ることはできなかった。イラスト：柳澤秀紀

れを大きく動かすことができたこともわかっている。

本書執筆時点では、まだ学術論文となっていないが、まちがいなく、日本を代表するモササウルスといえる。今後の展開に期待が高まる標本である。

カメとサメ

【巨大なカメは、外洋が苦手？】

白亜紀の海には、巨大なカメがいたことがわかっている。

そのカメの名前は、「アーケロン（*Archelon*）」。長さ2・2メートルにおよぶ巨大な甲羅をもつカメだ。単純に大きいだけではなく、クチバシが猛禽類（もうきん）のそれのように鋭く尖る（とが）。顎も頑丈だ。それなりの〝力のある狩人〟だったのかもしれない。

ただし、アーケロンは分布域が限られていた。その化石は、アメリカ大陸を東西に分けていた海でしか発見されていない。〝外洋〟に出ることはなかったのだ。その意味では、現生の大型カメであるオサガメ（*Dermochelys coriacea*）ほどの遊泳能力はなかったのかもしれない。オサガメの分布域は広く、その姿は世界各地の海でみることができる。

当時、アーケロンが暮らしていた海にはさまざまな動物が生息し、モササウルス類やアンモナ

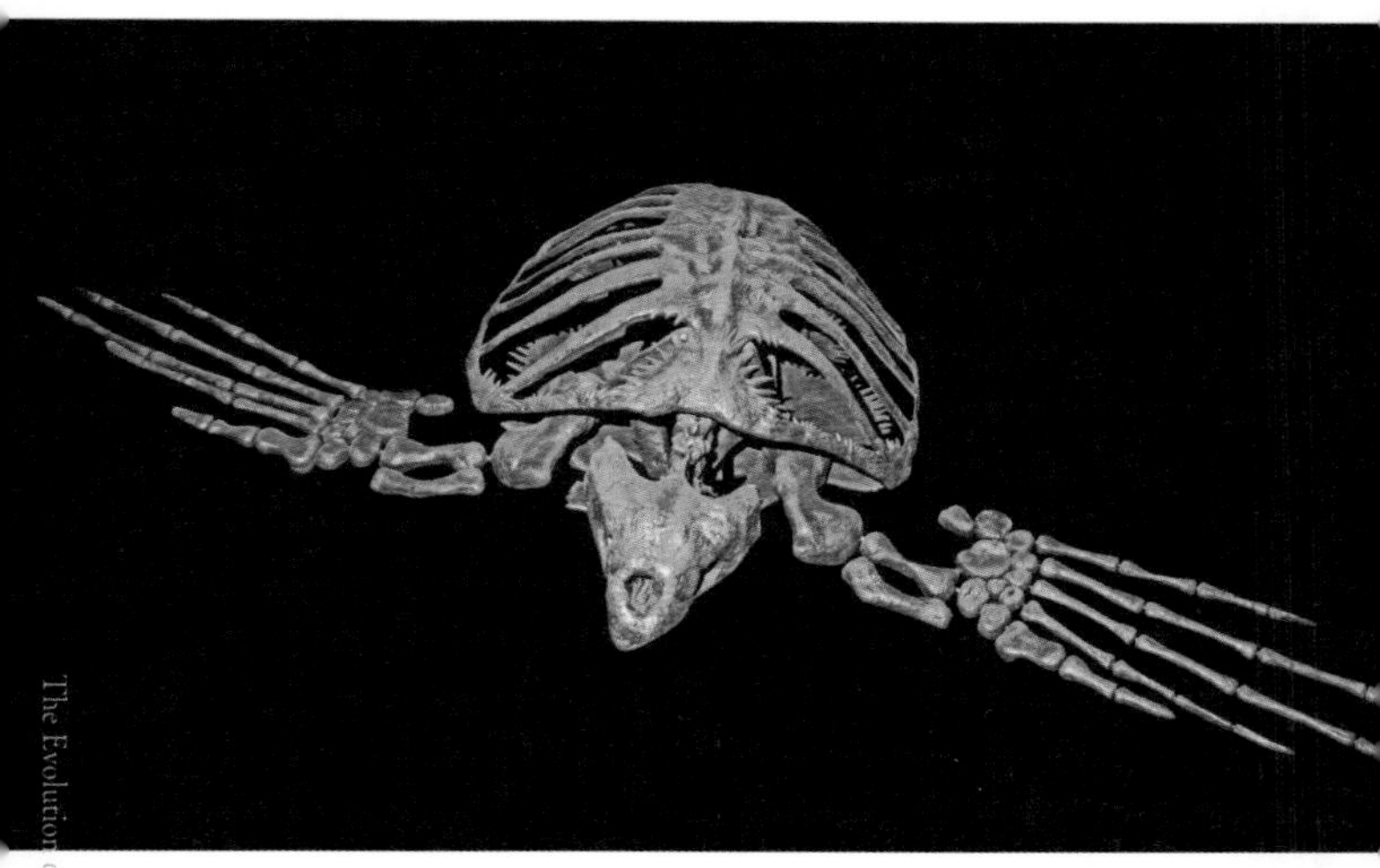

アーケロンの全身復元骨格（上段）と復元画（下段）。Photo：アフロ　イラスト：柳澤秀紀

イト類なども多様だった。この〝豊かな海〟が、アーケロンの巨体を育んでいたのかもしれない。

なお、アーケロンは、かつて、「史上最大のカメ」として知られていた。しかし、現在では、カメ類史上で「最大級のカメ」ではあるが、「最大のカメ」ではなくなっている。2020年に報告された論文によって、新生代の河川に生息していた淡水棲のカメにその記録を抜かれたのだ。

この新生代に生きていた「最大のカメ」については、次巻の「新生代編」で触れることになるだろう。


【〝翼〟をもつサメ】


白亜紀の半ばになると、現在の海で栄えるサメの仲間——新サメ類が世界の海で台頭し始めた。多様な種が生まれ、今日へと続く〝繁栄の礎〟を築いていく。本書では、その中から3種類に注目したい。

一つは、2021年にレンヌ第1大学（フランス）のロマン・ブロたちが報告したサメである。その名前を「**アクイロラムナ**（*Aquilolamna*）」という。

アクイロラムナは、まるで飛行機のようなサメだ。翼のように細長く伸びた胸びれをもっていた。約1・7メートルという全長に対し、左の胸びれの左端から右の胸びれの右端までの長さ（飛行動物であれば、「翼開長」に相当する長さ）は約1・6メートルに達した。ただし、この「約1・6」という数値は、一部が欠けた化石にもとづくものだ。ブロたちは、欠損部分を補えば、〝翼開

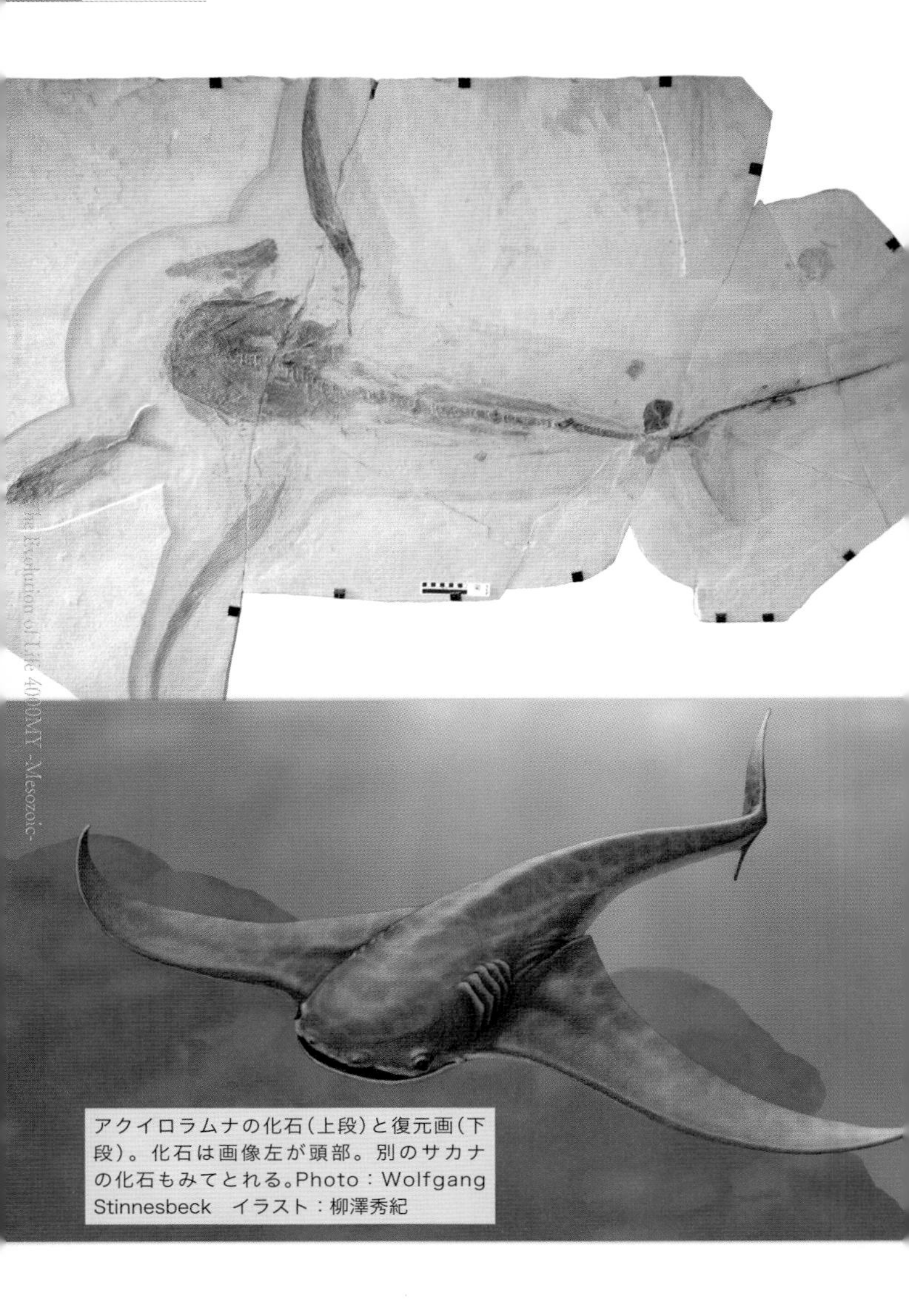

アクイロラムナの化石（上段）と復元画（下段）。化石は画像左が頭部。別のサカナの化石もみてとれる。Photo：Wolfgang Stinnesbeck　イラスト：柳澤秀紀

長〟は約1・9メートルに達したと推測する。「*Aquilolamna*」の「*Aquilo*」には、「翼」という意味がある。そして背びれとしりびれはなく、ブーメランのような形状の尾びれがあった。一方、頭部においては吻部が寸詰まりであり、化石では歯は確認されていない。

ブロたちは、アクイロラムナは、主に尾びれを使って泳いでいたとみている。翼のような胸びれは、水中でからだを安定させたり、姿勢を変えるときに使われていたという。胸びれをゆっくりと動かしながら、プランクトンを吸い込むように食べていたのかもしれない。

こうした「胸びれをゆっくりと動かして泳ぐ」タイプの板鰓類（ばんさいるい）は、現生種でいうところの、マンタことオニイトマキエイ（*Mobula birostris*）に似る。**アクイロラムナが報告されるまで、〝胸びれでゆっくり泳ぐ板鰓類〟は、新生代特有のものとみられていた。アクイロラムナの発見は、板鰓類の歴史に変更を迫るものとなった。**

【全長10メートル級の巨大ザメ】

板鰓類は、軟骨魚類を構成するグループの一つだ。軟骨魚類の骨は、文字通り「軟骨」であるために、硬骨魚類よりも化石として残りにくい。残るのはもっぱら歯ばかりであり、アクイロラムナのように〝姿がわかる板鰓類〟は珍しい。そのため、姿はもちろん、全長についても不明な点が多い。

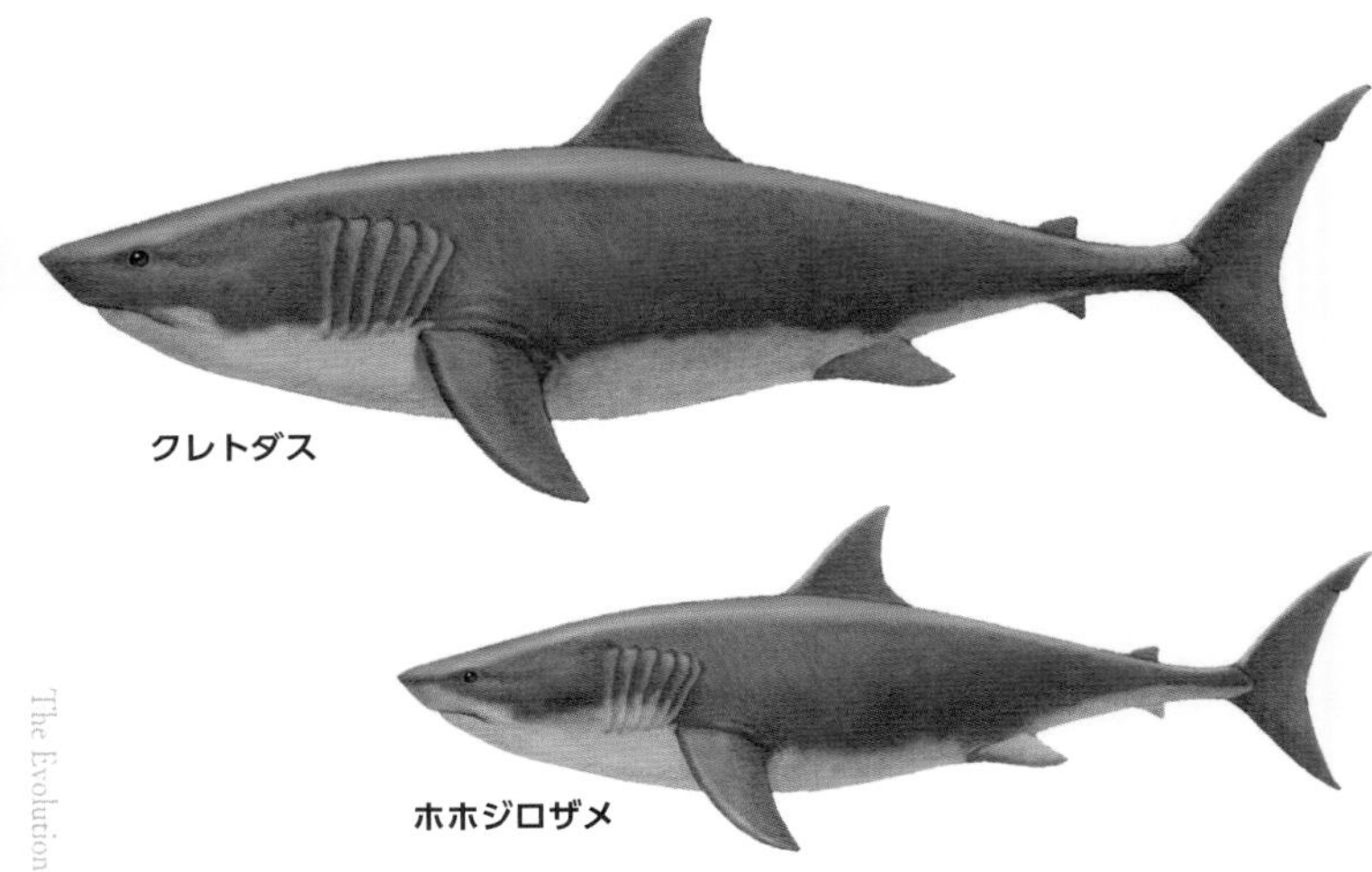

等縮尺で描かれたクレトダスとホホジロザメ（上段）と、クレトダスの化石「MPPSA IGVR91032」とその化石を図示したもの（下段）。Photo：Mic-Superintendence Archeology Fine Arts and Landscape of province of Verona, Rovigo e Vicenza（Italy）　イラスト：柳澤秀紀

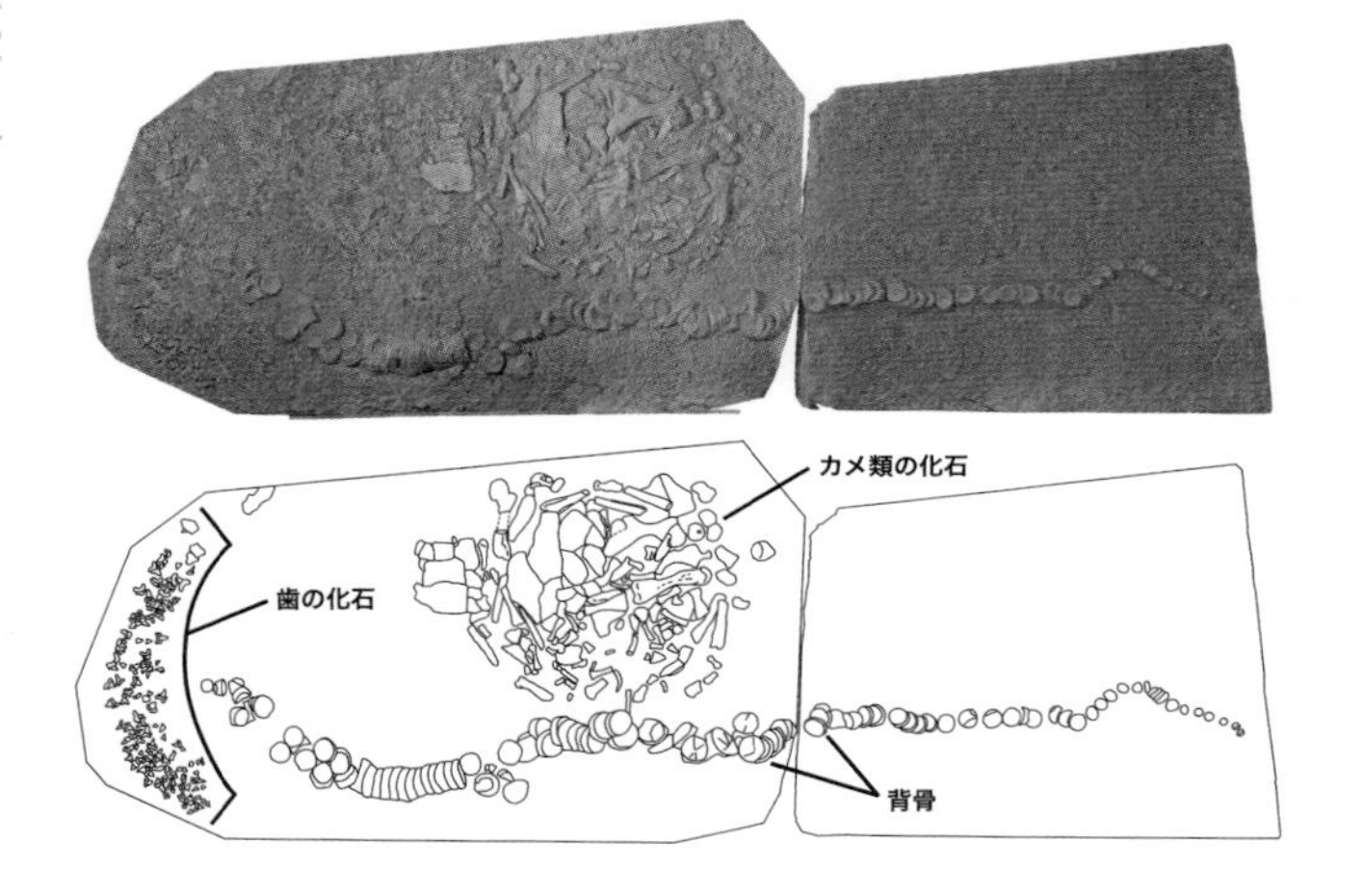

しかし、ごく希に、全身を推測する手がかりが残っている場合がある。

２０２２年にパドヴァ大学（イタリア）のヤコポ・アマルフィターノたちが報告した「**クレトダス**（*Cretodus*）」の化石、「MPPSA IGVR 91032」もその一つだ。鋭く、大きな歯をもつサメである。

標本番号「MPPSA IGVR 91032」の標本は、弧を描くように散らばる多数の歯化石と、列をつくって連なっている椎骨で構成されている。複数種がいるクレトダス属の中でも、「クレトダス・クラッシデンス（*Cretodus crassidens*）」のものであるという。

この化石配置は、生きていた時の姿を示唆しているものと判断された。つまり、口と頭が広く、がっしりとしたからだつきだったとみられている。アマルフィターノたちの分析によると、欠損部分を補ったこの個体の全長は、最小でも６・６メートル。最大で７・８メートルに達するという。

参考までに記しておくと、現生の板鰓類で「鋭く、大きな歯をもつサメ」の代表ともいえるホホジロザメ（*Carcharodon carcharias*）の大きさは、全長３・６〜６・４メートルだ。「MPPSA IGVR 91032」は、最小サイズの見積もりでも、ホホジロザメよりも大きかったことになる。

さらに、だ。「MPPSA IGVR 91032」の椎骨には〝年輪〟が残っており、この個体が23歳であることが判明した。アマルフィターノたちは、**クレトダス・クラッシデンスの寿命を64歳と推測しており、この年齢まで成長を続けたとしたら、その全長は最大で11メートルに達するという。**とんでもない大型種である。

【ラブカも大きい】

「ラブカ」といえば、ウナギのように細長いからだをもつ板鰓類で、吻部は丸く、その先端に三叉（さんさ）の鋭利な歯がずらりと並んでいる。現生種は「クラミドセラクス・アングイネウス（*Chlamydoselachus anguineus*）」をふくむ2種のみ。深海で暮らしている。全長は、大きい場合でも約1・8メートル。

現生種でこそ2種しかいないけれども、化石となった種類はいくつも確認されている。

カナダに分布する白亜紀の地層か

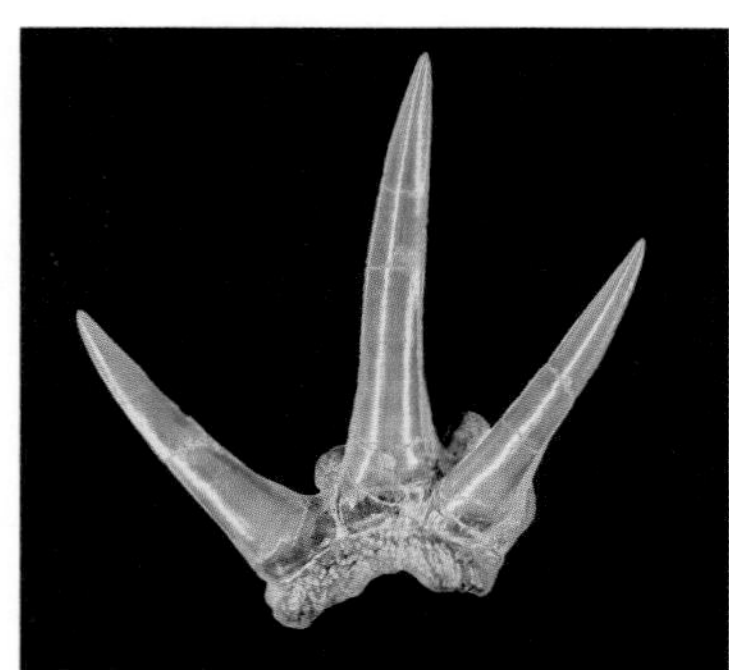

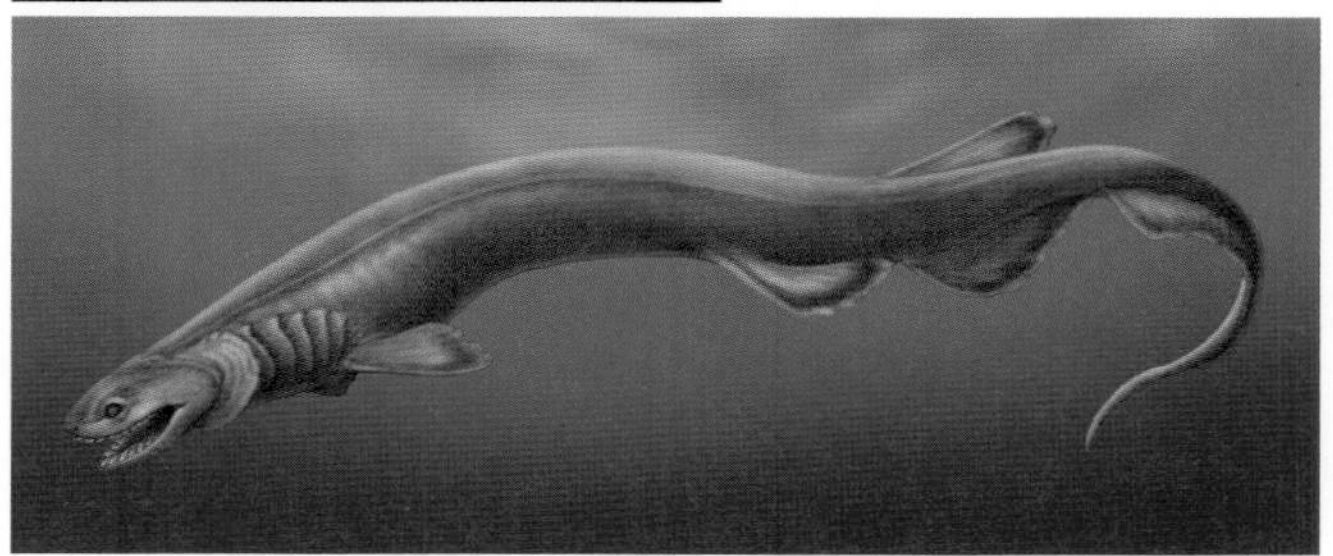

ダイケイウスの歯化石（左）と、現生のラブカ（クラミドセラクス・アングイネウス：下）。バンクーバーのRoyal BC Museum所蔵標本。詳細、本文参照。Photo：Sylvain Adnet提供　イラスト：柳澤秀紀

ら化石が発見された「**ダイケイウス**(*Dykeius*)」もそうした〝滅んだラブカ類〟の一つ。その歯は、最大で高さ28・5ミリメートルにおよんでいた。2019年にモンペリエ大学(フランス)のアンリ・カペッタたちは、**この歯をもつ個体の全長は、少なくとも7メートルに達していたと推測している。これは、知られている限り、最大のラブカ類である。**現生種の4倍近いサイズだ。

カメもサメも巨大。現生と同じグループであっても、サイズがちがっていた。白亜紀という時代の世界観がよくわかる。

そして、終わりがやってきた

約6600万年前に、直径約10キロメートルの巨大な隕石が、メキシコのユカタン半島の先端付近に落ちた。

落下地点の気温は、瞬時に約1万度に達したという。動植物はもちろん、瞬殺されたはずである。

落下地点の地殻表層は剝ぎ取られ、微小な粒子となって、大気にばらまかれた。この微粒子は長期間にわたって大気中に滞留し、日光を遮ることになる。その結果、地球の気温は長期間にわたって低下。植物が枯れていく。あるいは、育ちにくくなる。

植物の絶対量が減れば、植物を食べていた動物たちも生きていけない。そして、植物食動物の数が減れば、彼らを襲う肉食動物も数を維持できない。

この〝滅びの連鎖〟により、大量絶滅事件となる。

これは、「衝突の冬」と呼ばれる仮説である。

前述したように、地球史には、古生代から現在に至るまでに、五つの大量絶滅事件があったとされる。

「ビッグ・ファイブ」と呼ばれるこの五大絶滅事件の第1回目は古生代オルドビス紀末に発生し、2回目は古生代デボン紀後期に起きた。そして、3回目は古生代ペルム紀末に発生し、これが史上最大規模だった。

そして、4回目は三畳紀末に発生した(94ページ参照)。そして、白亜紀末に最後の大量絶滅事件が発生した。2016年のスタンレーの論文では、白亜紀末の大量絶滅事件で海棲動物種の約68パーセントが姿を消したという。

陸の動物に関する絶滅を数値データで表現することは難しい。海棲動物よりも化石が残りにくいからだ。それでも、鳥類をのぞく恐竜類が姿を消し、その鳥類も大打撃を受けたことがわかっている。哺乳類も多くの種が滅びていった。

約6600万年前に落下した巨大な隕石が、恐竜時代に終焉をもたらした。
イラスト：アフロ

白亜紀末の大量絶滅事件は、ビッグ・ファイブの中で最も研究が進んでいる。その研究のすべてを紹介するとなれば、膨大なページ数が必要だ。そこで、細部にわたる情報については、大量絶滅をテーマとした書籍(たとえば、2021年にイースト・プレスから上梓した拙著、『恐竜・古生物に聞く　第6の大絶滅、君たち(人類)はどう生きる?』などはいかがだろう?)に譲るとして、本書では二つの歴史的な論文と、いくつかの最近の論文を紹介しておきたい。

そもそも「衝突の冬」は、1980年にカリフォルニア大学(アメリカ)のルイス・W・アルヴァレッツたちが発表した論文がきっかけとなり、大きな注目を集めることになった仮説である。それまで、白亜紀末の大量絶滅事件の原因については諸説あり、どれも決定的な証拠に欠けていた。アルヴァレッツたちは、地層中に残る「イリジウム」に注目した。イリジウムは、地球深部にしか存在しないとされる〝特別な元素〟だ。その元素が、白亜紀末の地層に濃集していた。あるはずのないものがある。アルヴァレッツたちは、その答えを地球外に求めた。隕石衝突によってもたらされたと考えたのだ。

当初、イリジウムだけでは「衝突の冬」の証拠としては不足とみられたものの、その後の研究でこの仮説を支える証拠が次々と報告されていく。直径180キロメートルにおよぶ巨大なクレーター——チクシュルーブ・クレーターの発見、衝突によって発生した大津波の痕跡の発見……20

世紀末から21世紀初頭にかけて、証拠は急速に整えられていった。

そして、2010年。フリードリヒ・アレクサンダー大学エアランゲン＝ニュルンベルク（ドイツ）のペーター・シュルテたちが、「大量絶滅の原因は、隕石衝突である」と結論づける論文を発表した。この論文には、世界各国から41人もの研究者が名前を連ねている。

この2010年の論文で、白亜紀末大量絶滅事件の原因に関する議論の大勢は決した。この論文では、隕石衝突によるものとされる多くの証拠がまとめられた。もちろん、他の研究者から異論も出たが、個々の証拠を説明できる仮説は他にあっても、すべての証拠を統一することができる仮説は

まず先に、植物食恐竜たちが姿を消していったと考えられている。イラスト：アフロ

他にないのである。

その後、白亜紀末の大量絶滅事件をめぐる議論の中心は、その原因ではなく、細部の解析に移行している。「いかにして滅んだのか」という研究が注目されるようになった。

たとえば、2016年、東北大学の海保邦夫たちは、衝突場所の岩石に「すす」をつくる有機物が多かったことを明らかにした。そしてコンピューターシミュレーションによって、このすすが、中高緯度の日光を遮り、中高緯度に寒冷化を招いたことを指摘した。一方、低緯度には大規模な乾燥化が発生し、大旱魃（かんばつ）を招くことになったという。

海保は、2017年にも気象庁気象研究所の大島長ととともに、新たな論文を発表し、絶滅を招くほどの「すす」がある岩石は、地球表面の約13パーセントに限定されていたことを指摘している。つまり、大量絶滅事件のトリガーとなる隕石は、〝当たりどころ〟が悪かった可能性が出てきた。

同じように〝運が悪い〟ことを示唆する研究は、2020年にも発表されている。インペリアル・カレッジ・ロンドン(イギリス)のG・S・コリンズたちの解析によれば、衝突時の隕石の角度は、地表面に対して30～60度だったという。この角度より浅くても、深くても、衝突の被害は少なかったというのだ。

当たりどころが悪く、角度も悪かった。もう少し遅く、あるいは、早く地球にやってくれば、あるいは、わずかに軌道がずれていれば、爬虫類の楽園はもうしばらく続いたかもしれない。

また、2021年には、グラスゴー大学(イギリス)のアンネマリー・E・ピッカースギルたちが、ウクライナにある直径約24キロメートルのボルティッシュ・クレーターに注目した論文を発表。このクレーターが約6540万年前に形成されたことを明らかにした。

大量絶滅のトリガーとなったチクシュルーブ・クレーターへの衝突は約6600万年前だ。その衝突からわずか数十万年で、またもや〝それなりの規模の隕石衝突〟があったことになる。ピッカースギルたちは、この衝突が、大量絶滅事件からの生態系の回復の邪魔をした可能性に言及している。

おわりに

中生代約1億8600万年間の物語、お楽しみいただけましたでしょうか？

恐竜たちを中心に紡がれた世界は、これにて閉幕となります。シリーズの次の巻の〝主役〟は、私たち哺乳類です。

恐竜ファンのみなさまの中には、「あれ？　お気に入りのあの恐竜が載っていなかったぞ」と思われた方もいるかと存じます。

平にご容赦を。

ページの都合もあり、いわゆる図鑑ほどには恐竜の数を掲載できませんでした。恐竜は、それこそ、それだけで1冊の図鑑ができるという人気ジャンルです。ぜひ、本書の次は、そうした図鑑をはじめとする〝恐竜本〟を開いてみてください。

また、あなたが知っている情報と、本書の情報がことなることもあるかと思います。

古生物学は、科学の一分野。

他の科学分野と同じように、日進月歩で進んでいます。

さらに、たとえば、一つの恐竜に関しても、研究者によってことなる仮説を提案していることがよくあります。それは、かならずしも「古い」から「まちがっている」わけではなく、「新しい」からといって「正しい」わけでもありません。

科学は議論を重ねて、前へと進んでいくものだからです。

本書では、そうした〝科学の面白さ〟をできるだけ取りこみました。ただし、議論の数もまた膨大ですので、ぜひ、さまざまな書籍で、さまざまな角度の科学をお楽しみいただければと思います。いわゆる専門家ではなくても、議論を気軽に楽しむことができることが古生物学のよいところです。

そして次は、ぜひ、博物館を訪ねてみてください。

たとえば、ティラノサウルスの全身復元骨格は、日本各地の博物館で展示されています。本書の276ページあたりの読後にその全身復元骨格を見れば、あなたに新たな視点をもたらしてくれることでしょう。日本の博物館の多くで展示されているアンモナイトの化石も、情報と知識をもって見れば、ちがったものとなるはずです。

知識は、博物館の展示をより楽しいものとしてくれるでしょう。幸いにして、本書のような講談社のブルーバックスシリーズは、携帯に優しいサイズです。

繰り返される〝コロナの波〟。ロシアによるウクライナ侵攻も、年を越してしまいました。経済も「好調」という言葉からは程遠く、世の中には「不安」があふれています。

そんな時代だからこそ、多くの人々が楽しむことができる古生物学は、みなさまの〝心を支える科学〟になると私は信じています。化石にもとづき、化石からわかる世界が、あなたの心を豊かにしてくれることでしょう。

そして、意外と身近に〝古生物好き〟はいるものです。学校で、会社で、仲間のいる場所で、ぜひ本書を開いてみてください。声をかけてきた〝同志〟と議論をお楽しみいただければと思います。


群馬県立自然史博物館のみなさまには、細部にわたってご監修いただきました。とくに一部の原稿は、2022年の年の瀬のお忙しい中にご確認いただきました。いつも本当にありがとうございます。また、国内外の研究者のみなさま、博物館のご担当者さまには、貴重な化石画像をご提供いただきました。重ねて感謝いたします。

妻(土屋香)には、初稿段階で多くの助言をもらいました。

編集は、古生代編に引き続き、講談社の森定泉さんです。そして、森定さんが編集した講談社の図鑑MOVE『大むかしの生きもの』や『恐竜』のイラストレーターの方々には、今回新規にイラストを作成していただきました。……両図鑑を未読の方は、ぜひ、この機会に、〝次の一冊〟に、この2冊をいかがでしょうか。

本書で初めてこのシリーズに触れた、という方は、少し時間を遡ってみるのはいかがでしょうか？　生命誕生から恐竜時代前夜——約2億5200万年前の古生代末までをあつかった「古生代編」はすでに書店に並んでおります。

生命はいつから化石として残るようになったのか？

初期の化石は何を物語るのか？

恐竜が台頭する前、陸で、海で、どのような物語が展開し、いかなる古生物が覇権を争っていたのか？……などなど、中生代編とは異なる世界が、あなたの前で紡がれることになると思います。

最後までおつきあいいただいた読者のみなさまに重ねての大感謝を。

ありがとうございます。

全3巻構成の本シリーズは、これにて折り返しとなりました。次は、〝40億年史〟の最終巻。新生代を舞台にした1冊は、2023年秋に刊行予定です。ご期待ください。

2023年1月　サイエンスライター　土屋 健

evidence for intraspecific combat in ankylosaurid dinosaurs. Biol. Lett. 18: 20220404, DOI:10.1098/rsbl.2022.0404
W. Scott Persons, IV, Philip J. Currie, Gregory M. Erickson, 2019, An Older and Exceptionally Large Adult Specimen of *Tyrannosaurus* rex, The Anatomical Record, Special Issue Article
Xing Xu, Kebai Wang, Ke Zhang, Qingyu Ma, Lida Xing, Corwin Sullivan, Dongyu Hu, Shuqing Cheng, Shuto Wang, 2012, A gigantic feathered dinosaurs from the Lower Cretaceous of China, Nature, vol.484, p92-95
Yaoming Hu, Jin Meng, Yuanqing Wang, Chuankui Li, 2005, Large Mesozoic mammals fed on young dinosaurs, nature, vol.433, p149-152
Yoichi Azuma, Xing Xu, Masateru Shibata, Soichiro Kawabe, Kazunori Miyata, Takuya Imai, 2016, A bizarre theropod from the Early Cretaceous of Japan highlighting mosaic evolution among coelurosaurians, Scientific Reports , 6:20478 , DOI: 10.1038/srep20478
Yoshitsugu Kobayashi, Ryuji Takasaki, Anthony R. Fiorillo, Tsogtbaatar Chinzorig, Yoshinori Hikida, 2022, New therizinosaurid dinosaur from the marine Osoushinai Formation (Upper Cretaceous, Japan) provides insight for function and evolution of therizinosaur claws, Scientific Reports, 12:7207, DOI:10.1038/s41598-022-11063-5
Yoshitsugu Kobayashi, Tomohiro Nishimura, Ryuji Takasaki, Kentaro Chiba, Anthony R. Fiorillo, Kohei Tanaka, Tsogtbaatar Chinzorig, Tamaki Sato, Kazuhiko Sakurai, 2019, A New Hadrosaurine (Dinosauria:Hadrosauridae) from the Marine Deposits of the Late Cretaceous Hakobuchi Formation, Yezo Group, Japan, Scientific Reports, 9:12389, DOI:10.1038/s41598-019-48607-1
Yuong-Nam Lee, Rinchen Barsbold, Philip J. Currie, Yoshitsugu Kobayashi, Hang-Jae Lee, Pascal Godefroit, François Escuillié, Tsogtbaatar Chinzorig, 2014, Resolving the long-standing enigmas of a giant ornithomimosaur Deinocheirus mirificus, Nature, vol.515, p257-260
Yusuke Goto, Ken Yoda, Henri Weimerskirch, Katsufumi Sato, 2022, How did extinct giant birds and pterosaurs fly? A comprehensive modeling approach to evaluate soaring performance, PNAS Nexus, 1, 1–16

Vieyra, Wolf Uwe Reimold, Eric Robin, Tobias Salge, Robert P. Speijer, Arthur R. Sweet, Jaime Urrutia-Fucugauchi, Vivi Vajda, Michael T. Whalen, Pi S. Willumsen, 2010, The Chicxulub Asteroid Impact and Mass Extinction at the Cretaceous-Paleogene Boundary, Science, vol.327, p1214-1218
Phil R. Bell, Philip J. Currie, Yuong-Nam Lee, 2012, Tyrannosaur feeding traces on Deinocheirus (Theropoda:?Ornithomimosauria) remains from the Nemegt Formation (Late Cretaceous), Mongolia, Cretaceous Research 37, p186-190
Romain Vullo, Eberhard Frey, Christina Ifrim, Margarito A. González González, Eva S. Stinnesbeck, Wolfgang Stinnesbeck, 2021, Manta-like planktivorous sharks in Late Cretaceous oceans, Science, vol.371, p1253–1256
Rudemar Ernesto Blanco, Washington W. Jones, Joaquín Villamil, 2014, The 'death roll' of giant fossil crocodyliforms (Crocodylomorpha: Neosuchia): allometric and skull strength analysis, Historical Biology: An International Journal of Paleobiology, DOI: 10.1080/08912963.2014.893300
Soichiro Kawabe & Soki Hattori (2021): Complex neurovascular system in the dentary of *Tyrannosaurus*, Historical Biology, DOI:10.1080/08912963.2021.1965137
Stephen L. Brusatte, Thomas D. Carr, 2016, The phylogeny and evolutionary history of tyrannosauroid dinosaurs, Scientific Reports, 6:20252, DOI: 10.1038/srep20252
Sungjin Lee, Yuong-Nam Lee, Philip J. Currie, Robin Sissons, Jin-Young Park, Su-Hwan Kim, Rinchen Barsbold, Khishigjav Tsogtbaatar, 2022, A non-avian dinosaur with a streamlined body exhibits potential adaptations for swimming, COMMUNICATIONS BIOLOGY, 5:1185, DOI:10.1038/s42003-022-04119-9
S. V. Saveliev, V. R. Alifanov, 2007, A New Study of the Brain of the Predatory Dinosaur *Tarbosaurus bataar* (Theropoda, Tyrannosauridae), Paleontological Journal, vol.41, no.3, p281-289
Takuya Konishi, Michael W. Caldwell, Tomohiro Nishimura, Kazuhiko Sakurai, Kyo Tanoue, 2015, A new halisaurine mosasaur (Squamata: Halisaurinae) from Japan: the first record in the western Pacific realm and the first documented insights into binocular vision in mosasaurs, Journal of Systematic Palaeontology, DOI:10.1080/14772019.2015.1113447
Takuya Imai, Yoichi Azuma, Soichiro Kawabe, Masateru Shibata, Kazunori Miyata, Min Wang, Zhonghe Zhou, 2019, An unusual bird (Theropoda, Avialae) from the Early Cretaceous of Japan suggests complex evolutionary history of basal birds, COMMUNICATIONS BIOLOGY, 2:399, DOI:10.1038/s42003-019-0639-4
Tamaki Sato, Yen-nien Cheng, Xiao-chun Wu, Darla K. Zelenitsky, Yu-fu Hsiao, 2005, A Pair of Shelled Eggs Inside A Female Dinosaur, Science, vol.308, p375
Thomas Beevor, Aaron Quigley, Roy E. Smith, Robert S.H. Smyth, Nizar Ibrahim, Samir Zouhri, David M. Martill, 2021, Taphonomic evidence supports an aquatic lifestyle for *Spinosaurus*, Cretaceous Research, 117, 104627
Thomas D. Carr, James G. Napoli, Stephen L. Brusatte, Thomas R. Holtz Jr., David W. E. Hone, Thomas E. Williamson, Lindsay E. Zanno, 2022, Insufficient Evidence for Multiple Species of Tyrannosaurus in the Latest Cretaceous of North America: A Comment on "The Tyrant Lizard King, Queen and Emperor: Multiple Lines of Morphological and Stratigraphic Evidence Support Subtle Evolution and Probable Speciation Within the North American Genus *Tyrannosaurus*", Evolutionary Biology, DOI:10.1007/s11692-022-09573-1
Uisdean Nicholson, Veronica J. Bray, Sean P. S. Gulick, Benedict Aduomahor, 2022, The Nadir Crater offshore West Africa: A candidate Cretaceous-Paleogene impact structure, Sci. Adv. 8, eabn3096
Victoria M. Arbour, David C. Evans, 2017, A new ankylosaurine dinosaur from the Judith River Formation of Montana, USA, based on an exceptional skeleton with soft tissue preservation. R. Soc. open sci. 4: 161086, DOI:10.1098/rsos.161086
Victoria M. Arbour, Lindsay E. Zanno, David C. Evans, 2022, Palaeopathological

Kohei Tanaka, Darla K. Zelenitsky, Junchang Lü, Christopher L. DeBuhr, Laiping Yi, Songhai Jia, Fang Ding, Mengli Xia, Di Liu, Caizhi Shen, Rongjun Chen, 2018, Incubation behaviours of oviraptorosaur dinosaurs in relation to body size, Biol. Lett. 14: 20180135, DOI:10.1098/rsbl.2018.0135

Kunio Kaiho, Naga Oshima, 2017, Site of asteroid impact changed the history of life on Earth: the low probability of mass extinction, Scientific Reports, vol.7, Article number: 14855

Kunio Kaiho, Naga Oshima, Kouji Adachi, Yukimasa Adachi, Takuya Mizukami, Megumu Fujibayashi, Ryosuke Saito, 2016, Global climate change driven by soot at the K-Pg boundary as the cause of the mass extinction, Scientific Reports, vol.6, Article number: 28427

Li Chun, Olivier Rieppel, Cheng Long, Nicholas C. Fraser, 2016, The earliest herbivorous marine reptile and its remarkable jaw apparatus, Science Advances, vol.2, no.5, e1501659, DOI: 10.1126/sciadv.1501659

Luis W. Alvarez, Walter Alvarez, Frank Asaro, Helen V. Michel, 1980, Extraterrestrial Cause for the Cretaceous-Tertiary Extinction, Science, vol.208, p1095-1108

Mark A. Norell, Jasmina Wiemann, Matteo Fabbri, Congyu Yu, Claudia A. Marsicano, Anita Moore-Nall, David J. Varricchio, Diego Pol, Darla K. Zelenitsky, 2020, The first dinosaur egg was soft, Nature, vol.583, p406-410

Martin Kundrát, Xing Xu, Martina Hančová, Andrej Gajdoš, Yu Guo, Defeng Chen, 2018, Evolutionary disparity in the endoneurocranial configuration between small and gigantic tyrannosauroids, Historical Biology

Matteo Fabbri, Guillermo Navalón, Roger B. J. Benson, Diego Pol, Jingmai O'Connor, Bhart-Anjan S. Bhullar, Gregory M. Erickson, Mark A. Norell, Andrew Orkney, Matthew C. Lamanna, Samir Zouhri, Justine Becker, Amanda Emke, Cristiano Dal Sasso, Gabriele Bindellini, Simone Maganuco, Marco Auditore, Nizar Ibrahim, 2022, Subaqueous foraging among carnivorous dinosaurs, Nature, vol.603, p852-857

Michael W. Caldwell, Tiago R. Simões, Alessandro Palci, Fernando F. Garberoglio, Robert R. Reisz, Michael S. Y. Lee & Randall L. Nydam, 2021, *Tetrapodophis amplectus* is not a snake: re-assessment of the osteology, phylogeny and functional morphology of an Early Cretaceous dolichosaurid lizard, Journal of Systematic Palaeontology, DOI: 10.1080/14772019.2021.1983044

Nizar Ibrahim, Paul C. Sereno, Cristiano Dal Sasso, Simone Maganuco, Matteo Fabbri, David M. Martill, Samir Zouhri, Nathan Myhrvold, Dawid A. Iurino, 2014, Semiaquatic adaptations in a giant predatory dinosaur, Science, vol.345, p1613-1616

Nizar Ibrahim, Simone Maganuco, Cristiano Dal Sasso, Matteo Fabbri, Marco Auditore, Gabriele Bindellini, David M. Martill, Samir Zouhri, Diego A. Mattarelli, David M. Unwin, Jasmina Wiemann, Davide Bonadonna, Ayoub Amane, Juliana Jakubczak, Ulrich Joger, George V. Lauder, Stephanie E. Pierce, 2020, Tail-propelled aquatic locomotion in a theropod dinosaur, Nature, vol.581, no.67-70

Pablo A. Gallina, Sebastián Apesteguía, Juan I. Canale, Alejandro Haluza, 2019, A new long-spined dinosaur from patagonia sheds light on sauropod defense system, Scientific Reports, 9:1392, DOI:10.1038/s41598-018-37943-3

Paul C, Sereno, Nathan Myhrvold, Donald M. Henderson, Frank E. Fish, Daniel Vidal, Stephanie L. Baumgart, Tyler M. Keillor, Kiersten K. Formoso, Lauren L. Conroy, 2022, *Spinosaurus* is not an aquatic dinosaur, eLife, 11:e80092

Peter Schulte, Laia Alegret, Ignacio Arenillas, José A. Arz, Penny J. Barton, Paul R. Bown Timothy J. Bralower, Gail L. Christeson, Philippe Claeys, Charles S. Cockell, Gareth S. Collins, Alexander Deutsch, Tamara J. Goldin, Kazuhisa Goto, José M. Grajales-Nishimura, Richard A. F. Grieve, Sean P. S. Gulick, Kirk R. Johnson, Wolfgang Kiessling, Christian Koeberl, David A. Kring, Kenneth G. MacLeod, Takafumi Matsui, Jay Melosh, Alessandro Montanari, Joanna V. Morgan, Clive R. Neal, Douglas J. Nichols, Richard D. Norris, Elisabetta Pierazzo, Greg Ravizza, Mario Rebolledo-

Gregory M. Erickson, Darla K. Zelenitsky, David Ian Kay, Mark A. Norell, 2017, Dinosaur incubation periods directly determined from growth-line counts in embryonic teeth show reptilian-grade development, PNAS, DOI:10.1073/pnas.1613716114

Gregory S. Paul, W. Scott Persons IV , Jay Van Raalte, 2022, The Tyrant Lizard King, Queen and Emperor: Multiple Lines of Morphological and Stratigraphic Evidence Support Subtle Evolution and Probable Speciation Within the North American Genus Tyrannosaurus, Evolutionary Biology, https://doi.org/10.1007/s11692-022-09561-5

G.S. Collins, N. Patel, T.M. Davison, A.S.P. Rae, J.V. Morgan, S.P.S. Gulick, IODP-ICDP Expedition 364 Science Party, 2020, A steeply-inclined trajectory for the Chicxulub impact, Nature Communications, 11:1480, DOI:10.1038/s41467-020-15269-x

Hanyong Pu, Darla K. Zelenitsky, Junchang Lü, Philip J. Currie, Kenneth Carpenter, Li Xu, Eva B. Koppelhus, Songhai Jia, Le Xiao, Huali Chuang, Tianran Li, Martin Kundrát, Caizhi Shen, 2017, Perinate and eggs of a giant caenagnathid dinosaur from the Late Cretaceous of central China, Nature Communications, 8:14952, DOI: 10.1038/ncomms14952

Henri Cappetta, Kurt Morrison, Sylvain Adnetm, 2019, A shark fauna from the Campanian of Hornby Island, British Columbia, Canada: an insight into the diversity of Cretaceous deep-water assemblages, Historical Biology, DOI: 10.1080/08912963.2019.1681421

Jacopo Amalfitano, Fabio Marco Dalla Vecchia, Giorgio Carnevale, Eliana Fornaciari, Guido Roghi, Luca Giusberti, 2022, Morphology and paleobiology of the Late Cretaceous large-sized shark *Cretodus crassidens* (Dixon, 1850) (Neoselachii; Lamniformes) , Journal of Paleontology, p1-23, DOI: 10.1017/jpa.2022.23

James E. Martin, James E. Fox, 2007, Stomach contents of *Globidens*, a shell-crushing mosasaur (Squamata), from the Late Cretaceous Pierre Shale Group, Big Bend area of the Missouri River, central South Dakota, Geological Society of America Special Papers, vol. 427, p167-176

Jan Gimsa, Ulrike Gimsa, 2021, Contributions to a Discussion of *Spinosaurus aegyptiacus* as a Capable Swimmer and Deep-Water Predator. Life, 11, 889, DOI: 10.3390/life11090889

John B. Scannellaa, Denver W. Fowler, Mark B. Goodwinc, John R. Horner, 2014, Evolutionary trends in *Triceratops* from the Hell Creek Formation, Montana, PNAS, vol.111, no.28, p10245-10250

J. Logan King, Justin S. Sipla, Justin A. Georgi, Amy M. Balanoff, James M. Neenan, 2020, The endocranium and trophic ecology of *Velociraptor mongoliensis*, J. Anat. 2020;00:1–9, DOI:10.1111/joa.13253

J. Luque, R. M. Feldmann, O. Vernygora, C. E. Schweitzer, C. B. Cameron, K. A. Kerr, F. J. Vega, A. Duque, M. Strange, A. R. Palmer, C. Jaramillo, 2019, Exceptional preservation of mid-Cretaceous marine arthropods and the evolution of novel forms via heterochrony, Sci. Adv., 5 : eaav3875

Joseph E. Peterson, Z. Jack Tseng, Shannon Brink, 2021, Bite force estimates in juvenile Tyrannosaurus rex based on simulated puncture marks, PeerJ, 9:e11450, DOI:10.7717/peerj.11450

Juan I. Canale, Sebastián Apesteguía, Pablo A. Gallina, Jonathan Mitchell, Nathan D. Smith, Thomas M. Cullen, Akiko Shinya, Alejandro Haluza, Federico A. Gianechini, Peter J. Makovicky, 2022, New giant carnivorous dinosaur reveals convergent evolutionary trends in theropod arm reduction, Current Biology, vol.32, 3195-3202. e5

K. T. Bates, P. L. Falkingham, 2012, Estimating maximum bite performance in Tyrannosaurus rex, using multi-body dynamics, Biol. Lett., DOI: 10.1098/rsbl.2012.0056

Kelsey M. Jenkins, Derek E.G. Briggs, Javier Luque , 2022, The remarkable visual system of a Cretaceous crab, iScience 25, 103579

Pascal Godefroit, 2017, Synchrotron scanning reveals amphibious ecomorphology in a new clade of bird-like dinosaurs, Nature, vol.552, p395-399

Andrew A. Farke, Ewan D. S. Wolff, Darren H. Tanke, 2009, Evidence of Combat in Triceratops. PLoS ONE 4(1): e4252, DOI:10.1371/journal.pone.0004252

Annemarie E. Pickersgill, Darren F. Mark, Martin R. Lee, Simon P. Kelley, David W. Jolley, 2021, The Boltysh impact structure: An early Danian impact event during recovery from the K-Pg mass extinction, Sci. Adv. 7 : eabe6530

Caleb M. Brown, David R. Greenwood, Jessica E. Kalyniuk, Dennis R. Braman, Donald M. Henderson, Cathy L. Greenwood, James F. Basinger, 2020 Dietary palaeoecology of an Early Cretaceous armoured dinosaur (Ornithischia; Nodosauridae) based on floral analysis of stomach contents, R. Soc. Open Sci., 7: 200305, DOI:10.1098/rsos.200305

Caleb M. Brown, Donald M. Henderson, Jakob Vinther, Ian Fletcher, Ainara Sistiaga, Jorsua Herrera, Roger E. Summons, 2017, An Exceptionally Preserved Three-Dimensional Armored Dinosaur Reveals Insights into Coloration and Cretaceous Predator-Prey Dynamics, Current Biology, vol.27, p1–8

Darla K. Zelenitsky, François Therrien, Gregory M. Erickson, Christopher L. DeBuhr, Yoshitsugu Kobayashi, David A. Eberth, Frank Hadfield, 2012, Feathered Non-Avian Dinosaurs from North America Provide Insight into Wing Origins, Science, vol.338, p510-514

Darla K. Zelenitsky, François Therrien, Yoshitsugu Kobayashi, 2009, Olfactory acuity in theropods: palaeobiological and evolutionary implications, Proc. R. Soc. B, vol.276, p667- 673

David W. E. Hone, Thomas R. Holtz, Jr., 2021, Evaluating the ecology of *Spinosaurus*: Shoreline generalist or aquatic pursuit specialist?, Palaeontologia Electronica, 24(1):a03, DOI:10.26879/1110

David W. Krause, Joseph R. Groenke, Simone Hoffmann, Raymond R. Rogers, Lydia J. Rahantarisoa, 2020, Introduction to *Adalatherium hui* (Gondwanatheria, Mammalia) from the Late Cretaceous of Madagascar, Journal of Vertebrate Paleontology, David W. Krause, SimoneHoffmann, Yaoming Hu, John R.Wible, Guillermo W. Rougier, E. Christopher Kirk, Joseph R. Groenke, Raymond R. Rogers, James B. Rossie, Julia A. Schultz, Alistair R. Evans, Wighart von Koenigswald, Lydia J. Rahantarisoa, 2020, Skeleton of a Cretaceous mammal from Madagascar reflects long-term insularity, Nature, vo.581, p421-427

David J. Peterman, Tomoyuki Mikami, Shinya Inoue, 2020, The balancing act of Nipponites mirabilis (Nostoceratidae, Ammonoidea): Managing hydrostatics throughout a complex ontogeny, PLoS ONE, 15(8): e0235180, DOI:10.1371/journal.pone.0235180

David M. Martill, Helmut Tischlinger, Nicholas R. Longrich, 2015, A four-legged snake from the Early Cretaceous of Gondwana, Science, vol.349, Issue 6246, p416-419

Donald M. Henderson, 2018, A buoyancy, balance and stability challenge to the hypothesis of a semi-aquatic *Spinosaurus* Stromer, 1915 (Dinosauria: Theropoda). PeerJ 6:e5409, DOI:10.7717/peerj.5409

E.-A. Cadena, T. M. Scheyer, J. D. Carrillo-Briceño, R. Sánchez, O. A Aguilera-Socorro, A. Vanegas, M. Pardo, D. M. Hansen, M. R. Sánchez-Villagra, 2020, The anatomy, paleobiology, and evolutionary relationships of the largest extinct side-necked turtle, Sci. Adv., 6 : eaay4593

Fiann M. Smithwick, Robert Nicholls, Innes C. Cuthill, Jakob Vinther, 2017, Countershading and Stripes in the Theropod Dinosaur *Sinosauropteryx* Reveal Heterogeneous Habitats in the Early Cretaceous Jehol Biota, Current Biology, 27, 1–7

Graham M. Hughes, John A. Finarelli, 2019, Olfactory receptor repertoire size in dinosaurs. Proc. R. Soc. B 286: 20190909, DOI:10.1098/rspb.2019.0909

【第３章】
《一般書籍》
『怪異古生物考』監修：荻野慎諧，著：土屋 健，絵：久 正人, 2018年刊行，技術評論社
『海洋生命5億年史』監修：田中源吾，冨田武照，小西卓哉，田中嘉寛，著：土屋 健, 2018年刊行，文藝春秋
『「化石図鑑」日本の中生代白亜紀二枚貝』著：田代正之, 1992年刊行，田代正之
『恐竜学入門』著：David E. Fastovsky, David B. Weishampel, 2015年刊行，東京化学同人
『恐竜・古生物に聞く 第６の大絶滅、君たち(人類)はどう生きる？』監修：芝原暁彦，著：土屋 健，絵：ツク之助, 2021年刊行，イースト・プレス
『恐竜・古生物ビフォーアフター』監修:監修:群馬県立自然史博物館，著:土屋 健，絵：ツク之助, 2019年刊行，イースト・プレス
『恋する化石』監修：千葉謙太郎，田中康平，前田晴良，冨田武照，木村由莉，神谷隆宏，著：土屋 健，絵：ツク之助, 2021年刊行，ブックマン社
『古生物学事典 第2版』編集：日本古生物学会, 2010年刊行，朝倉書店
『新・恐竜骨格図集』監修：小林快次，著：G. Masukawa，編集協力：土屋 健, 2022年刊行，イーストプレス
『生命と地球の進化アトラスⅡ』著：ドゥーガル・ディクソン, 2003年刊行，朝倉書店
『世界サメ図鑑』著：スティーブ・パーカー, 2010年刊行，ネコ・パブリッシング
『楽しい日本の恐竜案内』監修：石垣忍，林昭次，著：土屋 健, 2018年刊行，平凡社
『日本の古生物たち』監修：芝原暁彦，著：土屋 健，絵：ACTOW, 2019年刊行，笠倉出版社
『白亜紀の生物 上巻』監修：群馬県立自然史博物館，著：土屋 健, 2015年刊行，技術評論社
『白亜紀の生物 下巻』監修：群馬県立自然史博物館，著：土屋 健, 2015年刊行，技術評論社
『ホルツ博士の最新恐竜事典』著：トーマス・R・ホルツ Jr，絵：ルイス・レイ, 2010年刊行，朝倉書店
『Newton別冊 恐竜・古生物ILLUSTRATED』2010年刊行，ニュートンプレス
『PTEROSAURUS』著：Mark P. Witton, 2013年刊行, Princeton University Press
《企画展図録》
『恐竜博2019』国立科学博物館, 2019年
《プレスリリース》
『巨大恐竜の巣作り戦術を解明！』名古屋大学, 2018年5月16日
『巨大翼竜はほとんど飛ばなかった』名古屋大学, 2022年5月12日
『巨大オルニトミモサウルス類デイノケイルス・ミリフィクスの長年の謎を解決』北海道大学, 2014年10月23日
『北海道中川町の恐竜化石を新属新種「パラリテリジノサウルス・ジャポニクス」と命名』北海道大学, 2022年5月９日
『北海道むかわ町穂別より新種の海生爬虫類化石発見』穂別博物館, 2015年12月８日
『ティラノサウルスの顎先は高感度の触覚センサーだった可能性を明らかにしました』福井県立恐竜博物館, 2021年8月23日
『むかわ竜を新属新種の恐竜として「カムイサウルス・ジャポニクス(Kamuysaurus japonicus)」と命名』北海道大学, 2019年9月6日
《Webサイト》
『「奇跡の恐竜」は新種と報告、色で防御か』ナショナルジオグラフィック, 2017年8月7日, https://natgeo.nikkeibp.co.jp/atcl/news/17/080700300/
『古生物学：ゴンドワナテリウム類の初めての骨格化石』Nature Japan, 2020年5月28日, https://www.natureasia.com/ja-jp/nature/highlights/103407
『水陸両生の新タイプ恐竜を発表、まるでアヒル』ナショナルジオグラフィック, 2017年12月7日, https://natgeo.nikkeibp.co.jp/atcl/news/17/120700476/?P=1
『ティラノサウルスは実は３種いた、新たな論文が物議、議論白熱』ナショナルジオグラフィック, 2022年3月3日, https://natgeo.nikkeibp.co.jp/atcl/news/22/030300096/
《学術論文》
Andrea Cau, Vincent Beyrand, Dennis F. A. E. Voeten, Vincent Fernandez, Paul Tafforeau, Koen Stein, Rinchen Barsbold, Khishigjav Tsogtbaatar, Philip J. Currie,

Evidence for modular evolution in a long-tailed pterosaur with a pterodactyloid skull, Proc. R. Soc. B DOI:10.1098/rspb.2009.1603
Junki Yoshida, Atsushi Hori, Yoshitsugu Kobayashi, Michael J. Ryan, Yuji Takakuwa, Yoshikazu Hasegawa, 2021 A new goniopholidid from the Upper Jurassic Morrison Formation, USA: novel insight into aquatic adaptation toward modern crocodylians. R. Soc. Open Sci. 8: 210320, DOI:10.1098/rsos.210320
Mario Coiro, James A. Doyle, Jason Hilton, 2019, How deep is the conflict between molecular and fossil evidence on the age of angiosperms?, New Phytologist, vol.223, p83–99
Natalia Jagielska, Michael O'Sullivan, Gregory F. Funston, Ian B. Butler, Thomas J. Challands, Neil D.L. Clark, Nicholas C. Fraser, Amelia Penny, Dugald A. Ross, Mark Wilkinson, Stephen L. Brusatte, 2022, A skeleton from the Middle Jurassic of Scotland illuminates an earlier origin of large pterosaurs, Current Biology, vol.32, no.1–8
Pascal Godefroit, Sofia M. Sinitsa, Danielle Dhouailly, Yuri L. Bolotsky, Alexander V. Sizov, Maria E. McNamara, Michael J. Benton, Paul Spagna, 2014, A Jurassic ornithischian dinosaur from Siberia with both feathers and scales, Science, vol.345, issue 6195, p451-455
Patricio Domínguez Alonso, Angela C. Milner, Richard A. Ketcham, M. John Cookson, Timothy B. Rowe, 2004, The avian nature of the brain and inner ear of *Archaeopteryx*, Nature, vol.430, p666-669
Phil Senter, Sara L. Juengst, 2016, Record- Breaking Pain: The Largest Number and Variety of Forelimb Bone Maladies in a Theropod Dinosaur. PLoS ONE 11(2): e0149140. DOI:10.1371/journal. pone.0149140
P. Martin Sander, Octávio Mateus, Thomas Laven, Nils Knötschke, 2006, Bone histology indicates insular dwarfism in a new Late Jurassic sauropod dinosaur, Nature, vol.441, p739-741
Qiang Fu, Jose Bienvenido Diez, Mike Pole, Manuel García Ávila, Zhong-Jian Liu, Hang Chu, Yemao Hou, Pengfei Yin, Guo-Qiang Zhang, Kaihe Du, Xin Wang, 2018, An unexpected noncarpellate epigynous flower from the Jurassic of China, DOI:10.7554/eLife.38827
Qiang Ji, Zhe-Xi Luo, Chong-Xi Yuan, Alan R. Tabrum, 2006, A Swimming Mammaliaform from the Middle Jurassic and Ecomorphological Diversification of Early Mammals, Nature, vol. 311, p1123-1127
Quanguo Li, Ke-Qin Gao, Jakob Vinther, Matthew D. Shawkey, Julia A. Clarke, Liliana D'Alba, Qingjin Meng, Derek E. G. Briggs, Richard O. Prum, 2010, Plumage Color Patterns of an Extinct Dinosaur, Science, vol.327, p1369-1372
Shoji Hayashi, Kenneth Carpenter, Mahito Watabe, Lorrie A. Mcwhinney, 2012, Ontogenetic Histology of *Stegosaurus* plates and spikes, Palaeontology, vol. 55, Part 1, p145–161
T. Alexander Dececchi, Arindam Roy, Michael Pittman, Thomas G. Kaye, Xing Xu, Michael B. Habib, Hans C.E. Larsson, Xiaoli Wang, Xiaoting Zheng, 2020, Aerodynamics Show Membrane-Winged Theropods Were a Poor Gliding Dead-end, iScience, 23, 101574
Xiaoting Zheng, Xiaoli Wang, Corwin Sullivan, Xiaomei Zhang, Fucheng Zhang, Yan Wang, Feng Li, Xing Xu, 2018, Exceptional dinosaur fossils reveal early origin of avian-style digestion, SCIENTIDIC REPORTS, 8:14217, DOI:10.1038/s41598-018-32202-x
Zhe-Xi Luo, Chong-Xi Yuan, Qing-Jin Meng, Qiang Ji, 2011, A Jurassic eutherian mammal and divergence of marsupials and placentals, Nature, vol.476, p442-445
Zhong-Jian Liu, Xin Wang, 2016, A perfect flower from the Jurassic of China, Historical Biology, 28:5, 707-719, DOI: 10.1080/08912963.2015.1020423

『生命史図譜』監修：群馬県立自然史博物館，著：土屋 健, 2017年刊行，技術評論社
『生命と地球の進化アトラスⅡ』著：ドゥーガル・ディクソン, 2003年刊行，朝倉書店
『ジュラ紀の生物』監修：群馬県立自然史博物館，著：土屋 健, 2015年刊行，技術評論社
『新・恐竜骨格図集』監修：小林快次，著：G. Masukawa，編集協力：土屋 健, 2022年刊行，イーストプレス
『新版 絶滅哺乳類図鑑』著：冨田幸光，絵：伊藤丙男，岡本泰子, 2011年刊行，丸善株式会社
『ゾルンホーフェン化石図譜Ⅰ』著：K. A. フリックヒンガー, 2007年刊行，朝倉書店
『地球生命 水際の興亡史』監修：松本涼子，小林快次，田中嘉寛，著:土屋 健, 2021年刊行，技術評論社
『JURASSIC WEST』著：John Foster, 2007年刊行, Indiana University Press
『The Armored Dinosaurs』編：Kenneth Carpenter, 2001, Indiana University Press
『The Carnivorous Dinosaurus』編：Kenneth Carpenter, 2005年刊行, Indiana University Press
『The PRINCETON FIELD GUIDE to DINOSAURS 2ND EDITION』著：GREGORY S. PAUL, 2016年刊行, PRINCETON
『The Rise of Reptiles』著：Hans-Dieter Sues, 2019年刊行, Johns Hopkins University Press
《企画展図録》
『空にいどんだ勇者たち』群馬県立自然史博物館, 2020年
《プレスリリース》
恐竜時代の地層からみつかったワニの祖先型化石を新種「アンフィコティルス・マイルシ」と命名, 福島県立博物館, 2021/12/08
《学術論文》
Andrew H. Lee, Sarah Werning, 2008, Sexual maturity in growing dinosaurs does not fit reptilian growth models, PNAS, vol.105, no.2, p582-587
Dean R. Lomax, Christopher A. Racay, 2012, A Long Mortichnial Trackway of *Mesolimulus walchi* from the Upper Jurassic Solnhofen Lithographic Limestone near Wintershof, Germany, Ichnos: An International Journal for Plant and Animal Traces, vol.19, no.3, p175-183
Dennis F.A.E.Voeten, Jorge Cubo, Emmanuel de Margerie, Martin Röper, Vincent Beyrand, Stanislav Bureš, Paul Tafforeau, Sophie Sanchez, 2018, Wing bone geometry reveals active flight in *Archaeopteryx*, Nature Communications, Vol.9, Article number: 923
Emily J. Rayfield, David B. Norman, Celeste C. Horner, John R. Horner, Paula May Smith, Jeffrey J. Thomason, Paul Upchurch, 2001, Cranial design and function in a large theropod dinosaur, Nature, vol.409, p1033-1037
Felix J. Augustin, Andreas T. Matzke, Michael W. Maisch, Juliane K. Hinz, Hans-Ulrich Pfretzschner, 2020, The smallest eating the largest: the oldest mammalian feeding traces on dinosaur bone from the Late Jurassic of the Junggar Basin (northwestern China), The Science of Nature, 107: 32
James O. Farlow, Shoji Hayashi, Glenn J. Tattersall, 2010, Internal vascularity of the dermal plates of *Stegosaurus* (Ornithischia, Thyreophora), Swiss J Geosci, DOI 10.1007/s00015-010-0021-5
Jin Meng, Yaoming Hu, Yuanqing Wang, Xiaolin Wang, Chuankui Li, 2006, A Mesozoic gliding mammal from northeastern China,Nnature, vol. 444, p889-893
John A. Whitlock , Jeffrey A. Wilson & Matthew C. Lamanna, 2010, Description of a nearly complete juvenile skull of *Diplodocus* (Sauropoda: Diplodocoidea) from the Late Jurassic of North America, Journal of Vertebrate Paleontology, vol.30, no.2, p442-457
Junchang Lü, David M. Unwin, D. Charles Deeming, Xingsheng Jin, Yongqing Liu, Qiang Ji, 2011, An Egg-Adult Association, Gender, and Reproduction in Pterosaurs, Science, vol.331, p321-324
Junchang Lü, David M. Unwin, Xingsheng Jin, Yongqing Liu and Qiang Ji, 2009,

Report, 9:152, DOI:10.1038/s41598-018-37754-6
Long Cheng, Xiao-Hong Chen, Qing-Hua Shang, Xiao-Chun Wu, 2014, A new marine reptile from the Triassic of China, with a highly specialized feeding adaptation, Naturwissenschaften, DOI:10.1007/s00114-014-1148-4
P. Martin Sander, Eva Maria Griebeler, Nicole Klein, Jorge Velez Juarbe, Tanja Wintrich, Liam J. Revell, Lars Schmitz, 2021, Early giant reveals faster evolution of large body size in ichthyosaurs than in cetaceans, Science, vol.374, 1578
Ryosuke Motani, Da-Yong Jiang, Guan-Bao Chen, Andrea Tintori, Olivier Rieppel, Cheng Ji, Jian-Dong Huang, 2014, A basal ichthyosauriform with a short snout from the Lower Triassic of China, Nature, DOI:10.1038/nature13866
Spencer G. Lucas, Adrian O. Hunt, 1990, The Oldest Mammal, New Mexico Journal of Science, vol.30, no.1, p41-49
Spencer G. Lucas, Zhenxi Luo, 1993, Adelobasileus from the Upper Triassic of West Texas: The Oldest Mammal, Journal of Vertebrate Paleontology, vol.13, no.3, p309-334
Stephan N.F. Spiekman, James M. Neenan, Nicholas C. Fraser, Vincent Fernandez, Olivier Rieppel, Stefania Nosotti, Torsten M. Scheyer, 2020, Aquatic Habits and Niche Partitioning in the Extraordinarily Long-Necked Triassic Reptile *Tanystropheus*, Current Biology, 30, p1–7
Sterling J Nesbitt, Alan H Turner, Gregory M Erickson, Mark A Norell, 2006, Prey choice and cannibalistic behaviour in the theropod *Coelophysis*, Biol. Lett., vol.2, p611-614
Stephen L. Brusatte, Grzegorz Niedźwiedzki, Richard J. Butler, 2011, Footprints pull origin and diversification of dinosaur stem lineage deep into Early Triassic, Proc. R. Soc. B, vol. 278, p1107-1113
Steven M. Stanley, 2016, Estimates of the magnitudes of major marine mass extinctions in earth history, PNAS, www.pnas.org/cgi/doi/10.1073/pnas.1613094113
Tanja Wintrich, Shoji Hayashi, Alexandra Houssaye, Yasuhisa Nakajima, P. Martin Sander, 2017, A Triassic plesiosaurian skeleton and bone histology inform on evolution of a unique body plan, Science Advances, vol.3, no.12, e1701144, DOI: 10.1126/sciadv.1701144
Tomasz Sulej, Grzegorz Niedźwiedzki, 2019, An elephant-sized Late Triassic synapsid with erect limbs, Sciecne, vol.363, Issue6422, p78-80
Yasuhisa Nakajima, Kentaro Izumi, 2014, Coprolites from the upper Osawa Formation (upper Spathian), northeastern Japan: Evidence for predation in amarine ecosystem 5Myr after the end-Permian mass extinction, Palaeogeography, Palaeoclimatology, Palaeoecology, vol.414, p225-232
Yasuhisa Nakajima, Yasunari Shigeta, Alexandra Houssaye, Yuri D. Zakharov, Alexander M. Popov, P. Martin Sander, 2022, Early Triassic ichthyopterygian fossils from the Russian Far East, Scientific Reports, 12:5546, DOI:10.1038/s41598-022-09481-6
Yen-nien Cheng, Xiao-chun Wu, Qiang Ji, 2004, Triassic marine reptiles gave birth to live young, nature, vol.432, p383-386
Yen-Nien Cheng, Robert Holmes, Xiao-Chun Wu, Noel Alfonso, 2009, Sexual dimorphism and life history of *Keichousaurus hui* (Reptilia: Sauropterygia), Journal of Vertebrate Paleontology, vol.29, no.2, p401-408

【第２章】

《一般書籍》

『ああ、愛しき古生物たち』監修：芝原暁彦，著：土屋 健, 2018年刊行，笠倉出版社
『アンモナイト学』編：国立科学博物館，著：重田康成, 2001年刊行，東海大学出版会
『岩波=ケンブリッジ 世界人名辞典』編集：デイヴィド クリスタル, 1997年刊行，岩波書店
『恋する化石』監修：千葉謙太郎，田中康平，前田晴良，冨田武照，木村由莉，神谷隆宏，著：土屋 健，絵：ツク之助, 2021年刊行，ブックマン社

もっと詳しく知りたい読者のための参考資料

本書を執筆するにあたり、とくに参考にした主要な文献は次の通り。

※本書に登場する年代値は、とくに断りのないかぎり, International Commission on Stratigraphy, 2022/10, INTERNATIONAL STRATIGRAPHIC CHARTを使用している。

※なお、本文中で紹介されている論文等の執筆者の所属は、とくに言及がない限り、その論文の発表時点のものであり、必ずしも現在の所属ではない点に注意されたい。

【第１章】

《一般書籍》

『アンモナイト学』編：国立科学博物館，著：重田康成, 2001年刊行，東海大学出版会

『カモノハシの博物誌』著：浅原正和, 2020年刊行，技術評論社

『カラー図説　生命の大進化40億年史　古生代編』監修：群馬県立自然史博物館，著：土屋 健, 2022年刊行，講談社

『恐竜・古生物に聞く 第６の大絶滅、君たち（人類）はどう生きる？』監修：芝原暁彦，著：土屋 健，絵：ツク之助, 2021年刊行，イースト・プレス

『恐竜の教科書』著：ダレン・ナイシュ，ポール・バレット, 2019年刊行，創元社

『こっそり楽しむ　うんこ化石の世界』監修：ロバート・ジェンキンズ，著：土屋 健，絵：かわさきしゅんいち, 2022年刊行，技術評論社

『ザ・パーフェクト』監修：小林快次，櫻井和彦，西村智弘，著：土屋 健, 2016年刊行，誠文堂新光社

『世界サメ図鑑』著：スティーブ・パーカー, 2010年刊行，ネコ・パブリッシング

『三畳紀の生物』監修：群馬県立自然史博物館，著：土屋 健, 2015年刊行，技術評論社

『生物学辞典』編集：石川 統，黒岩常祥，塩見正衛，松本忠夫，守 隆夫，八杉貞雄，山本正幸, 2010年刊行，東京化学同人

『生命史図譜』監修：群馬県立自然史博物館，著：土屋 健, 2017年刊行，技術評論社

『生命と地球の進化アトラスⅡ』著：ドゥーガル・ディクソン, 2003年刊行，朝倉書店

『世界のクジラ・イルカ百科図鑑』著：アナリサ・ベルタ, 2016年刊行，河出書房新社

『絶滅古生物学』著：平野弘道, 2006年刊行，岩波書店

『地球生命 水際の興亡史』監修：松本涼子，小林快次，田中嘉寛，著：土屋 健, 2021年刊行，技術評論社

『リアルサイズ古生物図鑑 中生代編』監修：群馬県立自然史博物館，著：土屋 健, 2019年刊行，技術評論社

『The PRINCETON FIELD GUIDE to DINOSAURS 2ND EDITION』著：GREGORY S. PAUL, 2016年刊行, PRINCETON

《企画展図録》

『空にいどんだ勇者たち』群馬県立自然史博物館, 2020年

《プレスリリース》

ウラジオストクの南で原始的な魚竜化石を発見，文化庁, 2022年4月27日

日本最古、中生代初期の脊椎動物の糞化石を発見，東京大学, 2014年10月15日

《WEBサイト》

厚生労働省, https://www.mhlw.go.jp/

《学術論文》

Chun Li, Nicholas C. Fraser, Olivier Rieppel, Xiao-Chun Wu, 2018, A Triassic stem turtle with an edentulous beak, Nature, vol.560, p476-479

Chun Li, Xiao-Chun Wu, Olivier Rieppel, Li-Ting Wang, Li-Jun Zhao, 2008, An ancestral turtle from the Late Triassic of southwestern China, Nature, vol.456, p497-501

Li Chun, Olivier Rieppel, Cheng Long, Nicholas C. Fraser, 2016, The earliest herbivorous marine reptile and its remarkable jaw apparatus, Science Advances, vol.2, no.5, e1501659, DOI: 10.1126/sciadv.1501659

Long Cheng, Ryosuke Motani, Da-yong Jiang, Chun-bo Yan, Andrea Tintori, Olivier Rieppel, 2019, Early Triassic marine reptile representing the oldest record of unusually small eyes in reptiles indicating non-visual prey detection, Scientific

【さ行】

【た行】

索引

N.D.C.007　358p　18cm

ブルーバックス　B-2204

カラー図説（ずせつ）
生命の大進化40億年史（せいめいのだいしんかおくねんし）　中生代編（ちゅうせいだいへん）
恐竜の時代──誕生、繁栄、そして大量絶滅

2023年２月20日　第１刷発行

著者　土屋　健（つちや けん）
監修者　群馬県立自然史博物館（ぐんまけんりつしぜんしはくぶつかん）
発行者　鈴木章一
発行所　株式会社講談社
〒112-8001　東京都文京区音羽2-12-21
電話　出版　03-5395-3524
販売　03-5395-4415
業務　03-5395-3615
印刷所　（本文印刷）株式会社ＫＰＳプロダクツ
（カバー表紙印刷）信毎書籍印刷株式会社
製本所　株式会社国宝社

定価はカバーに表示してあります。

ISBN978－4－06－530975－9

発刊のことば

科学をあなたのポケットに

二十世紀最大の特色は、それが科学時代であるということです。科学は日に日に進歩を続け、止まるところを知りません。ひと昔前の夢物語もどんどん現実化しており、今やわれわれの生活のすべてが、科学によってゆり動かされているといっても過言ではないでしょう。

そのような背景を考えれば、学者や学生はもちろん、産業人も、セールスマンも、ジャーナリストも、家庭の主婦も、みんなが科学を知らなければ、時代の流れに逆らうことになるでしょう。

ブルーバックス発刊の意義と必然性はそこにあります。このシリーズは、読む人に科学的に物を考える習慣と、科学的に物を見る目を養っていただくことを最大の目標にしています。そのためには、単に原理や法則の解説に終始するのではなくて、政治や経済など、社会科学や人文科学にも関連させて、広い視野から問題を追究していきます。科学はむずかしいという先入観を改める表現と構成、それも類書にないブルーバックスの特色であると信じます。

一九六三年九月　野間省一